中国传统建筑
解析与传承

中华人民共和国住房和城乡建设部 编

THE INTERPRETATION AND INHERITANCE OF TRADITIONAL CHINESE ARCHITECTURE

Ministry of Housing and Urban-Rural Development of the People's Republic of China

广东卷
Guangdong Volume

中国建筑工业出版社

审图号：GS(2016)303号

图书在版编目(CIP)数据

中国传统建筑解析与传承　广东卷／中华人民共和国住房和城乡建设部编. —北京：中国建筑工业出版社，2015.12

ISBN 978-7-112-18859-8

Ⅰ.①中… Ⅱ.①中… Ⅲ.①古建筑-建筑艺术-广东省　Ⅳ.①TU-092.2

中国版本图书馆CIP数据核字（2015）第299692号

责任编辑：李东禧　唐　旭　张　华　李成成
书籍设计：付金红
责任校对：李美娜　刘　钰

中国传统建筑解析与传承　广东卷
中华人民共和国住房和城乡建设部　编

*

中国建筑工业出版社出版、发行（北京西郊百万庄）
各地新华书店、建筑书店经销
北京方舟正佳图文设计有限公司制版
北京顺诚彩色印刷有限公司印刷

*

开本：880×1230毫米　1/16　印张：19　字数：542千字
2016年9月第一版　2016年9月第一次印刷
定价：178.00元
ISBN 978-7-112-18859-8
　　　（28068）

版权所有　翻印必究

如有印装质量问题，可寄本社退换
（邮政编码 100037）

总　序

Foreword

几年前我去法国里昂地区，看到有大片很久以前甚至四百年前建造的夯土建筑，也就是干打垒房子，至今仍在使用。20世纪80年代，当地建设保障房小区时，要求一律建造夯土建筑，他们采用了现代夯土技术。西安科技大学的两位老师将这种技术引入国内，在甘肃、河北等多地建了示范房。现代夯土技术的改进点在于科学配比土与石子、使用模板和电动器具夯筑，传承了夯土建筑的优点，如造价低、节能保温，弥补了缺陷，抗震性增强，也美观，颇受农民的好评。我对这个事例很感兴趣并悟出一个道理，做好传承关键要具备两种精神：一是执着，坚信许多传统能够传承、值得传承。法国将传统干打垒房子当作好东西，努力传承，而我国虽然是生土建筑数量最多的国家，但今天各地却都视其为贫穷落后的标志，力图尽快消灭；二是创新，要下力气研究传统的优点及缺点，并用现代技术克服其缺点，赋予其现代功能，使传统文明成果在今天焕发新的生命力。这两方面的功夫我们都不够。

文明古国的中国，在实现现代化的进程中，只有十分自信、满腔热情地传承了优秀传统文化，才能受到全世界的尊重。建筑是一个民族生存智慧、工程技术、审美理念、社会伦理等文明成果最集中、最丰富的载体，其传承及体现是一个国家和民族富强与贫弱的标志。改变今天建筑缺失传统文化的局面，我们需要重新认识我国传统建筑文化，把握其精髓和发展脉络，挖掘和丰富其完整价值，探索传统与现代融合的理念和方法。2012年，住房和城乡建设部村镇建设司组织了首次传统民居全国普查，编纂了《中国传统民居类型全集》，其详细、准确、系统地展示了我国传统民居的地域性。在此基础上，2014年又启动了"传统建筑解析与传承"调查研究，这是第一次国家层面组织的该领域的大型调查研究，颇具价值：

价值一，它是至今对我国传统建筑文化最全面、最系统的阐释。第一，本次调查研究地域覆盖广，历史挖掘深，建筑类型多。31个省（市、区）开展了调查研究，每个省的研究也都覆盖了全域；一些省对传统建筑文化的追溯年代突破了记录；建筑类型不仅涵盖了官式建筑、庙宇、祠堂等，更涵盖了各类代表性民居。第二，更加注重从自然、人文、技术、经济几条主线解析传统建筑文化，而不是拘泥于建筑本身；不但阐释了传统建筑的物质形体，而且阐释了传统建筑文化的产生机制。第三，研究体例和解析维度保持了基本一致，各省都通过聚落格局、建筑群体与单体、细部与装饰、风格与装修对传统建筑进行解析。通过解析，大大丰富和提升了对我国传统建筑文化精髓的认识，如：中国传统建筑与自然相适应，和谐共生，敬天惜物；与生存实际相适应，容纳生产生活；与社会伦理相适应，井然有序；与发展相适应，灵活易变，是模块化的鼻祖。第四，内在形式统一，体现了中华文明的持久性和一致性；木结构等技术高度成熟，体现了中华民族的智慧；丰富的地区差异，体现了中华文化的多样性。一些研究基础较差的省，第一次对传统建筑有了全面认识；一些研究基础较好的省，又深化了认识。可以说，这次全面调查研究是对中国传统建筑文化的一次重新认识。

价值二，也是更重要的价值，它是就如何传承传统建筑文化、如何实现传统与现代融合这一难题，至今所进行的广泛深入的探索。第一，提出了更为本质、更具指导意义的传承理论和原则，如建筑文化的三大传承主线：自然、人文、技术；"形"的传承、"神"的传承、"神形兼备"的传承；适应性传承、创新性传承、可持续性传承等理论；坚持挖掘地域文化与建筑的关联性，坚持寻找并传承其最有价值和生命力的要素，坚持与时代发展相接轨等原则。第二，提出了更具操作性的传承方法和要点，如建筑肌理、应对自然环境、空间变异、建造方式、建筑材料、符号特征六方面的传承方法。第三，收集、展示、分析了近代以来大量的现代建筑探索传承的案例，既包括比较成功的，也包括比较失败的，具有很好的参考意义。同时也提出了应防止的误区。

价值三，唤起了对传统建筑文化的空前热情。通过这次研究，各地建设部门更加重视传统建筑文化的传承工作了，这将有利于扭转当前我国城乡建设缺乏传统文化的局面。在学术界，不仅老专家倾力投入，新参与的专家学者也越来越多，而且十分积极。过去研究传统建筑的专家学者与从事设计的建筑师交流不多，通过这次研究，两个群体融合到了一起，不仅有利于传承的研究，更有利于传承的实践。有的老专家说，等了几十年，终于等到国家组织这项工作了。

探索传统建筑文化与现代建筑的融合是难度极大的挑战，永远在路上。虽然本次调查研究存在着许多不足和局限，但第一次组织全国专业力量努力探索的成果，惠及当今，流芳百年，意义非凡，不仅具有中国意义，也具有世界意义。在此，谨向为成就这一大业，辛勤无私付出并作出卓越贡献的所有专家学者、建筑师和技术人员、各地建设部门领导和职工，表示衷心的感谢和崇高的敬意。此外，我还深深感受到，组织实施全国范围的、具有历史意义的调查研究，是其他组织和个人难以做到的，是中央部委必须承担的重要职责，今后还要多做。

住房和城乡建设部总经济师 赵晖

2016年9月

编委会

Editorial Committee

发起与策划：赵　晖

组织推进：张学勤、卢英方、白正盛、王旭东、王　玮、王旭东（天津）、
　　　　　吴　铁、翟顺河、冯家举、汪　兴、孙众志、张宝伟、庄少勤、
　　　　　刘大威、沈　敏、侯淅珉、王胜熙、李道鹏、耿庆海、陈华平、
　　　　　尹维真、蒋益民、蔡　瀛、吴伟权、陈孝京、丛　钢、文技军、
　　　　　宋丽丽、赵志勇、斯朗尼玛、韩一兵、刘永堂、白宗科、何晓勇、
　　　　　海拉提·巴拉提

指导专家：崔　愷、吴良镛、冯骥才、孙大章、陆元鼎、张锦秋、何镜堂、
　　　　　朱光亚、朱小地、罗德启、马国馨、何玉如、单德启、陈同滨、
　　　　　朱良文、郑时龄、伍　江、常　青、吴建中、王小东、曹嘉明、
　　　　　张俊杰、张玉坤、杨焕成、黄汉民、王建国、梅洪元、黄　浩、
　　　　　张先进

工　作　组：林岚岚、罗德胤、徐怡芳、杨绪波、吴　艳、李立敏、薛林平、
　　　　　李春青、潘　曦、王　鑫、苑思楠、赵海翔、郭华瞻、郭志伟、
　　　　　褚苗苗、王　浩、李君洁、徐凌玉、师晓静、李　涛、庞　佳、
　　　　　田铂菁、王　青、王新征、郭海鞍、张蒙蒙

广东卷编写组：
组织人员：梁志华、肖送文、苏智云、廖志坚、秦　莹
编写人员：陆　琦、冼剑雄、潘　莹、徐怡芳、何　菁、王国光、陈思翰、冒亚龙、向　科、赵紫伶、卓晓岚、孙培真
调研人员：方　兴、张成欣、梁　林、林　琳、陈家欢、邹　齐、王　妍、张秋艳

北京卷编写组：
组织人员：李节严、侯晓明、杨　健、李　慧
编写人员：朱小地、韩慧卿、李艾桦、王　南、钱　毅、李海霞、马　泷、杨　滔、吴　懿、侯　晟、王　恒、王佳怡、钟曼琳、刘江峰、卢清新
调研人员：陈　凯、闫　峥、刘　强、李沫含、黄　蓉、田燕国

天津卷编写组：
组织人员：吴冬粤、杨瑞凡、纪志强、张晓萌
编写人员：洪再生、朱　阳、王　蔚、刘婷婷、王　伟、刘铧文

河北卷编写组：
组织人员：封　刚、吴永强、席建林、马　锐
编写人员：舒　平、吴　鹏、魏广龙、刁建新、刘　歆、解　丹、杨彩虹、连海涛

山西卷编写组：
组织人员：郭廷儒、张海星、郭　创、赵俊伟
编写人员：薛林平、王金平、杜艳哲、韩卫成、孔维刚、冯高磊、王　鑫、郭华瞻、潘　曦、石　玉、刘进红、王建华、武晓宇、韩丽君

内蒙古卷编写组：
组织人员：杨宝峰、陈　彪、崔　茂
编写人员：张鹏举、彭致禧、贺　龙、韩　瑛、额尔德木图、齐卓彦、白丽燕、高　旭、杜　娟

辽宁卷编写组：
组织人员：王晓伟、胡成泽、刘绍伟、孙辉东
编写人员：朴玉顺、郝建军、陈伯超、周静海、原砚龙、刘思铎、黄　欢、王蕾蕾、王　达、宋欣然、吴　琦、纪文喆、高赛玉

吉林卷编写组：
组织人员：袁忠凯、安　宏、肖楚宇、陈清华
编写人员：王　亮、李天骄、李之吉、李雷立、宋义坤、张俊峰、金日学、孙守东
调研人员：郑宝祥、王　薇、赵　艺、吴翠灵、李亮亮、孙宇轩、李洪毅、崔晶瑶、王铃溪、高小淇、李　宾、李泽锋、梅　郊、刘秋辰

黑龙江卷编写组：
组织人员：徐东锋、王海明、王　芳
编写人员：周立军、付本臣、徐洪澎、李同予、殷　青、董健菲、吴健梅、刘　洋、

　　　　　刘远孝、王兆明、马本和、王健伟、
　　　　　卜　冲、郭丽萍
调研人员：张　明、王　艳、张　博、王　钊、
　　　　　晏　迪、徐贝尔

上海卷编写组：
组织人员：孙　珊、胡建东、侯斌超、马秀英
编写人员：华霞虹、彭　怒、王海松、寇志荣、
　　　　　宿新宝、周鸣浩、叶松青、吕亚范、
　　　　　丁建华、卓刚峰、宋　雷、吴爱民、
　　　　　宾慧中、谢建军、蔡　青、刘　刊、
　　　　　喻明璐、罗超君、伍　沙、王鹏凯、
　　　　　丁　凡
调研人员：江　璐、林叶红、刘嘉纬、姜鸿博、
　　　　　王子潇、胡　楠、吕欣欣、赵　曜

江苏卷编写组：
组织人员：赵庆红、韩秀金、张　蔚、俞　锋
编写人员：龚　恺、朱光亚、薛　力、胡　石、
　　　　　张　彤、王兴平、陈晓扬、吴锦绣、
　　　　　陈　宇、沈　旸、曾　琼、凌　洁、
　　　　　寿　焘、雍振华、汪永平、张明皓、
　　　　　晁　阳

浙江卷编写组：
组织人员：江胜利、何青峰
编写人员：王　竹、于文波、沈　黎、朱　炜、
　　　　　浦欣成、裘　知、张玉瑜、陈　惟、
　　　　　贺　勇、杜浩渊、王焯瑶、张泽浩、
　　　　　李秋瑜、钟温歆

安徽卷编写组：
组织人员：宋直刚、邹桂武、郭佑芹、吴胜亮

编写人员：李　早、曹海婴、叶茂盛、喻　晓、
　　　　　杨　燊、徐　震、曹　昊、高岩琰、
　　　　　郑志元
调研人员：陈骏祎、孙　霞、王达仁、周虹宇、
　　　　　毛心彤、朱　慧、汪　强、朱高栎、
　　　　　陈薇薇、贾宇枝子、崔巍懿

福建卷编写组：
组织人员：苏友佺、金纯真、许为一
编写人员：戴志坚、王绍森、陈　琦、李苏豫、
　　　　　王量量、韩　洁

江西卷编写组：
组织人员：熊春华、丁宜华
编写人员：姚　赯、廖　琴、蔡　晴、马　凯、
　　　　　李久君、李岳川、肖　芬、肖　君、
　　　　　许世文、吴　靖、吴　琼、兰昌剑、
　　　　　戴晋卿、袁立婷、赵晗聿

山东卷编写组：
组织人员：杨建武、张　林、宫晓芳、王艳玲
编写人员：刘　甡、张润武、赵学义、仝　晖、
　　　　　郝曙光、邓庆坦、许丛宝、姜　波、
　　　　　高宜生、赵　斌、张　巍、傅志前、
　　　　　左长安、刘建军、谷建辉、宁　荞、
　　　　　慕启鹏、刘明超、王冬梅、王悦涛、
　　　　　姚　丽、孔繁生、韦　丽、吕方正、
　　　　　王建波、解焕新、李　伟、孔令华

河南卷编写组：
组织人员：陈华平、马耀辉、李桂亭、韩文超
编写人员：郑东军、李　丽、唐　丽、吕红医、
　　　　　黄　华、韦　峰、李红光、张　东、

陈兴义、渠　韬、史学民、毕　昕、
陈伟莹、张　帆、赵　凯、许继清、
任　斌、郑丹枫、王文正、李红建、
郭兆儒、谢丁龙

湖北卷编写组：

组织人员：万应荣、付建国、王志勇

编写人员：肖　伟、王　祥、李新翠、韩　冰、
张　丽、梁　爽、韩梦涛、张阳菊、
张万春、李　扬

湖南卷编写组：

组织人员：宁艳芳、黄　立、吴立玖

编写人员：何韶瑶、唐成君、章　为、张梦淼、
姜兴华、李　夺、欧阳铎、黄力为、
张艺婕、吴晶晶、刘艳莉、刘　姿、
熊申午、陆　薇、党　航

调研人员：陈　宇、刘湘云、付玉昆、赵磊兵、
黄　慧、李　丹、唐娇致

广西卷编写组：

组织人员：吴伟权、彭新唐、刘　哲

编写人员：雷　翔、全峰梅、徐洪涛、何晓丽、
杨　斌、梁志敏、陆如兰、尚秋铭、
孙永萍、黄晓晓、李春尧

海南卷编写组：

组织人员：丁式江、陈孝京、许　毅、杨　海

编写人员：吴小平、黄天其、唐秀飞、吴　蓉、
刘凌波、王振宇、何慧慧、陈文斌、
郑小雪、李贤颖、王贤卿、陈创娥、
吴小妹

重庆卷编写组：

组织人员：冯　赵、揭付军

编写人员：龙　彬、陈　蔚、胡　斌、徐千里、
舒　莺、刘晶晶

四川卷编写组：

组织人员：蒋　勇、李南希、鲁朝汉、吕　蔚

编写人员：陈　颖、高　静、熊　唱、李　路、
朱　伟、庄　红、郑　斌、张　莉、
何　龙、周晓宇、周　佳

调研人员：唐　剑、彭麟麒、陈延申、严　潇、
黎峰六、孙　笑、彭　一、韩东升、
聂　倩

贵州卷编写组：

组织人员：余咏梅、王　文、陈清鋆、赵玉奇

编写人员：罗德启、余压芳、陈时芳、叶其颂、
吴茜婷、代富红、吴小静、杜　佳、
杨钧月、曾　增

调研人员：钟伦超、王志鹏、刘云飞、李星星、
胡　彪、王　曦、王　艳、张　全、
杨　涵、吴汝刚、王　莹、高　蛤

云南卷编写组：

组织人员：汪　巡、沈　键、王　瑞

编写人员：翟　辉、杨大禹、吴志宏、张欣雁、
刘肇宁、杨　健、唐黎洲、张　伟

调研人员：张剑文、李天依、栾涵潇、穆　童、
王祎婷、吴雨桐、石文博、张三多、
阿桂莲、任道怡、姚启凡、罗　翔、
顾晓洁

西藏卷编写组：

组织人员：李新昌、姜月霞

编写人员：王世东、木雅·曲吉建才、格桑顿珠、群　英、达瓦次仁、土登拉加

陕西卷编写组：

组织人员：胡汉利、苗少峰、李　君、薛　钢

编写人员：周庆华、李立敏、刘　煜、王　军、祁嘉华、武　联、陈　洋、吕　成、倪　欣、任云英、白　宁、雷会霞、李　晨、白　钰、王建成、师晓静、李　涛、黄　磊、庞　佳、王怡琼、时　阳、吴冠宇、鱼晓惠、林高瑞、朱瑜葱、李　凌、陈斯亮、张定青、雷耀丽、刘　怡、党纤纤、张钰曌、陈　新、李　静、刘京华、毕景龙、黄　姗、周　岚、王美子、范小烨、曹惠源、张丽娜、陆　龙、石　燕、魏　锋、张　斌

调研人员：王晓彤、刘　悦、张　容、魏　璇、陈雪婷、杨钦芳、张豫东、李珍玉、张演宇、杨程博、周　菲、米庆志、刘培丹、王丽娜、陈治金、贾　柯、陈若曦、千　金、魏　栋、吕咪咪、孙志青、卢　鹏

甘肃卷编写组：

组织人员：刘永堂、贺建强、慕　剑

编写人员：刘奔腾、安玉源、叶明晖、冯　柯、张　涵、王国荣、刘　起、李自仁、张　睿、章海峰、唐晓军、王雪浪、孟岭超、范文玲

调研人员：王雅梅、师鸿儒、闫海龙、闫幼峰、陈　谦、张小娟、周　琪、孟祥武、郭兴华、赵春晓

青海卷编写组：

组织人员：衣　敏、陈　锋、马黎光

编写人员：李立敏、王　青、王力明、胡东祥

调研人员：张　容、刘　悦、魏　璇、王晓彤、柯章亮、张　浩

宁夏卷编写组：

组织人员：李志国、杨文平、徐海波

编写人员：陈宙颖、李晓玲、马冬梅、陈李立、李志辉、杜建录、杨占武、董　茜、王晓燕、马小凤、田晓敏、朱启光、龙　倩、武文娇、杨　慧、周永惠、李巧玲

调研人员：林卫公、杨自明、张　豪、宋志皓、王璐莹、王秋玉、唐玲玲、李娟玲

新疆卷编写组：

组织人员：高　峰、邓　旭

编写人员：陈震东、范　欣、季　铭、阿里木江·马克苏提、王万江、李　群、李安宁、闫　飞

主编单位：
中华人民共和国住房和城乡建设部

参编单位：

北京卷：北京市规划委员会
　　　　北京市勘察设计和测绘地理信息管理办公室
　　　　北京市建筑设计研究院有限公司
　　　　清华大学
　　　　北方工业大学

天津卷：天津市城乡建设委员会
　　　　天津大学建筑设计规划设计研究总院
　　　　天津大学

河北卷：河北省住房和城乡建设厅
　　　　河北工业大学
　　　　河北工程大学
　　　　河北省村镇建设促进中心

山西卷：山西省住房和城乡建设厅
　　　　山西省建筑设计研究院
　　　　北京交通大学
　　　　太原理工大学

内蒙古卷：内蒙古自治区住房和城乡建设厅
　　　　　内蒙古工业大学

辽宁卷：辽宁省住房和城乡建设厅
　　　　沈阳建筑大学
　　　　辽宁省建筑设计研究院

吉林卷：吉林省住房和城乡建设厅
　　　　吉林建筑大学
　　　　吉林建筑大学设计研究院
　　　　吉林省建苑设计集团有限公司

黑龙江卷：黑龙江省住房和城乡建设厅
　　　　　哈尔滨工业大学
　　　　　齐齐哈尔大学
　　　　　哈尔滨市建筑设计院
　　　　　哈尔滨方舟工程设计咨询有限公司
　　　　　黑龙江国光建筑装饰设计研究院有限公司
　　　　　哈尔滨唯美源装饰设计有限公司

上海卷：上海市规划和国土资源管理局
　　　　上海市建筑学会
　　　　华东建筑设计研究总院
　　　　同济大学
　　　　上海大学

江苏卷：江苏省住房和城乡建设厅
　　　　东南大学

浙江卷：浙江省住房和城乡建设厅
　　　　浙江大学
　　　　浙江工业大学

安徽卷：安徽省住房和城乡建设厅
　　　　合肥工业大学

福建卷：福建省住房和城乡建设厅
　　　　厦门大学

江西卷：江西省住房和城乡建设厅
　　　　南昌大学
　　　　江西省建筑设计研究总院
　　　　南昌大学设计研究院

山东卷：山东省住房和城乡建设厅
　　　　山东建筑大学
　　　　山东建大建筑规划设计研究院
　　　　山东省小城镇建设研究会
　　　　山东大学
　　　　烟台大学
　　　　青岛理工大学
　　　　山东省城乡规划设计研究院

河南卷：河南省住房和城乡建设厅
　　　　郑州大学
　　　　河南大学
　　　　华北水利水电大学
　　　　河南理工大学
　　　　河南省建筑设计研究院有限公司
　　　　河南省城乡规划设计研究总院有限公司
　　　　郑州大学综合设计研究院有限公司
　　　　郑州市建筑设计院有限公司

湖北卷：湖北省住房和城乡建设厅
　　　　中信建筑设计研究总院有限公司

湖南卷：湖南省住房和城乡建设厅
　　　　湖南大学
　　　　湖南大学设计研究院有限公司
　　　　湖南省建筑设计院

广东卷：广东省住房和城乡建设厅
　　　　华南理工大学
　　　　广州瀚华建筑设计有限公司
　　　　北京建工建筑设计研究院

广西卷：广西壮族自治区住房和城乡建设厅
　　　　华蓝设计（集团）有限公司

海南卷：海南省住房和城乡建设厅
　　　　海南华都城市设计有限公司
　　　　华中科技大学
　　　　武汉大学
　　　　重庆大学
　　　　海南省建筑设计院
　　　　海南雅克设计有限公司
　　　　海口市城市规划设计研究院
　　　　海南三寰城镇规划建筑设计有限公司

重庆卷：重庆城乡建设委员会
　　　　重庆大学
　　　　重庆市设计院

四川卷：四川省住房和城乡建设厅
　　　　西南交通大学
　　　　四川省建筑设计研究院

贵州卷：贵州省住房和城乡建设厅
　　　　贵州省建筑设计研究院
　　　　贵州大学

云南卷：云南省住房和城乡建设厅
　　　　昆明理工大学

西藏卷：西藏自治区住房和城乡建设厅
　　　　西藏自治区建筑勘察设计院
　　　　西藏自治区藏式建筑研究所

陕西卷：陕西省住房和城乡建设厅
　　　　西建大城市规划设计研究院
　　　　西安建筑科技大学
　　　　长安大学
　　　　西安交通大学
　　　　西北工业大学
　　　　中国建筑西北设计研究院有限公司
　　　　中联西北工程设计研究院有限公司

甘肃卷：甘肃省住房和城乡建设厅
　　　　兰州理工大学
　　　　西北民族大学
　　　　西北师范大学
　　　　甘肃建筑职业技术学院
　　　　甘肃省建筑设计研究院
　　　　甘肃省文物保护维修研究所

青海卷：青海省住房和城乡建设厅
　　　　西安建筑科技大学
　　　　青海省建筑勘察设计研究院有限公司

宁夏卷：宁夏回族自治区住房和城乡建设厅
　　　　宁夏大学
　　　　宁夏建筑设计研究院有限公司
　　　　宁夏三益上筑建筑设计院有限公司

新疆卷：新疆维吾尔自治区住房和城乡建设厅
　　　　新疆佳联城建规划设计研究院
　　　　新疆建筑设计研究院
　　　　新疆大学
　　　　新疆师范大学

目　录

Contents

总　序

前　言

第一章　绪论

002　　第一节　自然地理环境
002　　一、地形地貌
004　　二、气候特征
004　　第二节　社会人文环境
004　　一、历史沿革
005　　二、汉族民系
010　　第三节　岭南文化特质
010　　一、文化发展
011　　二、文化交流
013　　三、文化特征
015　　第四节　广东建筑概述

上篇：广东传统建筑特征解析

第二章　古代建筑

021　　第一节　古代建筑发展与类型
021　　一、古代建筑发展
028　　二、古代建筑类型

037		第二节　广府民系古代建筑
037		一、聚落规划与格局
040		二、建筑群体与单体
050		三、建筑细部与装饰
055		四、建筑风格与精神
056		第三节　潮汕民系古代建筑
056		一、聚落规划与格局
059		二、建筑群体与单体
067		三、建筑细部与装饰
073		四、建筑风格与精神
075		第四节　客家民系古代建筑
075		一、聚落规划与格局
077		二、建筑群体与单体
087		三、建筑细部与装饰
090		四、建筑风格与精神
092		第五节　雷琼民系古代建筑
092		一、聚落规划与格局
094		二、建筑群体与单体
108		三、建筑细部与装饰
111		四、建筑风格与精神

第三章　近代建筑

114		第一节　近代建筑演变与类型
114		一、近代建筑演变
117		二、近代建筑类型
123		第二节　外来形式主导下的本土元素融入式
123		一、教堂与教会建筑
126		二、洋行与买办建筑
129		三、国外建筑师参与的其他建筑
131		第三节　本土主体的外来元素融入式
132		一、骑楼建筑

135	二、别墅洋楼
140	三、侨乡民居
147	第四节　建筑风格与特征
147	一、近代建筑风格
153	二、近代建筑特征

第四章　传统建筑风格的形成与传承要素

156	第一节　传统建筑风格的形成
156	一、建筑风格的本质
156	二、地方建筑风格形成的因素
158	三、岭南建筑风格成熟的条件
160	第二节　传统建筑发展传承要素
160	一、生态性
166	二、和谐性
170	三、文化性
174	四、技术性

下篇：广东现代建筑传承研究

第五章　建筑传承原则与策略

185	第一节　简朴自然的绿色生态原则
185	一、顺应自然的生态规划布局
188	二、围合通透的建筑空间组织
197	三、相融共生的室内外建筑环境
199	第二节　以人为本的和谐统一原则
199	一、层次分明的空间规划
201	二、丰富多变的空间结构
204	三、精致细腻的场所空间
207	第三节　尊重传统的地方建筑文脉传承原则
208	一、修旧如旧、新旧共生的建筑保护与活化利用

210		二、鉴古立新、形神兼备的建筑设计理念
211		三、传统、地方文化艺术与现代审美相结合的建筑文化意向
212	第四节	传统建造技术与现代科技相结合的原则
213		一、地方材料与新材料相结合
214		二、传统建造技术传承与更新
215		三、现代建筑科技的地方化适用
218	第五节	多元文化综合创新的原则

第六章 建筑传承探索与实践

222	第一节	建筑传承的思考与探索
222		一、城市规划与设计的传承创新
222		二、建筑设计的传承创新
223		三、室内设计与空间景观的传承与创新
223	第二节	环境适应的因循创新
223		一、适应广东自然气候环境的建筑创作
226		二、嵌入自然地形的建筑
232		三、呼应建成环境的建筑创作
238		四、内外交融的空间环境设计
244	第三节	人文应答的传承创新
244		一、融入广东生活习俗
244		二、映射广东地域文化
259		三、彰显广东人文精神
267	第四节	基于功能更迭与科技革新的设计创新
268		一、类型功能创新
268		二、技术理念创新

第七章 结 语

参考文献

后 记

前　言

Preface

中国地域广阔，文化源远流长。在五千年历史中，中华大地的不同地域出现了丰富多样的地域文化及地域建筑实践。广东虽然偏居中国大陆一隅，仍然在彰显文化、适应气候、协调环境的基础上创造出了独具特色的岭南建筑，并形成了适应、兼容、务实、求新的文化特色和传统。

对于广东建筑的研究，我们首先要总结历史的经验，从传统聚居建筑中发掘前人的智慧和历史的积淀。广东建筑学界的相关学者已经在这方面做了大量深入而有价值的工作，对于广东的广府民系、潮汕民系、客家民系、雷琼民系的特征做出了准确而鲜明的阐述，对广东近代建筑发展纷繁复杂的过程也进行了客观的分析，并在此基础上形成了广东传统地域建筑生态性、和谐性、文化性、技术性的特色定位。对于我们认知传统广东建筑的本质具有重要的意义。

传统是人们应对自然和社会严峻考验过程中积累的宝贵文化财富，任何一个国家和民族文化的传承与发展都在原有文化基础上进行。"抛弃传统、丢掉根本，就等于割断了自己的精神命脉。"传统作为稳定社会发展和生存的前提条件，只有不断创新，才显示其巨大的生命力。没有传统的文化是没有根基的文化。不善于传承，就没有创新的基础，而离开创新，社会就会停滞，文化就会陷入保守和复古。推动文化的发展，继承是基础，关键是在地域化、全球化、现代化的大背景下去创新。

广东建筑的发展一直很好地体现了传承与创新的辩证关系，因为广东的地缘特点，在不同时代与不同的文化均有交融，因而广东建筑也呈现出不断与时俱进的姿态。改革开放以来，广东作为前沿阵地，岭南建筑迎来了建筑创作的春天，一大批中青年建筑师茁壮成长，建筑设计机构和组织形式也出现了多元发展的局面，岭南建筑创作经历了引进、学习、吸收，而逐渐进入一个开拓创新的新阶段，涌现出许多优秀的建筑作品，在国内建筑界占据了一席之地。

本书中将广东建筑核心思想解读归纳为五条原则，包括简朴自然的绿色生态原则、以人为本的和谐统一原则、尊重传统的地方建筑文脉传承原则、传统建造技术与现代科技相结合的原则、多元文化融合创新的原则等。我们认为是贴切的，这些原则也是我们在创作中努力践行的指导思想。应该说，广东建筑在其发展过程中始终强调技术理性和问题分析的方法，吸收了西方现代主义建筑思想；关注中国历史文化，钻研地域文化，研究传统建筑、民居、园林；关注中国社会现实；针对地域性气候，环境，寻求综合解决问题的建筑创作方法。它继承地域传统、融合现代精神，注重求实、求新、求活、求变，这也成为它能不断发展的根源所在。

对于广东地域建筑，我们同时也一贯主张将建筑的地域性、文化性与时代性三者加以和谐统一，认真研究每个设计项目所处的具体情况，研究当地的历史、风俗、气候特征及发展状况，注重当地的具体需要及潜在因素，因地制宜、因势利导，适应不同的设计条件和背景。这样才能创作出合理、适用、有创造性的建筑作品。

这一套传统建筑解析与传承丛书很有意义，也非常及时。广东省的相关同志为本书进行了大量艰苦卓绝的工作，也获得了令人欣喜的结果。当然，建筑创作是一个没有终结的过程，对于中国特色的建筑设计理论与实践、对于广东特色的建筑作品的追求是永无止境的。我们现在总结的经验也是不断提高认识的一个过程。我们有如此众多的优秀学人和建筑师，只要"把继承传统优秀文化又弘扬时代精神，立足本国又面向世界的当代中国文化创新成果传播出去"，必然会取得更丰硕的成果。

第一章　绪论

各地域的环境与文化决定了当地建筑的特征与风格。从地理来看，广东地区是大陆与海洋的过渡区，西北多山，中部多丘陵，东南沿海平坦。湖南、江西与广东三省之间横卧着的南岭山脉，把岭南与岭北两面划分为气候、地理、人文环境明显不同的两大区域。从气候来看，广东地区气候炎热，多雨多台风，春夏湿度大，这种特殊的气候条件对建筑影响甚大。从文化来看，历史上数次内陆南迁带来了中原文化，近现代众多移民和华侨带回了多元的外来文化。中外文化的合璧构成了广东文化的主流，使广东文化呈现多元包容的特征。

第一节　自然地理环境

岭南地区北以五岭为界，包括广东、广西、海南、香港、澳门以及南海的东沙、中沙、南沙、西沙群岛和曾母暗沙岛等700多个岛屿。它东接福建，西至云南，北临江西与湖南。

广东位处的岭南地区，是一个相对独立的地理单元。横亘广东北部之南岭山地，不仅是一条自然地带分界线，也是一条文化类型分界线。孕育、发生、成长于这条界线以南的广东作为岭南文化主体，具有许多异于岭北的文化特质。

一、地形地貌

岭南地区自然地理形态复杂，因在历次地壳运动中受褶皱、断裂和岩浆活动的影响，形成了山地、丘陵、台地、平原交错，地貌类型复杂多样的特点，且山地较多，岩石性质差别很大。形成这种地貌结构的主要原因：一是该地区大多属于稳定的地块，在第四纪没有受强烈的造山运动的影响；二是高温多雨，风化和冲刷作用强烈。因此久经侵蚀，只剩下一些中等高度的山地，缺乏挺拔的山峰。

广东全境地势总体北高南低，从粤北山地（图1-1-1）逐步向南部沿海递降。山脉多呈东北—西南走向，属纬向构造体系。其山脉主要分布在粤北、粤东、粤西与桂东北，有北部的南岭山脉、东南部的九连山脉和莲花山脉、西南部的云开大山脉和云雾山脉。这些山脉中以南岭山脉最为著名。南岭山脉为广东省与湖南省、江西省交界处的山脉群，北纬24°～25°30′，海拔高度1000～1500米，是长江流域和珠江流域的分水岭。南岭山脉东接福建境内的武夷山脉，西接广西境内的大瑶山脉。

山地丘陵合称山区，两者没有绝对区别，海拔低于500米的山地就称之为丘陵。广东地形以山地丘陵为主，山区占全省土地面积的62%，有粤北、粤西山区等。其中以粤北山区较突出，主要包括大庾岭、骑田岭、滑石山、瑶山等，海拔1000～1500米，层峦叠嶂，最高峰石坑崆海拔1902米。山地丘陵含有多种岩类，如粤北丹霞山的红色砂岩地（图1-1-2），粤西肇庆七星岩的熔岩"峰林"（图

图1-1-1　粤北山地（来源：华南理工大学民居建筑研究所 提供）

图1-1-2 丹霞红砂岩（来源：华南理工大学民居建筑研究所 提供）

图1-1-3 七星岩"峰林"（来源：李申倪 摄）

图1-1-4 潮汕平原（来源：杨伊园 摄）

图1-1-5 珠三角平原桑基鱼塘（来源：华南理工大学民居建筑研究所 提供）

1-1-3），以及粤中西樵山、粤西湖光岩的火山地貌等。广东丘陵地，大多分布在山地周围，或零星散落于沿海平原与台地之上。台地则分布于靠近沿海的地区，一般海拔在50～100米。

广东平原可分为河谷冲积平原、滨海平原和三角洲平原（图1-1-4）。河谷冲积平原在各大小河流沿岸均有断续分布，较大的有广东北江的英德平原，东江的惠阳平原，粤东的榕江、练江平原，粤中的潭江平原，粤西的鉴江、漠阳江、九洲江平原；广东海岸线长且曲折多湾，沿海地区的滨海平原有在莲花山脉东南侧的陆丰平原，在云开大山脉和云雾山脉南侧的阳江平原、湛江平原等；河流出海处形成三角洲平原，主要有珠江三角洲平原和韩江三角洲平原，珠江三角洲平原地势造就了富有特色的桑基鱼塘景观（图1-1-5）。

广东的河流非常之多，据统计：干流和支流有600多条。广东省最大的河流珠江，是我国的第五大河。珠江的三大支流西江、东江、北江分别源出云南、江西和湖南，其中以西江最长，全长约2197公里。三江在珠江三角洲汇合，统称"珠江"，珠江流量仅次于长江，居全国第二位，流域面积只有黄河的三分之二，但每年流入海洋的水量相当于黄河的七倍。珠江具有流量丰富、水网密布、水情变化缓和、含沙量少等特点。而所属珠江流域的土地约占广东全省陆地面积一半左右。除珠江外，粤东有韩江、榕江、练江、龙江、黄冈西、螺河；粤西有鉴江、漠阳江、廉江等。

二、气候特征

岭南的地理位置决定了其气候特点。岭南位于东亚季风气候区南部,具有热带、亚热带季风海洋性气候特点。广东的大部分地区属亚热带湿润季风气候,雷州半岛一带为亚热带、热带气候的交界点。

岭南北面紧依东西走向的南岭山脉,东北面临福建境内东北—西南走向的武夷山脉,西接广西境内也是东北—西南走向的云开山脉,这些山脉在岭南的西北、北、东北面围成一个天然气候屏障,冬天挡住了大部分自北方南下的干燥冷空气。岭南地形高度从西北向东南、南逐渐降低,直到南海边,夏天容易迎来海洋暖湿气流和丰沛的降雨。由于北回归线从东至西横越岭南中部,导致此地太阳高度角较高,每年夏至前后太阳两次经过岭南大部分地区的天顶,因而地面获得的太阳辐射热量较多。但是春天和夏初,越过南岭的北方冷气团与从海洋登陆的暖湿气团相遇,形成南岭静止峰,导致长时间低温阴雨。

岭南为典型的季风气候区,风向随季节交替变更。夏季以南至东南风为主,风速较小;而在冬季,大部分地区以北至东北风为主,风速较大。春秋季为交替季节,风向不如冬夏稳定。春季风向与夏季相似,秋季则与冬季相似。我国是世界上少数受台风热带气旋影响最严重的国家之一,而岭南又是全国受热带气旋影响最多的地区,沿海地区每年5~11月常受热带气旋的侵袭。

地理环境和气候条件,对建筑有较大影响。根据上述因素,可以将广东传统建筑区综合分为下列几个地区:1.珠江三角洲地区(包括粤西地区),该地区地势平坦,河流纵横,气候炎热、潮湿,因此,聚落布局和建筑单体以解决通风隔热为主。2.潮汕和沿海地区,该地区地处沿海,台风影响较大,台风来时,还带有风沙和盐碱,对建筑侵蚀较大。而夏季气候也是炎热潮湿,所以,建筑物既要有良好的通风与隔热,又要防台风的侵袭。3.兴梅客家地区,处于丘陵山区,山多田少,建筑多在山麓布置,不占耕地,气候方面主要防东北寒风,同时也要防台风。4.粤北山区,该地区基本无台风影响,但冬季寒冷风大,故建筑以防寒保暖为主。另外山区地势起伏较大,故建筑依山而建,顺应山势。

第二节　社会人文环境

一、历史沿革

广东历史渊源久远,古为百越(粤)之地,故简称粤。距今约13万年前就有"曲江马坝人"在此繁衍生息。春秋时期,中原各国经济文化比较先进,称为华夏,而对那些远离中原地带的地区则称作"化外之地","蛮夷之国",广东则属于"南蛮"之地。古代五岭以南的广大地区被称为"南越"。公元前214年,秦统一岭南,设置郡县,在南越地区设置了南海郡、桂林郡和象郡。今广东大部分地区属南海郡,南路一带属象郡,西部一部分属桂林郡。南海郡治番禺(今广州市),任嚣首任南海郡尉。

秦末农民大起义时,龙川令赵佗行南海尉事占据岭南,绝道聚兵自守,自立为南越王。赵佗治理南越"甚有文理,中县人以故不耗减,粤(越)人相攻击之俗益止",在一定的时期内起着保境安民的积极作用。汉高祖十一年(公元前196年)派陆贾出使南越,赵佗接受了汉朝封号,愿为藩辅。但在吕后统治时期,又自称南越武帝,与汉朝廷相抗衡,并进攻长沙国,控制闽越、西瓯,使南越成为一个"东西万余里"的大国。直到文帝时,赵佗才取消帝号,恢复了藩属关系。汉武帝于元鼎五年(公元前112年)派兵平定南越吕嘉叛乱后,中原与岭南地区关系更加密切。

广东汉属交州,三国属孙吴。三国吴黄武五年(226年),孙权分交州7郡中的南海、苍梧、郁林、合浦4郡置广州,地域相当于今广东、广西两地之大半,治所番禺(今广州市),命吕岱为刺史。两晋与南朝沿用南海郡。隋文帝时废南海郡,置广州总管府,仁寿元年(601年)因避太子杨广之讳而改为番州。大业三年(607年)复置南海郡,属番州。唐代在今广东、广西建置岭南道。唐武德四年（621年）复置广州，初为总管府，后改都督府。唐贞观元年（627年），分全国为10道，其中岭南道治设在广州。天宝元年（742年），广州改为南海郡；乾元元年（758年）复称广州。咸通三年（862年）岭南分东、西二道，广州为岭南东道治，辖今广东大部。唐朝灭亡后，出现了五代十国的更替，刘䶮在广州称帝，建元乾亨，国号大越，次年改国号为汉，史称南汉国。

宋代初年置广南路。宋太宗至道三年（977年）改置广南东路和广南西路。东路辖广州、惠州、潮州、梅州、循州、南雄州、韶州、连州、封州、新州、南恩州和肇庆府、英德府、德庆府。广东得名自此始。高州、化州、雷州、琼州及南宁军、吉阳军、万安军属广南西路（后属广东）。元世祖至元十五年（1278年），元朝置广东道，隶江西行中书省，十七年（1280年）又置海北海南道，隶湖广行中书省。明代初年设广东等处行中书省，又将海北海南道改隶广东。明太祖洪武九年（1376年），改广东行中书省为广东承宣布政使司。清代设广东省，其辖境与明代相同，相沿至今。

1920年，中华民国政府建立省县两级建制。直至中华人民共和国成立初期，广东省的辖境与明清时期基本一致。

尽管广东古代被称为"化外之地"，但它的一些经济文化发展，还是接近中原的水平。根据考古发现，在战国时广东境内的越人已能制造出精美的青铜钟鼎和多种工具、武器，工艺水平已接近于中原各国，器形、花纹和楚国基本相同。这表明当时越人和楚的关系极为密切。汉初以来，越人在经济上有了显著的提高，南越"多犀象玳瑁珠玑银铜果布之凑"，早已吸引了许多北方的商人。汉代以后中原和南越一直维持着关市贸易，铁农具和耕畜通过关市，源源不断地输入南越，促进了南越的农业生产。唐宋时期的手工业方面，矿冶业、陶瓷业、纺织业、造船业、盐业等已较普遍且发展迅速。明代时，广东佛山已出现规模较大的冶铁、铸铁业，到清朝康熙、雍正、乾隆时期又有不同程度的发展。陶器方面广东也是很发达的，在全省四十多个县市曾发现古陶瓷窑址一百多处。广州和潮州的瓷器制造业以烧造外销瓷器为主。随着清初农业、手工业、商业的发展，在封建社会内部孕育着的资本主义萌芽也在缓慢地发展，具有资本主义性质的作坊和手工工场比明代增加了很多。

广州很早就已开始对外贸易，唐代时，亚洲各国来中国经商的商人很多，最集中的贸易地点为长安、洛阳、扬州和广州，广州是当时最著名的商业城市之一。北宋时，在广州设立市舶司，专门管理进出口船舶的检查和抽税，与泉州、明州（宁波）、杭州、扬州等城市都是北宋对外贸易的主要口岸。明代以后，广州一直成为对外通商的重要口岸之一。由于广州发展对外贸易较早，交往频繁，故中外文化交流也多。因此，反映在生活条件上，或建筑方面都存在着受外来文化的影响和交往融合现象，它对促进本地建筑的改进有着一定的帮助。

广东历史上也是多民族聚居的省份，世居的民族有汉、黎、瑶、壮、畲、回、苗、满等族，但以汉族人口最多，广布于全省各地。少数民族的大体分布，黎、苗族在海南，瑶族在粤北，壮族在粤西北，畲族在粤东，回族在广州、肇庆等地，满族在广州。海南建省以后，广东境内的少数民族建筑，在与汉族的长期交流融合中，大多受汉族建筑文化影响，风格基本汉化。瑶、壮族部分建筑还保留有干阑形式。

二、汉族民系

广东汉族基本上由广府、潮汕和客家等三大民系组成（也有部分学者将迁移至雷琼地区并逐渐形成文化特点的汉族族群归类为第四大民系，即雷琼民系）。民系主要以其所操之语言作为划分的标志，广东三大民系的语言分别是粤方言（简称粤语）、潮汕方言（简称潮语）和客家方言。

其分布，广府人主要在珠江三角洲及粤北、粤西等地；潮汕人主要在粤东之东南部即清代潮州府主要辖境；粤西沿海各县市居民所操之雷州话，与潮语接近，同属闽方言民系；客家人相对分散，其中心在粤东的东北部各县市和粤北山区，粤中、粤西各市的山区也有零散的分布。广东汉族是以粤地土著古越族融合于北方迁徙的汉族族体为基础，然后经过漫长的再融合和汇聚吸纳而逐渐形成的地域性族群共同体。

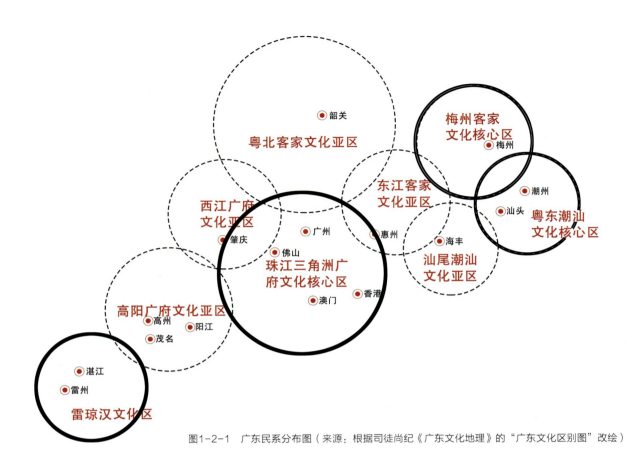

图1-2-1 广东民系分布图（来源：根据司徒尚纪《广东文化地理》的"广东文化区别图"改绘）

（一）广府民系

广府民系的先民是由粤地土著南越和西瓯即百越的部分族人融合于汉族而出现的，其发展，经历六朝至唐初和两宋两个阶段[①]。

中原华夏族（汉代之后称汉族）入粤约始于西周中期。在粤东浮滨文化遗址，不仅出土了分别与河南商代中期和郑州二里冈文化相似的平内长援石戈和大口尊，而且发现了三座具有中原葬俗二层台的墓葬，从而大体上确定中原人入粤的上限。其后，南来的中原人不断增多。他们带来了先进的生产工具、生产技术、生活用器以及中原的语言和礼俗。秦代前后，广东百越各支的分布大致是：南越集中在珠江三角洲，西江流域为西瓯所居，粤东潮、梅地区是闽越的世居地，而粤西高州、雷州一带则为骆越地。

在秦朝平定岭南的过程中，前后有数次大规模的武装行动，约10万秦军被派遣南下。为了加强和巩固在当地的统治，中央政府从中原迁来大量的"逋亡人、赘婿、贾人"。其后，秦始皇又应赵佗之请，将15000名"无夫家"之女徙至岭南，"以为士卒衣补"。秦末，南海尉任嚣临终前跟赵佗分析形势时，有"南海僻远，东西万里，颇有中国人相辅"之语，可见当时在广东的中原人不少。汉武帝平南越后，亦仿效秦始皇将罪犯迁至岭南。新莽时期，曾两次下令将各种罪人"投诸四裔"，恐怕也有到岭南的。南越国时期，赵佗鉴于暴秦灭亡的教训，推行民族和睦政策：尊重百越风俗，任用越人为官，提倡越汉通婚等。越汉关系融洽，有汉族融合于百越者。赵佗"椎结箕踞"，自称"蛮夷大长"即是一例。秦汉两代入粤的中原人，不仅为粤地的开发和建设作出了巨大的贡献，而且其所带来的语言、文化和礼俗对粤地的文化变迁产生了深刻的影响，并为越汉融合铺平了道路。

广府民系的最初先民就是越汉融合的结果，一方面是南越、西瓯等族群逐渐消失于史，另一方面是发生越汉融合的

---

① 练铭志. 试论广东汉族的形成及其与瑶、壮、畲等族的融合关系[J]. 民族研究，2000(5):77-89.

南海、苍梧二郡编户大增。从西汉平帝元始二年（2年）到东汉顺帝永和五年（140年）的138年中，两郡户口分别猛增364%和457%。如此高速的户口增长，绝非自然繁衍所能达到。这些新增编户除部分为入迁者外，大多数恐与越汉融合有关。他们不可能是客家民系和潮汕民系的先民，其中一个重要的证据是他们的语言。据西汉扬雄的《方言》看，当时粤方言已经萌芽。它的某些词语如"睇"（看）、"西服"（庸贱）等已经出现，其读音与今日粤语相同。粤方言是粤地土著百越人的古台语不断接受汉语的影响并融合于汉语而形成的一种汉语方言。它的出现既是越汉融合的结果，也是越汉融合的标志。现代粤语仍保留着若干古台语的语音、语法的特点和某些词语，即足以证明广府人与古越族的关系。两汉之交至南朝末年，又有不少汉族进入岭南。他们当中有精通经史的中原士人，但更多的是逃避战乱、赋役的"流人"和农民。清道光《广东通志·舆地略十》载，"自汉末建安（196～219年）至东（西）晋永嘉（307～312年）之际，中国人避地者多入岭表，子孙往往家焉"。明嘉靖《广东通志·事记》引晋黄恭《交广二州记》也云，"建兴三年（315年），江、扬二州经石冰、陈敏之乱，民多流入广州。诏加存恤"。陆路之外，还有从海道来的。《晋书·庾亮传》云，"时东土多赋役，百姓乃从海道入广州"。南朝刘宋王朝时，曾建都今河北昌黎，自称燕王的冯跋家族为北魏所败。北燕亡，冯跋家族传人冯业率领300余族人逃至高丽（今朝鲜），从海上漂泊南下来到今广东新会，投奔南朝刘宋朝廷，被封为怀北侯、新会太守，后封罗州刺史。冯业遂成岭南冯氏肇基始祖，其子冯宣、孙冯融继任罗州刺史，曾孙冯宝任高凉太守，娶岭南少数民族首领冼夫人为妻。冯宝死后，冼夫人助南朝陈统一岭南。以上入粤汉族多到今珠江三角洲一带。他们的入住不但增加了广府民系先民的人口，而且其所带来的中原汉语进一步加强了对正在形成中的粤方言的影响。"北人避胡多在南，南人至今（指唐代）能晋语"。粤方言至此基本形成。

由于各地汉族涌入，促进俚汉文化交流，加上冼夫人"戒约本宗，使从民礼"，加速俚人对汉文化的吸收，于是广东出现历史上第二次民族融合——俚汉融合，众多的俚人纷纷融合于汉族，这对广府民系发展起了决定性作用。俚汉融合，始于晋，发展于南朝，隋唐之间进入高潮，而结束于唐初。《隋书·南蛮传》载，"南蛮杂类，与华人错居，曰蜒，曰儴，曰俚，曰獠，曰𤞣，俱无君长，随山洞而居，古先所谓百越是也。"《古今图书集成·职方典·高州府部汇考三》"风俗"条云："自隋唐之后，渐袭华风，休明之化，沦洽于兹。椎跣变为冠裳，侏离化为弦诵；才贤辈出，科甲蝉联，彬彬然埒于中土"。俚人聚居中心的西江流域和古高凉地区，隋代户口比刘宋初年成倍地增加。至唐初，两地户口又在隋代的基础上大幅攀升。从隋大业五年（609年）至唐贞观十四年（640年）的31年间，高凉郡的户口增长率高达541.1%。这些新增的户除部分为自然增长和入迁的汉族外，大部分应与俚汉融合有关。

俚汉融合较之于越汉融合，规模更大、范围更广、人口更多。经过这次融合，土著百越人的遗裔已为数不多。由于大量俚人融合为汉族，广东民族的结构因之发生了根本性的变化：原来只占人口少数的汉族一跃而成为占人口的大多数，反客为主，成为广东人口最多的民族。这种态势即使元明两代瑶族大量入迁亦未能逆转。除粤东之外，俚人基本上都融合到广府民系之中。其对广府民系的作用，主要表现在由于人口的增加、分布范围的扩大和确定，以及语言的大致形成，使广府民系成为较为稳定的自成一体的民系，其分布格局已隐约可见。

两宋之交和宋元之交，又有大批汉族进入广东，使发展中的广府民系人更多、地更广。金兵和元兵南下都触发大规模的移民浪潮，史载"中原士大夫避难者多在岭南"。不仅士大夫如此，一般汉族群众亦如是。由于他们入粤时多取道大庾岭，途经南雄县珠玑巷，或者在珠玑巷暂住一段时间然后继续南下。于是入粤各姓均称来自南雄珠玑巷。据黄慈博所辑《珠玑巷民族南迁记》，南迁汉族有罗、湛、郑、张、尹等70多个姓氏，落籍在今珠江三角洲及其邻近地区约30个县市，其中以南海、番禺、顺德、中山、东莞和新会等县市人数较多。珠玑巷及其他迁民的融入使广府民系得到进一步的发展，分布格局基本形成。

（二）潮汕民系

潮汕民系同广府民系一样，其先民系由百越的一个分支闽越，与汉族融合而成。粤东由于莲花山一阴那山山脉自东北向西南斜贯其中，将其东南部之潮汕地区与珠江水系隔断。而其与毗连的福建省则无山川阻隔，却兼有水陆之便，因此，其与福建的关系远较其与粤中的关系密切。考古资料表明，新石器时代，潮汕地区与闽南同属一个文化系统，其末期的浮滨文化即是如此。其土著居民，学术界已公认与闽越有关。故潮汕地区古为闽越地已无可置疑。虽说潮汕地区与珠江三角洲交通不便，但它与南越乃至中原地区的交往仍然十分频繁。浮滨文化的典型器物如大口尊等在香港、深圳、珠海和南海等地均有出土就是明证。其后，两地联系日益加强。秦于粤东置揭阳县（今揭阳市西），南越国及西汉均因之。汉武帝平南越，揭阳令史定降汉，被封为安道侯。揭阳县之置给潮汕地区带来更多的中原文化。

粤东闽越何时融合于汉族，也就是说，潮汕民系先民何时出现，目前尚无可靠的证据以资证明。江浙一带的吴越，春秋时期便已建立起自己的国家即吴国和越国。战国前后，其族人已完全融合于华夏族，其所操之语言古台语亦融合成华夏语（汉语）的方言之一即吴越语，简称吴语。浙江的东瓯和福建的闽越，由于其首领摇和无诸秦末率族人从诸侯灭秦，佐汉有功，分别被封为东海王和闽越王，建国东瓯和闽越。两国分别于建元三年（公元前148年）和元封元年（公元前110年）为汉武帝灭掉。虽《汉书》明载两地越族已全部"徙处江淮间"，但实际上两地的古越族遗民仍然不少。至昭帝始元二年（公元前85年），分别于其故地置回浦县（治今浙江临海市东南）和冶县（今福建省闽侯县北）予以统治。此后，这些遗民中的多数已逐渐融合于汉族，少数僻居山区者，东汉灵帝（168～189年）之后称为"山越"，活跃于粤、闽、浙和台湾省等地。如此观之，粤东闽越融合于汉族很可能在汉灵帝前后即东汉中晚期，比广府民系先民出现的时间稍后。这与语言学家对潮语的研究结果基本吻合。

潮汕民系先民出现之后，虽然发展缓慢，但汉末至南朝间不断有汉族移入。萧梁侯景之乱时就有不少逃到潮汕。东晋义熙九年（413年），析东官郡，于揭阳县地置义安郡，领海阳（今潮安县）、潮阳、义招（今大埔县）、海宁（今惠来县西）和绥安（今福建省漳浦县西南）五县。潮汕地区由原来的揭阳一县增至为一郡三县。迁入潮汕的汉族以徙自福建者居多，但亦有相当数量来自中原。据调查，今澄海、潮州等市的著姓林氏和潮阳的黄氏等即有称彼时由福建迁来的。新中国成立后，在揭阳、潮阳一带发现多座建于东晋至南朝的墓葬，尤其是揭阳的一座南朝墓，其结构之复杂、规模之大为广东所仅见。这些墓主无疑是中原汉族。中原和闽南汉族入潮，不仅使潮汕民系人口增加，而且也使潮语得到进一步的发展。潮语一方面继续接受来自闽语的影响，另一方面直接接受中原汉语的影响日渐增加。两者交织在一起，使潮汕地区原来所使用的方言逐渐成为汉语方言的一支。

唐宋时期是潮语分化的决定性阶段，也是潮汕民系发展的关键阶段。入唐之后，一方面是粤东俚人融合于汉族，另一方面是迁入潮汕地区的汉族日见增多。迁入潮汕地区的汉族，以零星迁徙的农民、商人居多，但也有军旅性的集体移民。唐初总章二年（669年），泉、潮间"蛮僚"起义，朝廷命光州固始（今河南省固始县东）人陈政父子率"府兵三千六百将士"讨之。由于其不敌起义军，朝廷继命政兄陈敏、陈敷"领军校五十八姓来援"。后来这些官兵全部留戍当地。天宝十一年（752年），潮州户口已由隋大业五年的2066户增至4420户，增长率为213.9%。

两宋时期，由于航海业的发达，汉族移民从水陆两路涌入，令潮州户口骤增。据记载，在太平兴国五年（980年）至元丰二年（1079年）的99年中，潮州户口由5381户猛增至74682户，增长率为1387.9%。至南宋理宗端平（1234～1236年）时，其户口又增至135998户，净增6万多户。这些迁徙活动在今日潮汕人的族谱中多有记载。

元代，福建汉族继续徙居潮州。"他们从福建带来的闽南话，进一步与原先本地居民所操的方言汇合，逐渐形成后来的潮州话"。潮汕方言最终形成。

（三）客家民系

客家人的发展由来，源远流长。客家民系在不断地南移中形成，是以客家方言为主要交流媒介，有着中原血缘和地缘历史渊源，并以共同的生活方式、习俗、信仰、价值观念和心理素质紧密结合的人类社会群体。客家人主要是由中原地区南迁的汉族为主体，并与当地一些民族长期融合，而于明清时期最终形成的，具有独特的、大体相同的保留着古代汉语雅音成分的客家方言，和共同的生活习俗及心理素质、集团意识等社会文化传统，主要聚居闽粤赣地区并散居于华南各省及海外的汉族民系。

自东晋末年至北宋，客家人在迁徙过程中，导致客家文化与中原文化的差异明显地加大加快，使其特有的文化因素不断地积聚和增加。北宋初年，客家文化与母体的中原文化比较就已显示出自己的特质。北宋末年，客家人已大致定居于粤、闽、赣三省交界的三江流域，尤其是大量涌入粤东北地区，开拓嘉应平原，由于长时间相对稳定的发展，客家先民趋于成熟而逐渐形成为一支独特的民系，其民系的特征表现为历史性、民族性和地域性，而梅州地区也成为客家民系的主要形成地域之一。

客家人南迁的原因不外乎战乱、奸佞作乱、不仕二朝、外任留籍、人口自然扩散、逃军务、官方移民、南下逃荒、做工卖艺、行医经商、政府奖励号召移民等等。其中外族入侵，农民起义、皇族、诸侯及地方武装之间争权夺利所引起的战乱是造成长期大规模的北民南迁的主要原因。

东晋永嘉年间和唐中叶"安史之乱"时期的战乱使大量中原人口南下至江西东南部、福建西南部及广东东北部等人口稀少的山区腹地避难。在大江南北侨居已近六百年的客家先民，遂有一大部分幸运地往上述地区。宋太祖统一中国，结束了五代纷争局面。陆续南下的汉族移民始得稍稍安适。

北宋末期，金人南侵，宋高宗南渡，元人入侵，迫于外患，客家先民不得又不开始大迁徙。自宋靖康二年（1127年）高宗南渡，即位南京，继而迁都临安（今杭州），宋王朝便国势日弱，朝政日非。金灭北宋并俘宋二帝北归，史称"靖康之难"。公元1276年2月，临安陷落，恭帝"率百官拜表祥曦殿，诏谕郡县，使降大元"[①]。1226年，陈宜中在福州立帝（益王）。九月，元兵自明州、江西两路进逼福州，宋元帅吕师夔、张荣实领兵入梅岭。这一时期南方人户已达830万户，远远超过北方的459万户。

清乾嘉之后，在广东台山、开平、四会一带的客家人，人口激增，势力愈强，从开始租种原住民的田地，到后来设法收买占有之，造成了与原住民对抗纷争之势。终于酿成了惨绝人寰的土客大仇杀、大械斗，从咸丰六年（1856年）到同治六年（1867年），持续了十二年，死伤人数总计五六十万。这就是震惊中外的"广东西路土客大斗案"。经官府弹压调解，并划出赤溪厅为善后区，安置部分客民。又从地方款内解现银二十万两，令台山等县各筹若干，分给愿往各地垦殖谋生的客家农民，成年人每人八两，未成年者每人四两，各发执照，使往他处。当时从新兴、恩平、台山和鹤山县出发的，大抵南下迁入高、雷、钦、廉各州，尤以迁居高州的信宜、雷州的徐闻为最多。其远者更有渡海抵海南岛崖县、定安等县，与乾隆时自惠州迁至沙帽岭的客家比庐而居。

此外，还有因经营农工商各业和服务广东军政学各界而徙居广州、汕头、香港等地者，形成向平原都市发展的趋势。

（四）雷琼民系

在福建迁民入潮的同时，有一些迁民则越过潮州继续沿海岸线南下，落籍南恩州（今阳江市）、电白和雷州半岛的海康、徐闻等粤西沿海各县乃至海南岛，使这些州县的人口大增，其中以雷州为最。该州由唐天宝十一年（752年）的4320户到宋元丰二年（1079年）增至13984户，增长323.7%。《舆地纪胜·南恩州》云："（南恩州）民庶侨居

---
① 《宋史》卷四十七。

杂处，多瓯闽之人"。北宋苏辙曾任海康令，他在《和子瞻次韵陶渊明劝农诗》的引言中说："予居海康，农亦甚惰，其耕者多闽人也"。这些迁民落籍后大都聚族而居，保留原有的语言和习俗，成为雷州人的祖先。

雷琼是我国最大热带区域。在热带条件下产生的文化景观在许多方面异于其他地区。虽然两地大部分居民操闽南方言，与闽南民系居民有很深的文化渊源，但这些来自闽南和粤东等地的移民到达新居地后，一则不可避免地受当地文化浸染和采取适应新环境的文化模式，二则他们原地的文化也在发展变异，所以在新条件下产生的雷琼文化有自己的文化特质和风格，与粤东潮汕文化有一定距离，加上海南少数民族文化存在，更加强了其地域文化的个性，从而自成一体[1]。然而，雷琼汉文化的源头之一却又在闽南和粤东，从文化类型而言，其可视作闽南和粤东文化的延伸。作为其文化特质代表的文化核心区已在潮汕，因此对于广东汉族民系分类方面，一派把它归类到潮汕民系中，而另一派则把其列出作为第四类[2]。

雷琼民系包括雷州半岛之遂溪、海康、徐闻和湛江；海南琼山、海口、文昌、定安、屯昌、琼海、万宁、澄迈、临高、儋州市，以及昌江、陵水、东方、乐东、三亚一部分，即环岛使用汉语地区。所用汉语方言有海南话、临高话、儋州话、村话、军话、广州话等，语言至为复杂，个别话种甚至不能与其他话种通话，但文化上的共同性还是具备的。

雷州半岛拥有长达1321公里的海岸线，历史上素称"天南重地"，是南中国重要的海防要塞。历史上对于雷州军事设防及屯军都有史料记载，其古代军事地表文物遗址比较明显，特别是明清时期的地表军事设施遗迹（如卫所营寨、炮台烟墩、驿站等大批海防设施以及文物古迹），例如明朝徐闻县锦囊所城旧址、海安所城旧址、雷州市海康所城旧址、遂溪乐民所城旧址等。

第三节　岭南文化特质

文化是人类社会实践的能力和产物，是人类活动方式的总和。人的实践能力构成文化的重要内容，也是文化发展的一种尺度。而人类社会实践的能力及其对象总是历史的、具体的、多样的，因此任何一种地域文化都会由于该地区独有的自然环境、人文环境及实践主体的不同而具有不同的特质。

岭南文化首先是一种原生型的文化。它有自己的土壤和深根，相对独立，自成体系。古代岭南人创造的本根文化尽管逐渐融合中原文化及海外文化的影响，却始终保持了原味，并从外来文化中吸收养分，发展自己。

其次，岭南文化带有"亚热带与热带性"。在该生态环境下，使岭南有着与岭北地区显著不同的文化特征。岭南独特的气候环境，为岭南地区提供了丰富的生活资源，"兼中外所产，备南北之所有"。在接受中原汉文化之前，岭南文化已独立发展了近一千多年，地域的阻隔使岭南文化的发展保持了相对纯粹性，岭南农业、畜牧业、养殖业、手工业的多元化格局之基础在此期已牢固奠定，因此虽经历了两千多年汉文化的同化过程，仍能以自己独特的文化面貌出现。可以说，岭南文化在继承中华民族文化特别是华夏优秀传统文化的同时又保持发展了地域文化，造就了当今岭南文化的丰富内涵。

一、文化发展

先秦岭南原始文化是其独立发展期，由20万～30万年前至西周初，岭南先民创造了其本土文化，典型的考古器物有石器、骨器和几何印纹陶。这一时期是珠江流域文化的奠基时期，在物质文化方面，岭南地区在母系氏族公社就已产生了渔、狩、采集和锄耕农业并重的原始农业，明显地区别于北方文化，植下了岭南后来经济、文化多元化的基因。其

---

[1] 蔡平. 雷州文化及雷州文化的人本研究[J]. 广东海洋大学学报 2010(30):20-25.
[2] 司徒尚纪. 广东文化地理[M]. 广州:广东人民出版社, 1993, 8.

图1-3-1 雷州半岛石狗（来源：湛江市博物馆《雷州半岛石狗文化》）

主要特征，一方面是相较于同时期其他地域文化的后进性，另一方面则是岭南的石器（例如图1-3-1所示遍布雷州的石狗）、骨器、玉石器、陶器等自成一格，墓葬文化、原始崇拜也独立发展起来。

由周代至战国晚期，是其他百越文化（骆越、西瓯、吴越、闽越、滇越、山越等）与南越文化相互渗透影响的时期，同时也通过先进的楚文化接受中原华夏文化的影响，考古发现的典型器物为青铜器、几何印纹陶、干阑式巢居建筑。这一时期华南文化在融合了百越文化的基本内涵后，兼收并蓄，农业与手工业并存，原始宗教、道德风尚及民俗、原始艺术观念初具完型，并已有物产输往海外。多种多样的文化来源及其初步结合，使岭南多元一体化的文化格局得以萌芽，主要特征表现在独特的器物文化风格、鲜明的民俗文化特色、稻作农业与渔猎经济并存以及图腾崇拜和祖先崇拜合而为一的原始宗教文化等方面。

从秦汉至清中期，是中原汉文化对岭南本土文化的同化时期，其间包括秦汉六朝汉文化在岭南的有组织输入和移民高潮带来汉文化的传播，隋唐五代"开疆文化"的贡献，海外文化的移入，直至宋元移民高潮和三大民系的形成，明清岭南文化的成熟和勃兴。至此岭南文化的多元化格局全面确立，文化成果取得了有史以来最全面的发展，而这种多元一体化的文化结构则以商贸为中心，使岭南文化逐渐显现出异于中原文化的重商性及非规范性。与同时期中国其他地域文化相比，岭南文化开始形成务实求变，不断创新的主要特征。

从清中期开始至20世纪中叶，为近代中西文化碰撞期，并于鸦片战争前后形成高潮，19世纪至20世纪之交时走向深化。岭南地区以其得天独厚的地理环境和人文环境，成为近代中国民族资本的摇篮和资产阶级新思想的启蒙之地，继而成为资产阶级民主革命和第一次国内革命战争的策源地和根据地。此期的基本成就是否定了封建文化架构和基本模式，唤醒了岭南文化深层的"海洋文化"的因素，创造出一种中西文化杂处的新型文化。

二、文化交流

先秦时期，我国南北之间已经有着频繁的经济往来和文化交流，不断给南越文化注入新鲜养分，使之得到改造和提高，并向多元化方向发展。

中原与岭南的文化交往，在已有的考古发掘中已得到有力参证，如粤东商末到西周"浮滨文化"遗址出土的凹刃锛、有阑戈与江西吴城遗址出土同类器物相同或相似；曲江马坝马鞍山出土西周晚期铜铙与江西出土西周铜铙几乎一模一样，同时出土的还有东洲铜钟、春秋铜鼎、甬钟等中原礼乐器，这些实物表明岭南已受到中原礼乐教化影响。

荆楚文化对南越文化的影响主要源自战国时期。楚经济文化发达，是南方民族融合中心和文化中心，也是南越文化一个重要来源。广州"五羊城"、"羊城"、"穗城"等称谓皆来源于周夷王时五仙人骑羊降楚庭这一传说（图1-3-2）。岭南出土春秋青铜器，除了具有中原风格以外，也与江淮楚地风格相同。这类器物大部分发现在广东西江流域，少

图1-3-2　广州越秀公园五羊雕塑（来源：华南理工大学民居建筑研究所 提供）

数在广东北江流域，甚至在湛江也发现楚代青铜剑、刀斧等，这些区域是楚粤交通方便地区。从风格或者地缘上看，也显示岭南青铜文化是在荆楚文化影响下产生和发展起来的，并且一开始就包含有荆楚文化因素。

新石器时代，岭南先民与江浙先民已有所接触，石峡文化一些陶器和玉器与江浙良渚文化很相似，表现了相互间一定的文化联系。春秋时吴国和越国都成为强国，形成了共同的文化。吴越有"朱余者，越盐官也。越人谓盐曰余"。而广州旧称番禺，禺音同余，一说盐村。我国有三个会稽地名，一在山东，一在浙江，还有一个在广东，即今潮州凤凰山。这也是民族往来在岭南文化中留下的吴越文化成分。

于先秦崛起的我国西南巴蜀文化也有影响到岭南。公元前112年，汉武帝派大军大举进攻南越，并令罪人及巴蜀、江淮10万多人移居南越，与"土人杂处"。巴蜀地区种稻历史悠久，经验丰富，稻作文化随着这些入居者带进岭南。

有人认为，广州远古传说五位仙人手中持谷穗的少者，是江淮、巴蜀无名水稻栽培技术传播者的化身。

广州是中国古代对外贸易的重要港口。汉代时已经和海外一些国家有了贸易往来。在广州象岗发现的南越文王帝陵墓，出土银盒以及玛瑙、水晶等多种质料的珠饰，有的是中亚或南亚的舶来品。南朝梁时，每年来到广州的各国商船有10多批。唐代广州成为世界著名的港口，对外贸易范围扩大到南太平洋和印度洋区域诸国。为了加强对外贸易的管理，在这里设置了中国最早的外贸机构和海关"市舶使"，总管对外贸易。另外还有"蕃坊"，供外国商人居住，侨居广州的外商（主要是阿拉伯人）数以万计，最盛时达10万以上。他们信仰伊斯兰教，所以在蕃坊修建了伊斯兰教寺——怀圣寺。从五代到北宋，广州已成为中国最大的商业城市和通商口岸，贸易额占全国98%以上。

广东是佛教传入我国最早的地区之一，三国时期是佛教在广东的最初传播，东吴元兴元年（264年），真喜抵广州译《十二游经》一卷。晋武帝太康二年（281年），梵僧迦摩罗从西天竺抵达广州，在城内建三归、王仁二寺，百越伽蓝由此而兴。东晋安帝隆安元年（397年），宾国（今克什米尔）三藏法师昙摩耶舍（法明）至广州白沙寺弘扬佛法，在虞翻的故宅建"王苑朝延寺"，后改名"王园寺"，并在该寺奉敕译经传教，译有《差摩经》一卷。南朝时期，由于航海技术发展，经海路抵广州弘法、译经的僧人增多。宋武帝永初元年（420年），求那罗跋陀三藏法师，由天竺（印度）东航至广州，据《出三藏记集》载：求那罗跋陀三藏法师先后共译经13部，73卷。所译的《楞伽经》为后来菩提达摩、慧可等人所重视，从而形成楞伽师学派，并进而发展成为后世的禅宗，故楞伽师推其为中土初宗；所译《胜鬘狮子吼一乘大方便方广经》，为后来信奉涅槃佛性之说的佛教学者所重视，对于以后各大乘宗派教义的形成，有重大的影响。

随着广州的穆斯林规模日趋庞大，建立了便于宣礼又能导航的光塔，之后又建立了清真寺，即怀圣寺，又名光塔寺，寺内建有一座高达35.46米的灯塔（图1-3-3）。怀圣寺正如其标志性的光塔一样，成为穆斯林群众的导向标，商贸的往来和文化交流借此得以展开，清真寺前即为当时的珠江航道。伊斯兰教对广州古代对外贸易的影响很大。唐代天宝年间，有记载说，"江中有婆罗门、波斯、昆仑来船，不知其数，并载香药珍宝，积载如山，其船深六七丈。"这些船大部分都是来自哈里发帝国的穆斯林商人所有。一船船的香料、象牙、珠宝、药材和犀牛角等物品远涉重洋来到广州，而来自中国的丝绸、茶叶、瓷器等则搭载空船回程。唐代末期，蕃坊已经发展到相当大的规模，怀圣寺的影响力也与日俱增。

宋元时期是广州大规模开发的时期，汹涌南下的移民潮，使岭南产生重大的变化，大大缩小了岭南社会生活同岭北中土的差距，至南宋以后，基本达到同步发展。宋元以后岭南的居民已衍化为以汉族为主体。与北方相比，南方显得更为稳定繁荣。在这种背景下，岭南建筑呈现出蓬勃向上的新气象。

16世纪中叶，欧洲殖民主义者东来，西方文化首先流播广东，并作为一种异质文化，被注入中国文化系统，也揭开了与岭南文化交融和冲突的序幕，并最终成为岭南文化一个组成部分，对后世产生深远影响。

1553年葡萄牙人取得在澳门居住权，并很快崛起为世界性贸易港口和国际公共流居地，汇集着来自不同国家、种族、民族以及肤色的人群，成为中西文化接触、交流的中心和向内地传播西方文化的基地。1576年，澳门成立主教区，成为天主教在东亚传教的中心。不少传教士来华，把西方天文、地理、测量、水利、数学、音乐、美术、语言等介绍到中国，特别是意大利传教士利玛窦前后居住在澳门20年，经常往返于澳门和肇庆之间，在广东传教12年，在肇庆建立的中国第一座天主堂仙花寺（图1-3-4），编制的第一部中西文字典《葡华字典》，第一幅中文世界地图《坤舆万国全图》等，成为沟通中西文化交流的先驱。

在广州和珠江三角洲地区，天主教堂和信徒数量一直上升。此外，还在澳门、香港和广州创办全国最早一批西式学校、医院，培养中国最早西医生，传播西医技术。直到鸦片战争前夕，西方文化在中国的立足和扩散，几乎无不以广东为基地，继而向北传播。

西方文化传入，使人耳目一新。如利玛窦介绍世界各国

图1-3-3 光塔寺内灯塔（来源：广东人民出版社《岭南文化（修订本）》）

图1-3-4 天主教堂仙花寺（来源：华南理工大学民居建筑研究所提供）

方域、文物、风俗、习惯和中国在世界的位置及其与各国在地理上的关系等，补充了中国古代对时间地理认识之不足。近代西方物质文明传入广东，也渐为广东吸收和仿效。到清代，广州也和北京、苏州一样，出现了制造、修理钟表的作坊。至今保存在北京故宫博物院里的清代钟表，有很大一部分是广州仿制的。

明清是广东社会经济发展的一个重要历史时期。在此期间，广东已摆脱过去的落后状态，挤进全国先进地区行列，也迎来了文化发展的兴旺局面。不但前期上升为岭南文化主体的汉文化进一步生长壮大，而且由于西方文化更多传入，岭南文化被丰富、充实以新的有用养分，逐步整合成一个多元文化体系，造就了岭南文化原型。随着广东商品经济发展，资本主义萌芽的出现和生长，以及内外联系和交流的加强，岭南文化更以崭新姿态和装束，出现在全国文化地图上，令世人刮目相看。

三、文化特征

岭南地区在历史文化的发展中，逐步形成了独特的文化特点：三大文化体系——多元文化、海洋文化和商业文化；四大文化特征——兼容性、务实性、世俗性和创新性。这种体系与特征，在近、现代文化发展中仍然存在，并不断增加辐射性。

（一）多元文化

岭南文化是一种包容性的多元文化。特殊的地理位置和人

文环境，使岭南文化常与中原正统文化及外来文化发生碰撞交汇。古代中原的多次移民，海外交流的长期作用，使岭南具有开放兼容的社会环境，从而形成多种文化因素并存的局面。

岭南地区在古代为南越百姓居住地，当时称土著文化。秦汉以后的几次动乱中，北方汉族迁徙南下带来了中原文化。长期以来汉越文化交流融合，加上吸取了岭南周围地区如荆楚文化、福建的闽越文化、江西浙江的吴越文化和海外一带的外来文化的优点，从而使岭南文化中的多元化成为其最大的特点。岭南地区的多元文化主要是中原文化与土著文化长期融合的结果，也是吸收周边地区文化的结果。

（二）海洋文化

在气候地理上的特点是开放、开朗、开敞，与大自然相融合，这是自然性、开放性的反映。此外，海洋文化交往、开拓、贸易多，吸取和传播文化也多，双方的先进技术和文化的交流也多。近代的中国和国外的交往都是从沿海地区的城镇作为交汇点产生和发展的，因此，海洋文化的特征就是开放、开拓。

岭南地区濒海，海岸线长，便于走向世界，接受海外文化。在社会文化各个层面，逐步形成多元与兼容的特征，具有"杂交"文化的特质。呈现出与较为封闭的岭北中原文化有着明显不同的特点。在汉代，广东的徐闻为通往海外的交通要道，东吴至南朝，中国对外贸易的重心逐渐移至广州，明清时有"金山珠海，天子南库"之称。岭南人早就形成"习于水斗，便于用舟"的传统，倾向海外拓展，远涉重洋，"有海国超迈之意量"。当今海外华侨和华人有3000多万，粤人占70%，达2000多万。在道学颇盛，朱陆、阳明之学声势炽强之际，岭南却同期接纳了大量的西方科学知识，不少士人、商贾率先学习格致之学。

（三）商业文化

其特点是有经济头脑，带来竞争意识。由于岭南地区偏于东南一隅，有五岭天然屏障，在面临大海之际，又通过辽阔的珠江等水域，河网辐射与内陆相通，有利于岭南发展商业贸易，形成重商意识的文化特质。

岭南地区的对外交流和物产丰富，有利于商品经济的孕育和发展，形成商业贸易和多元化的物质文化体系。珠江三角洲一带是商业贸易比较发达的地区，明代成为商品性农业区，商业精神不仅弥漫于市民的日常生活，而且制约着人们的价值取向和行为目标。这种相对内陆地区较为早熟的商业性市井社会，深深地影响制约着岭南文化的发展。

经济发达，商业贸易兴盛，这一市井社会无疑为产生以市民阶层为基础的世俗文化创造了更加繁荣的环境和基础。世俗文化并非低层次文化，而是反映市井社会中市民大众积极参与的一种活泼灵活面貌的文化，具有广泛的民众性、较强的实践性和鲜明的时代性。

岭南文化的具体特征

1. 兼容性

这是岭南文化在历史发展中反映出来最明显的特性之一。岭南人对待古代文化、外来文化，包括一切古今中外文化都能采取来者不拒、批判吸收，一切皆为我用的态度，这就是多元文化带来的效果。兼容性中最主要的原则是以我为主，也就是多元化是以中华文化为主。

2. 务实性

这是商业文化带来的优点。要做生意，长期经营下去，就是靠诚信。要有信誉、诚实，要老实做人，商品实在，作风踏实。这是正确的、有道德的商业文化所带来的行为必然是务实。其次，商业文化也带来灵活变通的特点，这是与务实相辅相成的另一面。只要不违背务实、信誉，允许事物有一定的灵活和变通。

3. 世俗性

这也是岭南文化主要特征之一。岭南本土文化是代表了南越人的文化，它是南越人生活、生产中的事物、观念以及礼仪、制度等方面的反映。在历史文化发展中，岭南文化代表了民间所需求的利益，如古代建筑中的祠堂、书塾，近代的商店、茶楼等老百姓喜爱和实用的这些民间建筑类型的产生，都是为老百姓所用的，也就是民俗性。

4. 创新性

这也是商业文化和海洋文化带来的综合反映。创新是竞争的必需手段，也是任何事物要获得成功、胜利的必然途径。没有竞争，就不可能前进，但这种竞争必须是良性竞争。

创新不同于创造。创新主要是一种观念、思想，就是要求新奇，与众不同。而创造则是具体行为，是产生价值的行为，是具有科学依据进行艰苦劳动创造价值的行为。

近现代以后，对外交往使岭南地区在中西文化的碰撞中首当其冲，它成为海外和内地的中转站。因此，从近代开始，岭南地区还担负着吸取外来文化和先进经验，并向大陆内地传播的辐射作用，称为辐射性，可以说这是岭南文化的第五项特征。

第四节　广东建筑概述

"自然环境是人类社会存在和发展的基础，也是文化存在和发展的必备条件。任何文化都在一定自然环境中产生、发展并受其制约和影响。"[1]广东所处的岭南地理位置、自然条件和气候，自古就使得该地域与中原华夏民族有着明显不同的文化特征，可以说，从早期的原始文化开始，就与中原华夏民族原始文化有着各自的差异，富有自己的特色。

日照长、气温高、潮湿多雨的热带、亚热带气候特点，河流纵横、原始森林茂密、毒蛇猛兽和"瘴疠病毒"并存的严酷生态环境，导致了岭南族群勤劳勇敢、敢于冒险、勇于开拓的生存精神，以及针对岭南地区特点的早期干阑巢居和独特的饮食习惯。由于生产力的低下和抗风险能力差，又使得人们不得不膜拜神灵，笃信神鬼，求助于超自然力量的保护。《汉书·郊祀志》有："粤人勇之乃言'粤人俗鬼，而其祠皆见鬼，数有效……'"之记载。

尽管广东古代被称为"化外之地"，但它的一些经济文化发展，还是接近中原的水平。根据考古的发现，在战国时广东境内的粤人已能制造出精美的青铜钟鼎和多种工具、武器，工艺水平已接近于中原各地，器形、花纹和楚国基本相同，也表明当时粤人和楚的关系极为密切。汉初以来，广东在经济上有了显著的提高，南越"多犀象玳瑁珠玑银铜果布之凑"，早已吸引了许多北方的商人。汉代以后中原和南越一直维持着关市贸易，铁农具和耕畜通过关市，源源不断地输入南越，促进了南越的农业生产。唐宋时期的手工业方面，矿冶业、陶瓷业、纺织业、造船业、盐业等已较普遍且发展迅速。明代时，广东佛山已出现规模较大的冶铁、铸铁业，到清康熙、雍正、乾隆时期又有不同程度的提高。陶器方面发达的，在全省四十多个县市曾发现古陶瓷窑址一百多处。广州和潮州的瓷器制造业以烧造外销瓷器为主。尤其是随着明中期以后商品性农业的兴起，广东产生了桑基鱼塘、沙田围垦、多种经营等创造性举措，社会生产力一跃成为全国经济先进地区。明清两代，广东墟市繁盛、商贸发达，重商意识浓厚。

特殊的地理条件和人文环境，是造成广东建筑形制上多种因素融合一起的重要原因。防风、防雨、防腐是共同的要求，在沿海台地平原地区，还要重视防洪、防潮。无论是木、石、砖等结构，都十分注意抗击自然袭扰功能。为适应山地、丘陵、平原等复杂的地形而形成了各种形制的建筑。同时，由于乡村农业比较发达，特别是三角洲沿海平原地区，早在汉代已有一年两熟稻，从明代中叶开始已实现了一年三熟。因而农村聚落发育良好，村落形态多样，且规律性强。

广东传统建筑随经济文化的发展而发展，历经长期的汉越文化融合，自隋唐开始步入以汉形制为主体的成熟期。宋代以后，广东建筑规模更为庞大，营造注重群体组合的参差错落，建筑轮廓变化灵活，艺术形象丰富。而建筑细部则向精巧、细致的方向发展，以及向图案化、标准化过渡，装饰线脚和花纹较为秀丽、绚柔。

明清时期的传统建筑发展更为迅速，其特点有：（1）出现以砖代木的趋势，常用砖砌山墙来代替木梁或半木梁半山墙。瓦在明代开始广泛使用，琉璃瓦在学宫、庙宇、塔和府衙等建筑中普遍使用。（2）建筑布局方面，大型群组明代

---
[1] 李权时，李明华，韩强. 岭南文化（修订本）[M]. 广州：广东人民出版社，2010.

以后比宋代发展更多，寺院增大，多进多路的组合构成巨大的建筑群，而村落所谓"九厅十八井"的民宅不计其数。另一方面，围寨类的民居增多，且建筑与自然环境更讲究融合，体现"阴阳平衡"、"天人合一"。（3）在建筑风格上进一步趋向于轻巧华丽，建筑体型比例升高，屋顶坡度变陡，斗栱变小或取消，常用挑梁出檐，出檐渐短。柱子已少有宋代"生起"、"侧脚"的做法，柱子和梁架用料较小，梁架装饰线条渐趋复杂，月梁简化，"托脚"和"攀间"变成弯枋或取消，桁距变小。（4）建筑类型增多，如行会、商行、当铺、茶楼、酒家、碉楼等，建筑平面形式更为多样化，天井、庭院、庭园形式及组合方式增多。（5）建筑由于受手工艺和商业的带动，建筑装饰、装修、陈设、家具均有长足的进步，通过挂落、花罩、屏风、家具等分隔与组合空间，达到高超的水平。

广东历史上也是多民族聚居的省份，世居的民族有汉、黎、瑶、壮、畲、回、苗、满等族。但以汉族人口最多，广布于全省各地。少数民族的大体分布，黎、苗族在海南，瑶族在粤北，壮族在粤西北，畲族在粤东，回族在广州、肇庆等地，满族在广州。广东境内的少数民族建筑，在与汉族的长期交流融合中，大多受汉族建筑文化影响，风格基本汉化，只有瑶族、壮族部分建筑还保留有干阑形式。而汉族内部又因移民时序、源地差异形成广府、潮汕、客家、雷琼四大民系，其建筑文化既有共通性，也具有各自的特点。

广东由于南岭的阻隔，早期开发落后于岭北，后期借面海之利，得风气之先且开风气之先。海洋给广东带来开放优势，使其成为我国对外文化交流的窗口，特别是近代与海外文化交流更加频繁。

广州很早就已开始对外贸易，唐代亚洲各国来中国经商的商人很多，最集中的贸易地点为长安、洛阳、扬州和广州，广州是当时最著名的商业城市之一。北宋时，在广州设立市舶司，专门管理进出口船舶的检查和抽税，与泉州、明州（宁波）、杭州、扬州等城市都是北宋对外贸易的主要口岸。明代以后，广州一直成为对外通商的重要口岸之一。由于广州发展对外贸易较早，交往频繁，故中外文化交流也多。因此，反映在生活条件上，或建筑方面都存在着受外来文化的影响和交往融合现象，它对促进本地建筑的发展有着重大的影响。

岭南建筑文化是中国优秀建筑文化的重要组成部分，深入研究岭南建筑文化，把握其本质和特征，揭示发展规律，促进岭南建筑文化和整个中华民族建筑文化的发展，是我们当前文化建设的重要任务之一。

1949年新中国成立，国家经济非常困难，百业待兴。在建筑方面，首要任务是改善人民生活条件，如改善居住环境、改造市政设施等，并重点进行一些必要的建设。当时的广州在国民党军队逃跑时炸毁的黄沙灾民区空地上建造了半永久性的华南土特产展览会各陈列馆，作为农业物资交流，以恢复和促进生产。在珠江岸边修建渔民新村，解决珠江船上渔民长期不能在岸上定居的游离生活。作为华南土特产展览会的陈列馆，在设计、施工时间短的情况下，许多设计师参与了设计，建筑面貌出现有各种风格，但其中有一些轻巧、自由并带有岭南地方特色的建筑物得到了人们的认可，如水产馆建筑就可作为这方面的代表。这种具有现代风格也影响了以后建筑的创作方向。

20世纪50年代，在"适用、经济、在可能条件下注意美观"的建筑方针下，一大批有影响的大型民用建筑陆续建成，如广东科学馆、广州苏联展览馆、广州出口商品陈列馆、华侨新村住宅区、中山医学院生理病理实验楼等。

1953年，全国进行了大规模的建设，中国建筑界在学习苏联建筑"社会主义内容、民族形式"的影响下，也在走中国民族形式即中国古代建筑——大屋顶的道路，一时间形成全国各地都相继仿效"大屋顶"的思潮。当时广东的建筑界，对大屋顶思潮有自己的看法，认为庞大的屋顶造成笨重的框架支体和深厚的基础，会增大造价，浪费大量资金，所以在建筑创作实践中具体情况具体分析，不少用平屋顶取代坡屋顶。

中山医学院附属医院生理病理教学楼首次在窗户外采用遮阳设施——遮阳板，既满足了立面遮阳的需求又很美观。1958年夏昌世教授在《建筑学报》发表了"遮阳、隔热、降温"的论文，更系统地论述了南方炎热地区遮阳隔热的原理和实践做法，对推动岭南地区建筑实践和理论上起到了一定的作用，其后相当一段时间，在自然条件下，采用遮阳板，隔热层几乎是解决南方炎热气候条件下的一项有效措施。到70年代，遮阳设施经过艺术加工又登上一个新的台阶，如位于流花路的广州出口商品交易会陈列馆建筑西向立面就是一个明显的例子。

1959年，全国建筑业兴起了一次建设高潮，北京十大建筑的建成获得了辉煌的成就。同年，原建筑工程部在上海召开了"建筑艺术座谈会"。会上，原建筑工程部刘秀峰部长作了"创造中国社会主义建筑新风格"的报告，引起了全国建筑界的震动，在全国迅速掀起了建筑新风格的讨论。

广东建筑界在1960年上半年由广东建筑学会组织了大讨论，会上特别对岭南地区的界定、岭南建筑的含义、岭南建筑特征的表现等问题展开了充分的争论。三年来持续的讨论，广东建筑界在对岭南新建筑特征的看法上初步归纳为：平面开敞、空间通透、外形轻巧、色彩淡雅。建筑要注意环境，结合气候，要与园林相结合。当时的讨论对岭南建筑的创作初步奠定了基本理论基础。

20世纪60年代广东新建筑的实践有了初步成效，园林建筑类有广州白云山庄客舍、白云山双溪别墅；公共建筑类有广州友谊剧院、广州宾馆等。这些公共建筑、住宅建筑、风景建筑，它们在设计手法上除具有初步总结出的岭南建筑特征外，还有一个共同点，就是建筑结合园林、结合环境。公共建筑带有庭园也是岭南地区建筑特征的表现手法之一。

20世纪70年代，全国建设正处于一片萧条之中。由于国家外贸的需要，亟须建立一个进出口商品贸易场所来促进国际经济交往。广州作为国际外贸基地得以发展。在广州流花湖地区新建了一大批新建筑，包括广州出口商品交易会陈列馆、流花宾馆、东方宾馆新楼、白云宾馆，以及为了新区发展而建的广州火车站、广州电讯电报大楼、广州邮政枢纽站大楼等。这些新建筑的建成，在当时全国范围内引起了不小的震动，各地学习广州新建筑可以说形成一股热潮，各地纷纷派人来到广州学习。当时广州新建筑给人的印象有三个方面：一是体型新颖、材料多样、结构先进；二是高层建筑兴起；三是建筑设计思想、设计方法突破了旧框框。

"广派"新建筑的创作产生了多方面的影响：一是在建筑创作中的管理方面管理比较开明；二是在建筑创作思想上不拘于传统形式；三是在建筑创作方法活跃、多样化。

1979年11月，中国共产党召开了第十一届三中全会。会后，全国掀起了学习、贯彻、实施"对内改革、对外开放"政策的高潮。这是我国历史上范围最大、影响最广泛的社会大变革时代。对建筑事业来说，80年代是一个飞跃的年代。

20世纪80年代后的广东，吸取了70年代建设发展的经验，港澳同胞和海外侨胞对家乡的踊跃投资，先进技术和文化不断进入岭南地区，灵活、实用、兼容、竞争等现代意识的不断加强，经济迅速发展，而广州，已经从一个地区性的中心城市而跃进为全国重要大城市之一了。在这个时期，广东建筑界已有了宽松的创作环境，它给建筑师个性发展创造了良好的机遇，其中有代表性的实例有：广州白天鹅宾馆、中国大酒店、华侨酒店、广州南湖宾馆、深圳东湖宾馆、深圳蛇口南海大酒店、广州南越王墓博物馆等。这些新建筑的平面布局，大多沿袭传统庭院方式，但有所不同的是，取消了原有封闭格局，改为开敞式或半开敞式。不但在室外庭院内设置池水、山石、花木，而且将室外园林引入室内，在这方面做得比较成功的例子有广州白天鹅宾馆的"故乡水"中庭、广州文化公园的"园中院"等。本时期广东建筑的特色成就主要反映在建筑与庭园的结合上更趋成熟，它不但表现在实践经验，也表现在形成了初步理论的基础。

步入21世纪后，广东现代建筑由于经济的持续发展，又获得了新的机遇和挑战，建筑师发挥出充分的智慧和能力，营建了大批的新建筑，其质量达到了国内先进水平，某些建筑达到了国际先进水平。

岭南地区的历史、人文、性格特征和地理、气候等多方面的有利条件，使创作人员可能充分发挥集体和个人的才华和智慧，而吸取优秀的传统地域文化和外来的先进技术和经验，使到岭南建筑得以迅速、健康的成长发展。广东建筑在地方特色探索和实践方面，从总结传统设计规律和经验，到岭南现代建筑的创作实践、探讨创作理论，稳健前进，目前正在逐步走向比较成熟的阶段。

上篇：广东传统建筑特征解析

第二章　古代建筑

广东从先秦时代的"百越"之地发展到明清经济文化鼎盛的"岭南邹鲁",汉越文化不断走向融合共生。因历代南迁汉民的时序、源地及分布差异,汉族内部又逐渐分化形成广府、潮汕、客家、雷琼四大民系,从地域上对应着广东境内的四大文化区。各民系在长期的生存实践中形成了较为成熟的聚落形态和建筑体系,发展出丰富多彩的公共建筑和民居类型。

四大民系建筑体系皆衍生出自身的独特性:广府民系古代建筑形成经世致用、开放务实,规则有序、井然和谐,深池广树、连房博厦,装饰多样、图案几何的特色;潮汕民系古代建筑形成恪守礼制、密集聚居,中轴对称、平稳庄重,多元组构、合理构筑,色彩绚丽、华美细腻的特色;客家民系古代建筑形成和谐统一,敬宗收族、向心聚居,坚固安全、厚实庄重,淡雅自然、朴实无华等特色;雷琼民系则形成红土文化、热情奔放,开放果敢、兼容并蓄,空间灵动、组合多变,山墙多样、形态丰富的特色。古代建筑在漫长的历史中形成的这些特色,实际上是长期适应周边自然人文环境的结果,将成为新时期建设中传承优秀传统建筑文化的重要依据。

第一节　古代建筑发展与类型

一、古代建筑发展

广东历史悠久，古为"百越"之地，周朝时归服于楚称为"楚庭"。周赧王时，在南海之滨筑城，称南武城。秦始皇三十三年（公元前214年）派大军征服岭南，设置南海郡、桂林郡和象郡，其中南海郡辖番禺、四会、博罗、龙川四县，南海郡治和番禺县治即今广州市。任嚣任南海郡尉，筑番禺城，俗称"任嚣城"，是广州设立行政区和建城的开始。此外，秦汉时期城池大体分为两类，一类是以政治功能为主的郡县城，如秦建龙川县城、东汉建增城县城等。龙川为秦南海郡首设县之一，首任县令赵佗筑城设县治，《元和郡县志》河源县条记："龙川故城为土城，周长800多米，至宋扩建为砖城。"另一类是军事据点的关隘或城堡。

汉初，赵佗接管南海郡，自立为南越武王，效仿秦皇宫室苑囿，于广州越秀山下建王宫，并在越秀山上筑越王台和歌舞冈。南越国王朝历经五世九十三年。西汉南越国宫署御苑遗址是目前我国发现年代最早的宫苑实例，所发掘的南越国宫署御苑遗址里，筑有石砌大型仰斗状水池、鼋室、石渠、平桥与水井、砖石走道等（图2-1-1）。这是广州考古史上空前的重大发现，也是中国汉代考古的重大发现。

汉武帝元鼎六年（公元前111年），汉朝征服南越国，设立九郡，而南海郡治仍设在番禺。秦、汉时期广州城池修筑主要为防御功能和政治功能兼顾的郡县城。而建筑形式，从广州汉墓出土的明器陶屋造型看，多以干阑式建筑为主，也有日字形平面和曲尺形平面的住宅（图2-1-2）。在这一时期，建筑特色主要以岭南本土文化为主。

魏晋南北朝时期，中原陷入内乱与混战，岭南相对稳定。南下移民潮使岭南本地文化有所变化，岭南建筑处在融入以中原文化为主的外地文化的发展进程。城市建设扩大，是这一时期岭南政治、经济、军事、文化发展的集中表现。广东、海南现存从秦到南北朝时期20多座古城遗址，除少数为秦、汉古城址外，大多数为六朝时期所建。古城址及聚居遗址，集中分布在粤西，这与南北朝时期在粤西大量设置郡县有关，也反映了这一地区重要的政治、军事地位。这些古城规模不大，未成定制，城墙为夯土修筑，多数只具军事、政治职能。聚居地遗址多分布在粤北、粤西，有的聚居点面积达数万平方米，是移民南迁合族而居的痕迹。在揭阳九肚山发现的全木结构晋代住屋遗迹，与采集到瓦当、板瓦的粤西聚居遗存相比，别具一格。建筑工艺的飞跃发展，在为数众多的墓葬遗存中得到实证。南朝墓葬中出现长方形双棺室、三棺室合葬墓，墓室内竖砖柱、左右壁及后壁辟灯龛和直棂假窗，部分墓壁砌菱角

图2-1-1　南越国宫署御苑遗址（来源：华南理工大学民居建筑研究所 提供）

三合院住宅
——广州汉墓明器

日字形平面住宅
——广州汉墓明器

曲尺形住宅
——广州汉墓明器

图2-1-2　日字形平面和曲尺形平面住宅（来源：华南理工大学民居建筑研究所 提供）

图2-1-3 广州光孝寺（来源：华南理工大学民居建筑研究所 提供）

图2-1-4 潮州开元寺大殿（来源：华南理工大学民居建筑研究所 提供）

牙子，不少墓室前端设有水井和地下水道，其建筑工艺相似于岭北文化先进地区。从出土明器如广州沙河顶太熙元年（290年）晋墓明器陶卧房、作坊、禽舍，连县永嘉六年（312年）晋墓明器屋宇，可见地面民居建筑达到新的水平。

西晋太康二年（281年），西天竺僧迦摩罗到广州建三皈、仁王两寺，是广州建佛寺的开始。梁大通元年（527年），南天竺高僧菩提达摩到广州传播禅学，为禅宗初祖，后人把达摩登岸地方叫西来初地，并修建西来庵（今华林寺）作为纪念。梁大同三年（537年），内道场沙门昙裕法师自海外求得佛舍利回广州，在宝庄严寺（今六榕寺）建塔瘗藏，这是广州最早的佛塔。

光孝寺是广东最古老的建筑之一，初为西汉越王赵建德的故宅。三国时吴国官员虞翻居之，在此聚徒讲学，种植有许多苹婆和诃子树，故称为"虞苑"，又名"诃林"。虞死后，家人施宅作庙宇，名制止寺。唐仪凤元年（676年），高僧慧能在寺戒坛前菩提树下受戒，开辟佛教南宗，称"禅宗六祖"。南宋绍兴二十一年（1151年），改名光孝寺。寺内原有十二殿、六堂、钟鼓楼等。现存主体建筑有大雄宝殿、六祖殿、伽蓝殿、天王殿、东西铁塔、法幢等古迹，昔日雄伟规模依然可见。

在岭南建筑诸类型中，唯宗教建筑始终为盛，今存的岭南古代寺庙建筑，如广州光孝寺大殿（图2-1-3）、潮州开元寺大殿（图2-1-4）、南雄三影塔（图2-1-5），尚可以见到唐之遗风。隋、唐敕建南海神庙，规模宏大，后世虽屡有修建，基本规制却无以逾越。南汉时期佛教建筑遗构，

图2-1-5 广东南雄三影塔（来源：华南理工大学民居建筑研究所 提供）

有今存于广州光孝寺的西铁塔和东铁塔，及存于梅州的千佛铁塔，是一批全国现存有确切铸造年代的最早铁塔，形体硕大，工艺精湛。

隋唐南汉时期岭南建筑的发展，突出地体现在城市建设（南汉王宫）、寺庙建筑等方面。在南汉王国封建割据的政治中心兴王府，掀起规模空前的都城建设，宫殿、寺庙、园林建筑迸发出一时的辉煌。在融入中原建筑文化的基础上，已经渐趋自觉地雕琢着岭南特有的建筑风格，对宋以后的岭南建筑有着较为重要的影响。

古代广州历史上有"三朝十帝"，南汉为其中一朝。唐朝末年，各地藩镇割据，广州刺史刘隐面对中原无主的混乱局面，自立为王，号称"大越"。五代十国时期，公元917年，其弟刘岩（刘䶮）即位，第二年改称为"汉"，史称"南汉"。自刘岩（刘䶮）起，历经刘玢、刘晟、刘鋹四主，共55年。三国至唐末五代时期，广州城向南扩大，因临近江边，常为洪水所淹，南汉王凿禺山，取土垫高，拓展城垣，为新南城。

南汉初期，政局安稳，物阜民丰。南汉王投以钱财物力扩展王城，精心兴建园林宫馆，已知有苑囿8处，宫殿26个。《新五代史·南汉世家》称："故时刘氏有南宫、大明、昌华、甘泉、玩华、秀华、玉清、太微诸宫。凡数百，不可悉记。"南汉内宫中更有昭阳殿、文德殿、万政殿、乾和殿、乾政殿、集贤殿，景阳宫、龙德宫、万华宫、列圣宫等，在乾政殿的西面，还有景福宫、思元宫、定圣宫、龙应宫。《五国纪事》对昭阳殿的奢侈有细致的描述："以金为仰阳，以银为地面，檐、楹、榱、桷皆饰以银，殿下设水渠，浸以珍珠，又琢以水晶、琥珀为日月，列于东西两楼之上，亲书其榜。"由此

图2-1-6　广州九曜园石景（来源：华南理工大学民居建筑研究所 提供）

图2-1-7 肇庆梅庵（来源：华南理工大学民居建筑研究所 提供）

可见，宫殿之豪华瑰丽。

南汉宫城禁苑中，最著名的当数南宫仙湖药洲。药洲仙湖因位于当时广州古城之西，所以又称西湖，是南汉较大园林工程之一，由南汉主刘岩始建。西湖水绿净如染，湖中有沙洲岛，栽植红药，刘岩还集中炼丹术士在岛上炼制"长生不老"之药，故称药洲。药洲上放置有形态可供赏玩的名石九座，世称"九曜石"，比拟天上九曜星宿，寓意人间如天宫般美，使药洲仙湖成为花、石、湖、洲争奇斗艳的园林胜景（图2-1-6）。此外，南汉主刘鋹还在城西荔枝洲（今荔湾湖一带）大肆兴建园林宫馆，有华林苑，昌华苑，芳华苑，显德苑等，合称为西园。

宋元时期是广东大规模开发的时期，汹涌南下的移民潮，使岭南产生重大的变化，大大缩小了岭南社会生活同岭北中土的差距，至南宋以后，基本达到同步发展。宋元以后岭南的居民已衍化为以汉族为主体。与北方相比，南方显得更为稳定繁荣。在这种背景下，岭南建筑呈现出蓬勃向上的新气象。

宋代时广州城垣修建多达十数次，北宋时先后修筑了中、东、西三城，面积为唐城4倍以上，奠定了延续至明清的城墙基本格局。中城又称子城，是以南汉旧城为基础，东城以赵佗城东部旧址为基础，西接子城。中、东城皆以官署为中心，街道布局呈丁字形。而面积最大的西城建为呈井字形的商业市舶区，并修通了城市供水、排水系统"六脉渠"，使延入城中的南濠、清水濠和内濠等河涌兼有通航、排涝及防

图2-1-8 德庆学宫大成殿（来源：华南理工大学民居建筑研究所 提供）

火功能。1995年在广州中山五路地铁工地地下2米深处，发现宋代城墙遗迹，顶宽约3米，城墙砖经过烧制，较唐以前使用的黏土压成的坯砖坚硬。广州宋城城内建筑也很雄伟，中城城门双门被称为"规模宏壮，中州未见其比"。潮州宋城也经过三次主要修整，子城瓷砖，外城瓷石，外绕城濠，奠定了延至明清的基本格局。肇庆古城也在宋时奠定基本格局。元代时朝廷下令修复广州城隍，整治濠池，架设桥梁。在潮州修复临江城墙，谓之"堤城"。

现宋代木构建筑遗风有肇庆梅庵（图2-1-7）、广州光孝寺大雄宝殿以及保留了宋代民居格局的潮州许驸马府，元代的有德庆学宫大成殿（图2-1-8）等。梅庵大殿的明间、次间比例及用材高、厚比例，基本符合宋代官方颁布的建筑规范《营造法式》的规定，斗栱配置、梭形柱、檐柱侧脚、生起等做法，更是完整地保留了宋代木构架形制，在局部装饰上则呈现出地方特色。中国砖石塔建筑结构，到了宋代达到顶峰。岭南砖石塔如南雄三影塔、广州六榕花塔均采用了穿壁折上式结构，是一种相当先进的结构。六榕花塔既体现宋塔特色，更有岭南地方色彩，对岭南的楼阁式塔发生深远的影响，后将这类塔称之为"花塔"（图2-1-9），这类塔并不同于北方那种将塔身饰成花束的花塔。石塔形式也是多样，潮州开元寺阿育王石塔、南雄珠玑巷石塔等（图2-1-10），则各具特色。南雄珠玑巷石塔上的浮雕佛像，造型线条简练而神态生动，是殊为难得的元代人物浮雕。饶平柘林镇风塔是建于元至正年间的石塔，高7层，比例匀称，

图2-1-9 广州六榕寺花塔（来源：华南理工大学民居建筑研究所 提供）

图2-1-10 南雄珠玑巷石塔（来源：华南理工大学民居建筑研究所 提供）

图2-1-11 广州三元宫（来源：华南理工大学民居建筑研究所 提供）

图2-1-12 广州五仙观（来源：华南理工大学民居建筑研究所 提供）

图2-1-13 悦城龙母庙入口牌坊（来源：华南理工大学民居建筑研究所 提供）

各层设有石栏杆，出檐构件美观。此塔历600余年仍完整无缺，反映了元代石构工艺的高超。宋元岭南建筑的蓬勃发展，也表现在宋元时期雕塑工艺水平上。广州光孝寺大殿后石栏杆望柱头石狮，为南宋遗构，雄健威严。今存南雄博物馆门前的一对红砂石宋代石狮，高1.2米，雄狮左前脚踩石球，雌狮右前脚抚一小狮，这种模式流传至近代。1976年在紫金城郊林田乡高敏顶山宋墓出土的红褐色砂石石雕随葬品，圆雕石狗形象逼真，毛发刻画细致。浮雕石板龙虎凤鸣，张牙舞爪，线条流畅，形象生动，表现出雕塑者高度的艺术想象力。南雄珠玑巷元代名塔塔身上的浮雕，打破了菩萨跌坐的规例，或交谈，或挖耳，充满生活气息，有呼之欲出的艺术魅力。

元代时朝廷下令修复广州城隍，整治濠池，架设桥梁。明代洪武和嘉靖年间，广州曾两次扩建城墙。第一次扩建时，把宋代三城合而为一，称老城，周长10.5公里。明后期，又在老城南增筑新城，今万福路、泰康路和一德路为新城的南界。清顺治三年（1646年），在外城南面加筑了较小的东西两翼城。辛亥革命后开始拆除改作马路，至1922年全部拆除，现仅残留越秀山上五层楼附近一段城垣，供人观瞻。

鸦片战争以前的明清时期，中国封建政治、经济、文化发展到了它的顶峰。岭南建筑文化也形成具有鲜明地方特色的体系，随着社会生活的变化，建筑种类扩展，建筑布局趋向大型组群，建筑装饰达到高超的水平。明清时期城市建设连续不断。各州县相继兴建或扩建城墙，相应兴建了宏伟壮观的城市景观建筑，如广州誉为岭南第一楼的镇海楼、潮州的广济门城楼等。镇海楼由永嘉侯朱亮祖在越秀山上建于明洪武十三年（1380年），又名望海楼，俗称五层楼，为我国四大镇海楼之最，大楼雄踞山巅，为广州的标志建筑，历代多次被评为"羊城八景"之一。各类宗教、坛庙建筑如雨后春笋般出现，兴建了广州海幢寺、肇庆庆云寺等一大批寺庙。而广州光孝寺、华林寺、三元宫（图2-1-11）、纯阳观、五仙观（图2-1-12）、潮州开元寺、博罗清虚观等一批名寺、名观得到修葺，如光孝寺大殿从五间扩建为七间。关帝庙、天后庙、城隍庙、真武帝君庙等遍及岭南，地方性神祇的三山国王庙、龙母庙、金花娘娘庙等也越建越多，不可胜数。建成的大型宗教建筑有佛山祖庙、悦城龙母庙（图2-1-13）、广州仁威庙（图2-1-14）、三水芦苞祖庙（图2-1-15）等堂皇富丽的庙堂。

广东汉族民系形成了各自特色的民居建筑体系，广府民居的三间两廊、"竹筒屋"、"西关大屋"，潮汕民居的"竹

图2-1-14 广州仁威庙（来源：华南理工大学民居建筑研究所 提供）

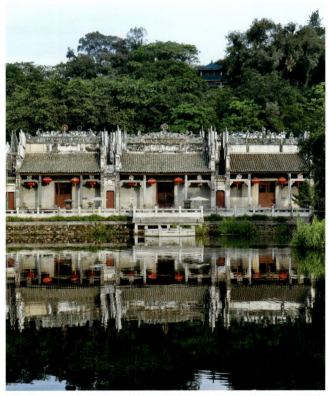

图2-1-15 三水芦苞祖庙（来源：华南理工大学民居建筑研究所 提供）

竿厝"、"下山虎"、"四点金"、"四马拖车"布局格式，客家民居的围屋土楼，以适应不同地区的气候环境、经济水平和生活特点。私家园林在吸收江南园林的特点上，突出了地方特色，形成与北方、江南园林并提的三种风格流派。

二、古代建筑类型

（一）佛寺

相传东汉末年有僧人安清来到广州说法。三国东吴孙亮五凤二年（255年），天竺僧人强梁娄至（真喜）到广州翻译《十二游经》一卷。流放广州的经学家虞翻于嘉禾二年（233年）病逝后，其寓居改作"制旨寺"，为岭南历史上记载的第一所佛寺。

南朝后，经海路抵广州弘法、译经的僧人增多，佛教在岭南传播开来。据《简明广东史》统计，魏晋南北朝时期，广东先后兴建大小佛寺37所，集中于3地：广州19所、始兴郡11所、罗浮山4所。刘宋元嘉初年，天竺僧求那罗跋摩取道始兴北上入京，将始兴虎市山改名龙鹫山，辟建佛寺。南齐时，印度僧人昙摩伽佗耶舍、伽跋佗罗分别到广州朝亭寺、竹林寺译经。梁武帝初，天竺僧人智药三藏法师经广州上曲江，建宝林寺（今南华寺）。后有达摩抵广州，其登岸处后人称"西来初地"并建西来庵。南梁普通元年（500年）僧贞俊、瑞霭在今清远飞来峡北岸云台峰创建至德寺。官府也主持兴建佛寺，南梁广州刺史萧誉在罗浮山上建南楼寺，而后罗浮山寺院建筑接踵而起，成为岭南佛教发祥地之一。

唐代，岭南佛教已发展到鼎盛时期。六祖慧能在岭南创立禅宗南派。中外佛教文化交流中，不少高僧交汇于此，不空南下、义净西行、鉴真东渡、金刚智等入华，推动了佛教传播，也带动了佛教建筑的兴建，如潮州开元寺、潮阳灵光寺、新兴国恩寺、梅县灵光寺等。宋元时期佛教在岭南继续发展。广州之光孝寺在南宋时屡易其名且历经重修。六榕寺也重建于北宋。据《广东地方志》所载，宋代广州、韶州、肇庆、高州、潮州、雷州等地区，创建寺院约130所。

明清时期，岭南各地建寺风气极盛，特别明中叶以后佛教得以复兴。清初广州有"五大丛林"之称，除光孝寺外，华林、大佛、海幢、长寿等寺都是在这个时期扩建而成的。在寺院规模、殿宇构筑、佛像雕塑等方面刻意追求，形成了广州佛教寺院的园林化模式。岭南佛寺的平面布局多数采用中轴线布局，因地制宜形成错落有致、对称中有变化的建筑组群。

图 2-1-16 佛山南海云泉仙馆（来源：华南理工大学民居建筑研究所 提供）

（二）道观

道教创立于东汉末年，传入广东始于魏晋时期。西晋东海（今山东郊城县北）人鲍靓，任南海郡守时在广州建越岗院，作为其修道之所，址在越秀山南麓，为今三元宫之前身，这是岭南有记载的最早的道观[①]。西晋光熙元年（306年），江苏省道教徒葛洪（283~363年）因避战乱到广州炼丹弘道，在此拜鲍靓为师。鲍靓对他很是器重，还将女儿鲍姑许配与他。东晋咸和二年（327年），葛洪转往罗浮山炼丹著述，创建了岭南道教正一派，罗浮山也因此成为道教的十大洞天之一。他在罗浮山经常活动的东西南北四处择地建庵：南庵都虚观，后改"冲虚观"，为岭南道教祖庭；西庵为今黄龙观；北庵为今酥醒观；东庵为今白鹤观。

唐宋时期，由于统治阶级的推崇，道教开始大行其道。

省内惠州的罗浮山、清远的飞霞山、连州的福山因为在民间的重大影响而名列道教七十二福地之中。北宋末年，罗浮山的葛洪祠因被宋哲宗赐名"冲虚观"而名声大振，逐渐成为华南道教宫观之首。

广东道教宫观建筑大致有三种类型，一是利用佛寺建筑。唐武宗灭佛，一度将广州的乾明法性寺（今光孝寺）改为西云道宫。宋代大中祥符年间，曾将广州开元寺易名天庆观（元、清分别改名玄妙观、元妙观）。宋宣和元年（1119年），天宁万寿禅寺（今光孝寺）再次改为道观。二是利用民宅为道观，承接法事又兼具商业性质。三是专门营建的道观。广东境内道教宫观集中分布在广州、惠州和粤东潮州、梅州等地，粤北、粤西地区有部分分布。主要有：广州三元宫、纯阳观；佛山南海云泉仙馆（图2-1-16）；博罗县冲虚古观

[①] 陈泽泓. 岭南建筑志. 广州：广东人民出版社，1999:152.

（图2-1-17）、黄龙古观、酥醪观、九天观；惠州市元妙观；南雄市洞真古观；梅州市赞化宫；揭阳市娘宫观；汕头潮阳海棠古观、玉龙宫；陆丰县玉清宫、紫竹观等。

（三）清真寺

唐宋时期的伊斯兰教主要在旅居广州的外国侨民中流传，元代之后北方各省的穆斯林大批南下广东，由此演变成为岭南回族的传统信仰宗教。唐宋时期西亚的大食（阿拉伯帝国）商人、传教士经由两条路线来华：陆路自波斯经由我国新疆到达长安、洛阳等地的"丝绸之路"；海路从波斯湾绕马来半岛至中国东南沿海的商业城市，如广州、泉州、扬州等地，称为"香料之路"。广东是我国最先传入伊斯兰教的地区之一。阿拉伯旅行家、商人苏烈曼（Suleyman）所写的《印度 中国闻见录》记述："中国商埠为阿拉伯人麇集者，曰康府（即广州）。该处有伊斯兰掌教一人、教堂一所……"这是中国最早记载的伊斯兰教建筑。苏烈曼记述的教堂，很可能是存留至今的广州怀圣寺。

元代之前的清真寺在平面布局、外观造型上尚保留有阿拉伯风格，如广州怀圣寺光塔。南宋岳珂《桯史》记有可以登临的西域螺蹬道式塔："后有堵坡，高入云表，式度不比它塔，环以甓为大址，累而增之，外圜而加灰饰，望之如银笔。下有一门，拾级以上，由其中而圜焉如旋螺，外不复见，其梯蹬每数十级启窦……绝顶有金鸡甚巨，以代相轮。"后逐渐借鉴中国传统建筑布局，采用纵轴式院落形制，许多单体建筑也采用木构架体系，形成中国特有的伊斯兰教建筑特色。广州怀圣寺、壕畔街清真寺、南胜寺等清真寺大殿围绕天井采用围廊，以适应南方炎热多雨的气候特点。反映了伊斯兰教建筑与中国传统建筑的融合并趋于地域化。广东现有伊斯兰教建筑，主要分布在广州、肇庆等地。

（四）坛庙

广东坛庙建筑种类众多，大致可分为下面几类：祭祀江河海的建筑，如南海神庙、龙母庙、天后庙等；祭祀真武帝的建筑，真武又称北帝，如佛山祖庙、三水芦苞胥江祖庙、

图2-1-17 广东博罗罗浮山冲虚观三清殿（来源：华南理工大学民居建筑研究所 提供）

图2-1-18 潮州韩文公祠（来源：华南理工大学民居建筑研究所 提供）

图2-1-19 揭阳城隍庙（来源：华南理工大学民居建筑研究所 提供）

广州仁威庙等；祭祀文昌神的建筑，广东民间文昌庙不少，现今所保存的文昌庙与文昌塔不下百处，其中有代表性的有惠东平山文昌宫、惠阳淡水文昌庙、中山三乡文昌阁等；祭祀关帝的建筑，民间对三国时期的汉寿亭侯关羽关云长之忠义素有敬仰，相信其能够保佑平安，财源广进，关帝庙大小

图2-1-20 广州陈家祠（来源：华南理工大学民居建筑研究所 提供）

不等，与其他庙宇建筑平面基本相同，所祭祀的神，除了关羽，还有关平和周仓等；祭祀历代名人圣贤的建筑，广东对于开发当地有功绩的人或者明贤贵官，常立祠庙纪念，如潮州韩文公祠（图2-1-18），高州冼夫人庙等；祭祀城隍土地的建筑，城隍庙是供奉守护城池神祇的庙宇，明洪武年后，广东各城镇多建有城隍庙（图2-1-19）；此外，还有祭祀山岳土地以及掌管生灵的雷、雨等各路诸神的建筑等。

（五）宗祠

宗祠作为一种祭祀建筑，与祭祀的制度密切相关，也是各姓氏宗族祭祀祖先的一种体现，宗祠家庙的出现与发展，也是宗族礼制的发展史。明清时期，大家族开始逐渐解体，小家族之间的联络就更为依赖宗族制度，祠堂则成为小家族联络的突出纽带，故祠堂得以大量地兴建。广东的宗族制度在明清时极其兴盛，屈大均《广东新语·宫语》中也有述说：

"岭南之著姓右族，于广州为盛，广之世，于乡为盛，其土沃而人繁，或一乡一姓，或一乡二三姓。自唐宋以来，蝉联而居，安其土，乐其谣俗。鲜有迁徙他邦者，其大小宗祖祢皆有祠，代为堂构，以壮丽相高。每千人之族，祠数十所，小姓单家，族人不满百者，亦有祠数所。其曰大宗祠者，始祖之庙也。"[1] 宗祠的核心作用，不仅表现在地域上，而且也表现在习俗方面，凡祭祖、诉讼、喜庆等族中大事均在宗祠里面举行。

祠堂建筑可分为家祠、宗祠、大宗祠和合族祠。家祠、宗祠、大宗祠的级别、规模、形制以大宗祠为最。合族祠由不同的宗亲合建，布局与其他祠堂相近，但规模大小和形制简繁差别很大。广东宗祠的共同特点是构图规整对称，层层深入和步步升高的空间层次，严肃的大门和广场，华丽的装饰装修。祠堂建筑平面格局通常采用中轴对称布局，形制程式化（图2-1-20）。在主体建筑前，还会增加牌坊、牌楼、

---

[1] 屈大均. 广东新语·卷17. 北京：中华书局，1985: 464.

图2-1-21 德庆学宫大成门（来源：华南理工大学民居建筑研究所 提供）

图2-1-22 揭阳学宫大成殿（来源：华南理工大学民居建筑研究所 提供）

戏台等建筑元素，主体建筑两边可增设衬祠、钟鼓楼、廊庑和碑亭等作为陪衬。

（六）学宫

地方庙学是中国封建社会的地方官学，产生于唐代，贞观四年（630年）太宗诏各地学校中建孔子庙，因而产生了地方庙学建筑。地方庙学分为府、州、县三级，一般位于其所相应的县、州、府官衙门所在的城中，其规模和标准也依次有所差别，通常府学孔庙比州学孔庙和县学孔庙的规模要大，建筑标准要高。府治所在的城中往往有府庙学和县庙学多座。

自汉代尊儒以来，历朝都有祭孔的活动。在宋代，广东主要城市开始兴建文庙，学宫是文庙在岭南的俗称。广东古代最早的庙学建筑要数肇庆市的德庆学宫（图2-1-21），早在宋代就开始了建造。《德庆州志》第五卷，营建志中的第三"学宫"中提到："学宫，在州治东六十步，旧建于子城东五里紫极宫故址。宋大中祥符四年，诏置孔子庙。"，现德庆学宫保存着元代重建的风貌，为岭南现存最古老的庙学建筑。

广东古代孔庙、学宫建筑属于古代建筑中级别较高的官式建筑。主体建筑大成殿、崇圣殿等殿堂建筑在广东古代建筑形式中属于最高等级。这些殿堂多以重檐歇山、单檐歇山的大型官式屋顶造型出现，如肇庆的高要文庙、揭阳的揭阳学宫等都是重檐歇山的屋顶。孔庙、学宫中的殿堂建筑面积较大，开间较多。广东古代民间祠庙建筑常以明三间为不逾的形制，而孔庙、学宫中的殿堂建筑皆以五开间为宽。

虽然广东古代不同州府的庙学建筑布局是有较统一的形制，但是在建筑形式上，地区之间也有不少的差异与特色。粤东区域的庙学建筑造型飘逸，屋面曲线运用较多，揭阳学宫大成殿，屋脊上使用曲线，四向的屋角高高翘起，有如大鹏展翅（图2-1-22）；粤中和粤西西江区域的庙学建筑造型端庄，檐口升起较缓，斗栱硕大、出檐深远，德庆学宫大殿，五开间重檐歇山造型端庄稳重，下檐斗栱出跳四华栱而使得檐部深远，屋角处升起较少，不作过多的翘起，十分平缓与舒张；而粤西南区域的庙学建筑接近祠庙建筑，其歇山造型以硬山屋面为基础，增加侧向的小披檐，如化州孔庙与信宜的镇隆学宫。

（七）书院

书院，是指古代的一种有别于传统官学（国学、乡学、社学）和私人授徒（私塾）性质的教育机构和教育制度。"书院"一词最早出现在唐朝，原为藏书修书及读书的地方。自唐宋盛行科举之后，无论城乡都对读书办学颇为重视，其目的就是培养子弟入仕途。

广东书院起源于南宋，明清时期达到鼎盛，其类型可分为家族书院、乡村书院、县州府省书院等各级地方书院等。广东古书院的基本功能为三个方面，即讲学、藏书、祭祀。讲学是书院最主要的功能，特别是广东的家族书院和乡村书院，数量多分布广，承担着古代社会普及教育的任务，成为推广儒家文化意识和观念的主要渠道。藏书也是书院一项非常重要的职能，唐宋以来，藏书成为书院的一种事业追求，致使书院藏书得以和官府藏书、私人藏书、寺观藏书一起，称为古代藏书事业的四大支柱。

广东书院的组成及建筑布局可以分成三个组成部分：一是讲堂与斋舍，这是书院的主体建筑及教学中心，古代书院采用"讲于堂，习于斋"的教育方法，讲堂是教师讲授答疑的场所，斋舍是学生攻读钻研的地方，讲堂一般置于书院重要位置，斋舍成为它的附属部分；二是藏书楼阁，为书院藏书教学部分，往往也是书院建筑群中少有的楼式建筑；三是祠宇，是书院进行德育与祭祀的场所。

（八）会馆

会馆源于两汉，兴于晋隋，繁盛于明清，是都市社会经济发展到了一定阶段，在都市逐渐兴起的一种具有地缘性质的帮会组织，由同乡文人、商人或同行业人组织起来的组织机构，主要用于联络乡谊、感怀乡情、会聚会议、祭祀神灵、聚众演戏、帮助同乡等。

会馆建筑是一种多功能、多空间构成的综合性公共建筑，但只向特定人群开放。其使用功能主要包括提供行业组织、同乡会常设机构办事、聚会、议事及娱乐场所，同时设有接待同行商旅、同乡会旅客住宿用房，而且大多数会馆由于行业性质或地域文化关系信奉某种神灵、崇拜某种偶像而设有特定拜祭空间，如同乡会馆供奉神祇先贤，行业会馆供奉行业神等。另外，会馆还常被作为婚丧祭事、假日聚会的场所。

广东明清时期的会馆主要有：一是为同乡官僚、缙绅和科举之士居停聚会之处，故又称为试馆；二是以工商业者、行帮为主体的同乡会馆。广东会馆的特点类似祠堂，但更加华丽，一般有厅、堂、门、耳房、杂房等，大者还有戏台和钟鼓楼等。广州行业会馆就有丝织业的锦纶会馆（图2-1-23）、梨园粤剧的八和会馆等。而商人同乡会馆则更多，像粤北南雄的广州会馆，粤东兴宁的两海会馆（图2-1-24），粤西徐闻的广州会馆、广府会馆等。

图2-1-23　广州锦纶会馆（来源：华南理工大学民居建筑研究所 提供）

（九）民居

广东民居形式丰富，不但城镇民居与乡村民居差异很大，而且各地区的民居类型也有很大差异。城镇建筑密集，街道多呈东西向，民居建筑朝街门面窄，纵深则很长，其面宽一般是3~5米，进深一般是面宽的4~8倍。为解决通风采光排水，在建筑平面中间设有多个天井。乡村民居多以三合院或四合院为主体。

大型府第民居以祠堂为中心，与从屋、后包屋等组合成变化丰富的住宅形式。此外，除了圆、方寨外，还有八角形、马蹄形、椭圆形、布袋形等特殊形式的寨或楼。

客家民居重视宗法礼仪，依山建宅，防御意识较强。广东客家民居最有代表性的是围垅屋，在堂横屋的基础上，后

图2-1-24　粤东兴宁两海会馆（来源：华南理工大学民居建筑研究所 提供）

图2-1-25 光孝寺西铁塔（来源：《岭南古建筑》）

图2-1-26 光孝寺东铁塔（来源：华南理工大学民居建筑研究所 提供）

图2-1-27 阳江北山仿楼阁式石塔（来源：华南理工大学民居建筑研究所 提供）

图2-1-28 潮州开元寺阿育王石塔（来源：华南理工大学民居建筑研究所 提供）

图2-1-29 新会镇山宝塔（来源：华南理工大学民居建筑研究所 提供）

图2-1-30 高州宝光塔（来源：华南理工大学民居建筑研究所 提供）

面加有半圆形的围屋，建筑前面有禾坪和半月形的池塘。此外，还有各种方形、圆形的围屋土楼。

（十）园林

广东地区得天独厚的地理环境和气候，形成了园林的悠长历史，具有历史长、园艺水平高的特点。总的风格是在拥挤中求开朗，在流动中求静怡，在朴实中求轻巧。空间适宜，景观多变，务实重效，中西结合，是园林造园特点所在。广东粤中著名园林有番禺余荫山房、东莞可园、顺德清晖园、佛山梁园等。

（十一）塔幢

广东古塔，最早见之于文献记载的，是南北朝期间建于连州、广州、曲江等地的佛塔。据州志载，南朝宋泰始四年（468年），在连州建塔，宋代在此塔的旧址上重建今慧光塔。建于南朝梁大同三年（537年）的广州宝庄严寺舍利塔，是平面方形的楼阁式木塔，与同时期中原、江南地区建塔形制较一致。

隋唐时期，广东已开始兴建砖塔、石塔、砖石混合结构塔。今存被认为隋唐时期所建的佛塔有7座，其中隋唐塔1座——新会龙兴寺塔，唐塔6座——广州光孝寺六祖瘗发塔、龙川正相塔、潮阳灵光寺大颠祖师塔、英德蓬莱寺塔、仁化云龙寺塔、河源龟峰塔等。唐代佛教建筑出现了石经幢。现存的有广州光孝寺大悲心陀罗尼经幢和潮州开元寺内佛顶尊胜陀罗尼经幢等。光孝寺经幢刻有唐宝历二年（826年）字样，形制简朴。开元寺经幢造型修长，比例均称，雕刻精美，寺中保存有四座唐代经幢。

南汉时期遗留下来的铁塔，有广州光孝寺内的东、西铁塔和梅县千佛铁塔（图2-1-25、图2-1-26）。铸于大宝六年（963年）的光孝寺西铁塔，是我国现存有确切铸造年代最早的大型铁塔，反映了当时塔式仍为平面四方以及浑圆饱满的唐代雕塑风格。

宋代的古塔遗存主要在粤北地区，仅南雄一地就存有数座宋塔。在粤中、粤东等地也有遗构。这一时期以砖石为建塔材料，工艺技术进一步提高，砖塔以广州六榕花塔为佼佼者。宋代广东砖塔多为六角形平面，南雄三影塔保留了飘逸豪放的唐风，仿木构砖构件精确复杂，为这一时期佳品。石塔风格多样，有阳江北山仿楼阁式石塔（图2-1-27）、潮州开元寺阿育王石塔（图2-1-28）、宝安龙津石塔等。元代建塔有南雄珠玑巷石塔、饶平镇风塔、新会镇山宝塔等（图2-1-29）。

明代以万历年间为高峰期，所建之塔约占广东明塔一半以上。清代较为集中于康乾和嘉道年间，反映了当时的经济实力。明、清之塔，基本为楼阁式，有砖、石或砖石混砌的楼阁式砖塔，多数不带副阶。粤中塔的平面多为八角，粤北塔的平面多为六角。塔的高度增加，高州宝光寺塔高62米，为岭南古塔之冠（图2-1-30）。

（十二）牌坊

广东牌坊在明代最多，牌坊多设在建筑群外广场、内院，或在道路、村口。明清时期广东地区，为纪念或表彰某人或某事而专门兴建牌坊已成为相当普遍的事情。根据牌坊纪念或表彰某人或某事的不同性质，又可分为道德牌坊、功名牌坊、节孝牌坊等。道德牌坊是用来表彰在道德品行方面表现突出人物的牌坊，如东莞茶山南社村百岁坊是为四位百岁老人而建（图2-1-31）。功名牌坊则是纪念功名而建，如南海九江崔氏宗祠的"山南世家"牌坊。贞节牌坊是纪念妇女贞洁而建，如江门陈白沙祠祠前牌坊即属此类。

除了纪念功能之外，广府牌坊也有立于建筑群前面或内部，起到标志地点、引导行人、分隔空间作用。一般而言，牌坊大多位于祠堂的前堂与中堂之间，将祠堂空间划分为内外两部分，既划定了空间范围，又营造了空间气氛。也有部分祠堂的牌坊建于祠前广场上，令人远远一见就能识别该组建筑群的起始位置、界定范围。

（十三）桥梁

广东地区溪河众多，水网纵横，珠江三角洲古时更是濒临茫茫江海的丘陵滩涂，既有大量的水乡，又有山地河谷。

图2-1-31 东莞茶山南社村百岁坊(来源:华南理工大学民居建筑研究所 提供)

出于交通、贸易、旅行等功能需要,方便行人车马往来,故建有许多桥梁,如晚清时的广州,出现大量知名桥梁,如龙津桥、顺母桥、状元桥、驷马桥、大观桥等。

桥梁形式有跳墩桥、浮桥、石梁桥、石拱桥、砖券桥、木梁桥、廊桥等。石拱桥最多,如博罗县观北村保宁桥,为二孔石拱桥,南宋德祐元年(1275年)始建;梅州砥柱桥,始建于清代,全长80米,宽5米,最大拱孔净空12米,造型独特。石梁桥有广州流花桥和云桂桥、南海探花桥等,砖券桥有惠州拱北桥、化州红花桥等,木廊桥有封开泰新桥等。

广东古桥梁多以石桥为主,并多以本地石材为主,源于石质桥梁不像木质容易受潮损坏,如潮州广济桥,采用24墩花岗石块桥墩(图2-1-32)。建于清乾隆年间的广州石井桥,为五孔石梁桥,是广州最长的石板桥(图2-1-33)。广州通福桥、顺德逢简明远桥,均为红砂石砌筑桥。

图2-1-32 潮州广济桥(来源:华南理工大学民居建筑研究所 提供)

古石桥常使用石雕工艺进行装饰,也有将传统建筑形式运用到桥梁上的做法,如广济桥上历代建有许多亭屋楼阁,在桥梁建筑艺术上有其独特的风格。

图 2-1-33　广州石井桥（来源：华南理工大学民居建筑研究所 提供）

第二节　广府民系古代建筑

一、聚落规划与格局

珠三角地区湿热的气候条件和冲积平原地形地貌特征促使广府传统聚落在选址上趋于一些共同的规律，即尽可能近水、近田、近山、近交通，最理想的是几者兼备。为适应岭南地区炎热又潮湿的气候环境，广府地区传统聚落绝大部分采用梳式布局以加大通风对流，调节气温。梳式布局成为广府地区一种较为基础且广泛采用的布局方式。但这种布局也会根据地形和环境变化，形成适应性的变体。例如，在水网密集的珠三角地区，梳式布局便可以随着水势走向和地形环境而分异为线形、块形、放射状和网形。

（一）梳式布局

广府地区农村中最典型，最常见的村落空间组织形式为梳式布局。在梳式布局系统中，民居占了村落建筑的90%以上。平面单元大多是三合院，它们的外观和平面都一样，整齐划一，几乎所有的建筑单元，都像梳齿一样南北向组合成列，两列建筑之间设有通长的纵巷，称为"里"，源自古代的"里巷"，它也是村内的主要交通道路。每户住宅大门侧面开，大门外就是里巷。纵向建筑安排，少则四五家，多则七八家，均前后相接。梳式布局系统主要在粤中广府地区，

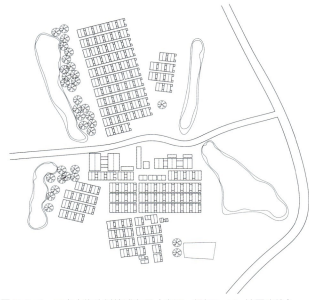

图 2-2-1　三水大旗头村梳式布局（来源：根据 baidu 地图改绘）

珠江三角洲地区也称为耙齿式布局。梳式布局村落中，建筑群前为一小广场，称为禾坪，或称埕，作晒谷用。坪前为池塘，半圆形，也有做成不规则长圆形，用于蓄水、养鱼、排水、灌溉、取肥、防洪、防火等，面积一般为20到30亩。在水乡或山区中，若村落近小河、小溪，则不再辟池塘。村后村侧结合生产植树、栽竹，既可防台风，又可挡寒风，还有美化环境的效果。有的村口有门楼，有一座者，也有在左右村口各设门楼者。门楼上刻有村名，远望屹立在田头，很显目。

从上述的建筑、布局、道路系统来看，这种梳式布局系统，可以说是中国农村传统布局的沿袭，但又结合了本地区的自然气候地理条件。而梳式布局系统空间组织的最大特点是，就是适合于广东的炎热潮湿气候条件。

梳式布局的村落适应广府地区的热环境所采用的最基本手法是"建筑物的相互遮挡"。广府聚落中，一般纵巷宽1.2~2.0米，横巷宽约为0.5米。巷道两侧为民居建筑墙体，两面墙相互平行形成遮挡，巷道路面、两侧墙面接收到的太阳辐射时间大大减少，从而降低建筑墙面太阳辐射热量接收，利于降低建筑室内温度，防止室内过热。建筑物顺坡而建，前低后高，地高气爽，利于排水。它坐北向南，朝向好，有

图2-2-2 钟楼村中轴线上的欧阳仁山公祠（来源：华南理工大学民居建筑研究所 提供）

图2-2-3 广州从化钟楼村里巷（来源：华南理工大学民居建筑研究所 提供）

阳光，通风也好。这种村落前面有广阔的田野和大面积的池塘，东、西和背面则围以树林。村落的主要巷道与夏季主导风向平行。在正常情况下，越过田野和池塘的凉风就能通过天井或敞开的大门吹入室内。当夏日骄阳当头无风情况下，民居将充分利用巷道和天井内空气的温差而形成热压通风。由于村内巷道窄，建筑物较高，巷道常处于建筑物遮阴下，巷内温度较低。当村内屋面和天井由于受太阳灼晒后造成气流上升时，田野和山林的气流就通过巷道变为冷巷风，源源不断补充入村，形成微小气候的调整，使民居仍然得到一个舒适的环境。因此，梳式系统布局的村落虽然密度高、间距小，每家又有围墙，独立成户，封闭性很强，但因户内天井小院起着空间组织作用，故具有外封闭、内开敞的明显特色。同时，这种布局通风良好，用地紧凑，很适应南方的地理气候条件，成为我国南方的一种独特的村落布局系统（图2-2-1）。

规整的梳式布局之典型代表是广州从化太平镇的钟楼村。整个村落依村后挂金钟山而建，坐西北向东南。村四周有4座用以自卫的碉垛，村外则是壕沟，类似古城池的护城河，既可防护排洪，又把村落与周边田野分开。

村落左后角建有五层高的炮楼。围墙、护城沟、炮楼等防御性的建筑物和构筑物，在动乱岁月可保证全村避免贼匪的袭击。钟楼村中轴线上有深达5进的欧阳仁山公祠，是目前从化发现的规模最大的祠堂（图2-2-2）。公祠两旁为梳式布局的民居与巷道，左4巷右3巷，每个巷口另有门楼，上有巷名。过门楼，巷中间是一条花岗石砌边、青砖铺底的排水渠，依地势步步而上（图2-2-3）。巷两侧是三间两廊的民居，每排7户，每户两廊相通对望。民居青砖砌墙，山墙屋顶为悬山结构，对着巷道。门后的侧墙上有砖雕门官位。与天井相对的正厅中轴底端建有供奉祖先神位的神台。

三水市乐平镇的"大旗头村"，又名郑村，是集家庙（祠堂）、私塾、民居的大型建筑群（图2-2-4、图2-2-5）。该村在村前挖掘池塘，作蓄水、养鱼、灌溉之用。与水塘方向相垂直的是为数众多的纵向巷道，交会于塘边的晒谷场，形成梳式布局系统。总体布局采用南面开放，北面封闭的格局，门开通气，门闭聚气，前低后高，加上池塘调节，促进空气流通，冬暖夏凉，四季咸宜。从水塘至里巷的前低后高的步步升高法，既利于排水，又形成一种特有的韵律。

图 2-2-4　三水梳式布局的大旗头村（来源：华南理工大学民居建筑研究所 提供）

图 2-2-5　三水大旗头村青云巷（来源：华南理工大学民居建筑研究所 提供）

村头老榕树须根交错，塘边文峰塔连同塔旁二块形如砚台的巨石，组成一组纸、墨、笔、砚人文景观。文峰塔立于古榕丛中，与青砖灰瓦宅居、碧黛涟漪池水，以及远处山峦，组成一幅俊秀的美景。

（二）水乡格局

隶属广府文化区的番禺、南海、顺德、中山等地区地处河网密布的珠江三角洲冲积平原，在漫长的农业社会时期，以农业经济为基础，在社会、经济、文化等多方面相互作用下，形成了具有人文特色、自然形态与人工聚落环境极为和谐的水乡风貌。营造出了具有亚热带地区气候特征和珠三角地理特征的岭南水乡聚落。

岭南水乡聚居空间格局包括三大类型：建筑依河或夹河修建的线形水乡；聚居建筑以梳式布局为主的块形水乡；水网分岔把聚落建筑划分为若干部分的网形水乡。

线形水乡。这类水乡依河或夹河修建，利用水资源服务于当时的生产经营方式。这种水乡布局沿水陆运输线延伸，河道及道路走向往往成为村镇展开的依据和边界。线形水乡的主轴就像一条延长的骨干线，而沿干线生活的居民可以最大限度地享受临水之便利。水乡沿河布局形成房前是交通要道，屋后是宁静田野的特色景观，同时线形水乡能够根据地形曲折变化，灵活地发展。

例如广州番禺石楼镇大岭村，背依碧绿葱葱的菩山，前临潮汐涨落的玉带河，村落从南至北以沿河涌街道作为骨架呈线形扩展，民居沿着溪水坐东北向西南弯曲有序地排列。错落有致的民居与小溪、石桥结合，构成以广袤的瓜田菜地为边缘景观，"菩山环座后，玉带绕门前"为空间格局的岭南水乡聚落。

块形水乡。块形水乡是珠江三角洲地区最常见的一种，村落位于河涌一侧，周边为各类基塘，传统村落采用梳式布局系统，利用河流吹送的凉风来冷却耙子般的巷道，河岸对面往往为景色优美的水稻田或果树林。这类水乡通常临河一侧是水乡的公共活动中心，布置祠堂、书院及各种小型地方神庙，成为公共活动的场所。离河涌较远的村落常以四周基塘作为水系，布置宗祠等公共性建筑，利用基塘水系开挖水塘呈半月形作为祠堂的风水塘。

放射状格局是块形水乡布局的特殊形式，这类水乡一般依岗或依洲而建，以岗或洲的最高点为中心，由此向外发散

图2-2-6　高要市蚬岗镇蚬岗村平面（来源：根据googlemap调整）

图2-2-7　顺德杏坛镇逢简村平面（来源：根据googlemap调整）

几条骨干巷道，村外围是祠堂或广场。形成水绕村、中心高四周低的放射形水乡格局。高要市蚬岗镇，由蚬岗一村、蚬岗二村和蚬岗三村共同构成。据有关史料记载，蚬岗村从明朝初开村，距今已有六百多年的历史（图2-2-6）。整个村落四面环水，民居按八卦原理分布，依岗而建，呈蚬状，直径约600米。村内以麻石铺路，道路纵横交错、错综复杂，凸显八卦玄机。现村落中还保存有清朝同治年间钦点蓝翎御前侍卫的故居和书塾、炮楼等古建筑物。与蚬岗村类似，番禺沙湾北村则是以何氏大祠堂"留耕堂"为中心的放射状水乡。

网形水乡。水网呈"T"或"Y"字状分汊把聚落划分为若干部分，以保证民居得到最长的河道与最便捷的交通出行口。这类水乡可以向任何方向发展，它总体上由河涌河道或基塘分割成若干形态类似的陆地区域，聚落边缘区域的建筑密度比其中心会有所下降。就单个村落来说，外围的基塘对村落边界有较强的界定与终止作用。但区域聚落外围一些基塘之间较大面积的间隙处，会形成小片的居住地，使得各陆地区域与基塘原野区域之间存在某种过渡形态。网形水乡最有代表性的要数佛山市顺德杏坛镇的逢简村。逢简村以水道为界，河涌呈"井"字形，自南往北流过古村，汇入西江支流，把村落切割成若干小岛（图2-2-7）。各小岛滨河处分布着庄严堂皇的祠堂庙宇，内部则分布着数量众多的民居建筑。蜿蜒的河道保存了古村原有的空间格局和自然景象，两旁筑有红砂岩或麻石铺砌的驳岸，每隔一段有小埠头，住区外侧与河道平行的是麻石铺砌的临河步道，临河步道连通居住区门巷。古榕、蕉林、石榴在河两岸绿盈红肥，溯河而上，周边基塘纵横、田野开阔，一派水乡风光。

此外，在广府一些山地或不规则用地上，也呈现出其他布局形式，但不构成广府地区的主流，如：行列式布局、围团式布局和自由散点式布局等。

二、建筑群体与单体

（一）大型建筑

大型建筑一般指宫殿、寺庙、祠堂、书院等体量、规模较大的建筑物或建筑群。对于广府地区的大型建筑，除了与其他地区所持有的共同特点外，其空间形态主要有下面两个特色：

1. 依山就势，自由布局

尽管在地势平坦的珠三角平原上，用地相对宽松，本可以像北方建筑群般讲究四平八稳的中轴对称形式和规整大气地排布建筑群。但实际上，像光孝寺、三元宫、五仙观等广

图2-2-8 大良版《光孝寺志》记载的"旧志全图"（来源：《光孝寺志》）

图2-2-9 大良版《光孝寺志》记载的"今志全图"（来源：《光孝寺志》）

图2-2-10 新兴国恩寺院落空间（来源：华南理工大学民居建筑研究所 提供）

图2-2-11 依山而建的新兴国恩寺（来源：华南理工大学民居建筑研究所 提供）

府地区代表性寺观却深受背山面水的"风水"思想引导，热衷选址于山坡林地，其建筑平面布置相对自由，重点考虑的是跟周围环境的融合，往往顺应地形起伏变化而划分成数个院落空间，打破中轴对称的规制。

据清《光孝寺志》记载，古时该寺有十三殿、六堂、三阁、二楼及坛台、僧舍，号称"十房四院"，其规模宏大，妙相庄严，位岭南佛教丛林之冠（图2-2-8、图2-2-9）。由"旧志全图"可知在最早期光孝寺的布局较为自由，呈园林化格局，没有明确的轴线和核心建筑，建筑分布松散，多以单体形式存在，缺少组群建筑。而根据后来出现的"今志全图"来看，直至后期，建筑才略有变化，开始出现中轴线雏形。

佛教寺庙国恩寺选址在山清水秀的新兴县，依山而建，古朴典雅，院宇精严，布局壮观，山门西向，"敕赐国恩寺"匾高悬在寺门之上。国恩寺内分三进，内院空间依山形分级成台，布置金刚殿、大雄宝殿与六祖殿（图2-2-10、图2-2-11）。两廊还有达摩、地藏王、目莲、文殊、普贤

图 2-2-12　五仙观（来源：华南理工大学民居建筑研究所 提供）

等佛殿和禅房，寺侧有观音堂、报恩塔等建筑物。六祖殿供奉惠能金身袈裟坐像，与韶关南华寺、广州六榕寺的六祖像造型相同。寺院绿树成荫，古木参天。后山花园有一棵数人环抱而不可即的千年古荔枝树，相传此树是六祖惠能带领门徒回故居时亲手种植的，所以花园名为"佛荔园"。

位于广州惠福西路的五仙观坐北朝南，也是依山坡而建。在明、清时期规模曾较大，有殿堂十多处。现存只有山门、后殿、东斋、西斋和岭南第一楼等历史建筑（图2-2-12）。五仙观作为道观建筑，其位置显赫，钟楼是城建设施中的重要组成，关系到整个古代城市的格局脉络，位置重要，必为官府所重视，它的营建是官方行为。五仙观坐落于古城钟楼之前，坐北朝南，与钟楼同在一条轴线上，即与城市的脉络有着密切的关联。

三元宫建于广州越秀山南麓，依山势而建，前低后高，坐北朝南，地势雄峻，气象高古。三元宫的整体布局是：以正对山门的三元殿为中心，殿前拜廊东西连接钟鼓楼，殿后为老君殿；两侧自南而北，东为旧祖堂、斋堂、客堂、吕祖殿，西有钵堂、新祖堂、鲍姑殿等建筑。各殿堂建筑总面积约2000平方米。三元宫主殿三元殿体量较为庞大，受地形影响，建在北面高一级的石台基上，与钟、鼓楼和拜廊连成一片，在广州古建筑中独一无二。

2. 多重院落，规模宏大

广府地区另一类公共建筑，主要是聚落中的祠堂、书院等建筑群，布局比较规整，其突出特征是规模宏大，不仅建筑单体进深较大，且包含有数个天井院落、重重嵌套。

图 2-2-13 南海神庙礼亭（来源：华南理工大学民居建筑研究所 提供）

图 2-2-14 南海神庙仪门檐廊（来源：华南理工大学民居建筑研究所 提供）

珠三角规整梳式布局聚落中的祠堂，一般都建在全村最前列，面对半月形水塘。而岭南水乡的祠堂稍有不同，大都建在河涌之旁，形成古祠临涌之势，也有村民利用流经祠堂的河涌改造成半月形水道作浮池，一定程度上替代了水塘的作用。从文化的意义上来讲，具有储气运、聚财富的寓意；从景观的角度讲，能形成波光倒影，具有传统园林的构景特点；从功能上来讲，能扩大祠前河道的宽度以容纳、停泊更多的来往船只。聚落的书院，则沿袭"左祖右社"古制，多布置在村落的左侧。古时非常重视"承先"与"启后"的教育作用。祠堂担负的功能是"承先"，书塾则是"启后"。

南海神庙又称波罗庙，位于广州市黄埔区南岗镇庙头村，是古代皇帝祭祀海神的场所，也是海上丝绸之路的始发地。南海神庙规模宏大，中轴线由南向北布置有：海不扬波石牌坊、石华表、石狮、头门、仪门（和复廊）、礼亭、大殿及昭灵宫等。整个建筑群纵向组构多进空间序列，形成至高无上的尊神敬神空间氛围。神圣空间的周围，是十分活跃的市集空间，成为当时珠三角地区聚集、朝拜、巡游的场所，成为民间社会组织的中心，形成了其"庙港一体"的聚落空间形态。（图 2-2-13、图 2-2-14）

留耕堂是广东民间乡村祠堂建筑设计的典型代表，建筑位于番禺市沙湾镇北村，是元代始建的何氏宗祠（图 2-2-15）。因牌坊上原有"阴德远从宗祖种，心田留与子孙耕"对联，故称留耕堂。目前所见的留耕堂为 1700 年扩建而成，

图 2-2-15 留耕堂外观（来源：华南理工大学民居建筑研究所 提供）

面积达 3334 平方米，规模在国内村落祠堂中罕见。建筑坐北朝南，以南北中轴线对称分布，为五开间五进格局，依次分为头门、仪门、象贤堂、后殿等四大组成部分。留耕堂以柱多而闻名，木、石柱共 112 根，囊括了元、明、清各个朝代精湛的砖雕、石雕、木雕和灰塑艺术，风格各异，却浑然一体，当地又称为"百柱堂"。留耕堂年代久远，布局严谨，规模宏大，造工精巧，是遗留至今且保存完好的粤中宗祠的经典之作。

陈家祠位于广州市中山七路，清光绪二十年（1894 年）落成，为广东 72 县陈姓族人捐资合建的宗祖祠和书院，其占地面积 15000 平方米，主体建筑面积为 6400 平方米，由大小十九座单体建筑组成。建筑群坐北朝南，采用"三进三路九堂两厢抄"的大型祠堂建筑形制。陈家祠整体结构布局严谨，平面以中轴线为中心展开，中轴线上主要建筑有头门、聚贤堂和后堂，中轴线两侧为厅堂，两边以偏间、廊庑

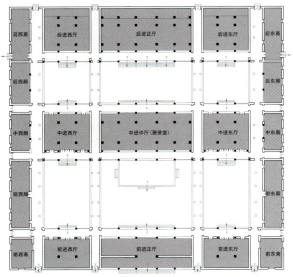

图2-2-16 陈家祠平面（来源：根据杨扬《广府祠堂建筑形制演变研究》原图改绘）

图2-2-17 陈氏书院聚贤堂（来源：华南理工大学民居建筑研究所 提供）

图2-2-18 陈氏书院屋面雕饰（来源：杨扬《广府祠堂建筑形制演变研究》）

围合（图2-2-16~图2-2-18）。传统意义上的"侧廊"消解在青云巷之中，或成为外翻侧厅的前檐廊，院与院，建筑与建筑之间既有纵向的联系也有横向的联系，成为一个重复的网格式的格局。这种新的格局既与传统的宗祠形制有一定的关联，又不同于任何一种既有的形制。在广州陈家祠中并不难发现清代典型三路格局的影子。如祠堂中路仍采用"门堂寝"三进的空间秩序；中路左右两边各带一路建筑，亦三进，第一进倒朝，但仍可将单独的一路建筑理解为一座三进祠堂，衬于中路两侧；左右两边路为厢房与侧厅，其原形就是典型"广三路"格局中的边路建筑；中路两边的青云巷，创造性地采用了铸铁柱而显得通透。[1]

（二）传统民居

广东民居的类型很多，虽然各地做法都有自己一定的特点，但它们都是以"间"作为民居的基本单位，由"间"组成"屋"（单体建筑），"屋"有三间、五间甚至七间。"屋"围住天井组成"院落"，如三合院、四合院等。各种类型的民居平面就是由这些"院落"——民居的基本单元，组合发展而形成的。

民居的规模、大小是由人口的多少和经济水平来决定的，过去民居的布局还受到封建礼制、宗法观念和等级制度的影响。民居建筑一般由厅、房、厨房、杂物房、天井、廊道等基本内容组成。小型民居只有一个天井，或带一个后天井。大中型民居则有几个甚至十几个天井，并利用建筑、天井、廊道进行组合，形成富有变化的平面和空间。

广府常见民居有竹筒屋、明字屋、三间两廊、大型天井院落式民居等类型，下面分别叙说之。

1. 竹筒屋民居

竹筒屋，即单开间民居，有的地区称为"直头屋"。它的平面特点在于每户面宽较窄，常为4米左右，进深视地形长短而定，通常短则7~8米，长则12~20米。竹筒屋因门面狭小、

---

[1] 杨扬. 广府祠堂建筑形制演变研究[D], 2013.

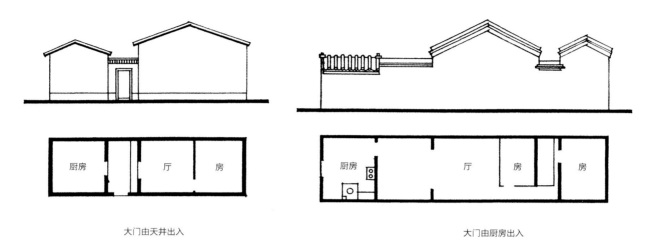

图 2-2-19 简单式竹筒屋（来源：《广东民居》）

纵深幽长、平面布局犹如一节节的竹子，故称之为"竹筒屋"。形成此类平面的主要原因是：粤中地区人多地少，地价昂贵，尤其城镇居民住宅用地只能向纵深发展。同时，当地气候炎热潮湿，竹筒屋的通风、采光、排水、交通可以依靠开敞的厅堂和天井、廊道得到解决（图2-2-19）。

竹筒屋民居在粤中、粤西地区很普遍，适合南方气候。竹筒屋利用内部的多个内天井，通过开敞的厅堂、通透的内部间隔，使得民居室内空气流畅，通透而凉爽。广州竹筒屋始于清代乾隆、嘉庆年间，是随着当时西关工商业发展、人口迅速增加、地皮紧张而产生的。这种对外全封闭式的竹筒屋，形成了极有人情味的家庭生活空间。城镇中的楼房式竹筒屋，底层做成骑楼商铺，楼上为住家。广州西关竹筒屋民居，呈联排式布局，一般进深为15米左右，也有更深的，约25米左右，甚至有达到35米的。其平面布局分为前、中、后三部分，前部为大门和门厅，称"门头厅"，大门外一般做有"趟栊门"，以保安全；中部为大厅，或称前厅，厅后为房；后部为厨房、厕所。

2. 明字屋民居

明字屋平面为双开间，象征"明"字，故称明字屋，也有称为明次屋者（图2-2-20）。它由厅、房和厨房、天井组合，由于厨房位置不同，而构成了不同的平面布置形式。

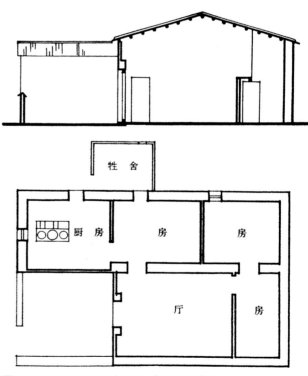

图2-2-20 明字屋民居（来源：《广东民居》）

明字屋的优点是功能明确，平面紧凑，使用方便，通风采光好，特别是有一个良好的安静环境。缺点是不能分为两个独立开间单独使用。在城镇中，这类住宅也较多，有的还做成楼房，节约用地。

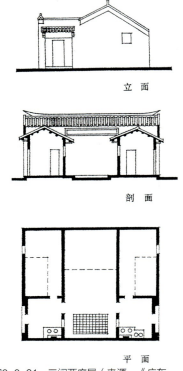
图2-2-21 三间两廊屋（来源：《广东民居》）

图2-2-22 广州从化太平镇三间两廊民居入口（来源：华南理工大学民居建筑研究所 提供）

图2-2-23 广州从化太平镇三间两廊民居内院（来源：华南理工大学民居建筑研究所 提供）

3. 三间两廊民居

三间两廊屋，即三开间主座建筑，前带两廊和天井组成的三合院住宅，这是本地区最主要的平面形式，特别在农村，大多数都是三间两廊民居。其平面内，厅堂居中，房在两侧，厅堂前为天井，天井两旁称为廊的分别为厨房、柴房和杂物房。天井内通常打一水井，供饮用（图2-2-21～图2-2-23）。

厅与天井之间可以有墙间隔，正中开门，即厅门。也有的不设墙，为全开敞式，这种方式通风采光好。厅后墙面不开窗，怕"漏财"。两廊的屋坡要斜向内天井，认为财"水"要"内流"。

卧房在厅的两旁，房门一般由厅出入，也可由厨房出入。在使用上以前者为好，但门从厨房出入，两廊都设厨房和灶头也有它的优点。当以后两兄弟分家时可各分一边屋，厅、天井和水井则共用。卧房后半部上面，都置阁楼，作储存稻谷和堆放农具、杂物用。卧房后部也不开窗，只在东、西侧面开窗一个，宽约80厘米，高约1米，用来采光和通风。

4. 大型天井院落式民居

清末广府城镇的大宅居，从平面布局、立面构成、剖面设计到细部装修等，都有它一整套的模式和独特的地方风格。其中以大户人家居住俗称"古老大屋"者最为精美，古老大屋又以广州城西商贾豪绅聚居的西关角一带最多，也最著名，有"甲第云连"之誉。

西关大屋多取向南地段，建在主要的街巷上，平面呈纵长方形，临街面宽十多米，进深可达四十多米，典型平面为"三边过"，即三开间（图2-2-24）。三开间的西关大屋，其正中的开间叫"正间"，两侧的开间称"书偏"，书偏之名是指取旁侧的书房和偏厅。

正间以厅堂为主，由前而后依次为：门廊、门厅（门官厅）、轿厅（茶厅）、正厅（因其后部上方装有神位和祖先位，又称神厅）、头房（长辈房）、二厅（饭厅）及二房（尾房），形成一条纵深的中轴线。每厅为一进，厅

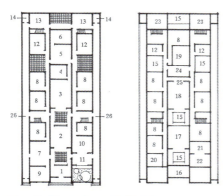

图2-2-24 广州典型西关大屋平面（来源：《广东民居》）

图2-2-25 广东顺德碧江职方第外观（来源：华南理工大学民居建筑研究所 提供）

图2-2-26 职方第牌门与厅堂之间的过亭（来源：华南理工大学民居建筑研究所 提供）

图2-2-27 碧江金楼二楼露台外檐（来源：华南理工大学民居建筑研究所 提供）

与厅之间用天井间隔。轿厅和正厅都是开敞式的厅堂，正厅面积最大，是全屋的主要厅堂，也是供奉祖先和家庭聚会议事的场所。尾房是中轴线上最后一个房间，其后墙一般不设门窗。两侧用房主要有偏厅、书房、卧室、厨房和楼梯间等。偏厅或书房前面常设有庭院，栽种花木，布置山石池水以供游憩观赏。

粤中大型天井院落式民居，很有特色的要数顺德碧江金楼民居群中的职方第（图2-2-25）。职方第共四进，包括门厅、牌坊过亭、大厅和三层的回字楼。颇有特色的是牌门与厅堂之间的过亭，粤中一般民居通常的做法是无盖开敞的天井小院，而这里则在牌门墙头和厅堂前檐瓦面上通过四点砖甃，凌空支承着一个歇山大瓦顶，用过亭覆盖着第二进天井，既能增加扩展了大厅的室内空间，又确保了大厅的通风和采光，同时丰富了中轴线上建筑的形象，可谓独具匠心（图2-2-26）。金楼位于职方第的后面，原名赋鹤楼，是大宅院建筑群中的藏书楼和书斋。因为楼上的装修满是精美灿烂的金漆木雕，人们将其称作"金楼"（图2-2-27）。

图2-2-28　东莞可园平面（来源：《广东民居》）

图2-2-29　东莞可园南立面（来源：《广东民居》）

图2-2-30　可园双清室（来源：华南理工大学民居建筑研究所 提供）

图2-2-31　可园绿绮楼（来源：华南理工大学民居建筑研究所 提供）

图2-2-32　可湖可亭（来源：华南理工大学民居建筑研究所 提供）

（三）庭园宅居

住宅带庭园者称庭园住宅，广府庭园宅居出现于唐宋以后，直到明清方开始普遍。一方面是由于很多广府人在经贸发展起来后变得富裕，开始追求户外生活，讲究与自然和谐交融；另一方面是民居的采光、通风、降温所需。

广府庭园中，住宅的布局方式主要有两种：一种是住宅在庭园之旁或后部，两者之间相对独立布置；另一种是住宅布置在庭园内。

1. 建筑绕庭布局

可园位于东莞县城西博厦村，是围绕山石、池水、花木、庭院、用游廊和建筑组成曲尺形平面的一组庭园住宅，创建于清咸丰年间。可园布局周密，设计精巧，把厅堂、住宅、书斋、庭院、花圃等糅合在一起，在三亩三土地上，亭台楼阁、山水桥榭、厅堂轩院，一并俱全，最大限度地利用了有限的土地，形成丰富的空间层次和视觉感受。每组建筑用檐廊、前轩、过厅、走道等相接，形成"连房广厦"的内庭园林空间，适应了广府地区因气候产生的遮阳防雨的功能需求。（图2-2-28～图2-2-32）

2. 前庭后院布局

前庭后院或前庭后宅是广府另一种常见的庭园布局方

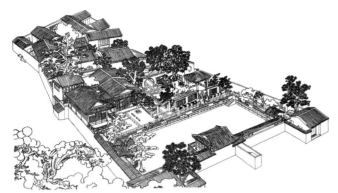

图 2-2-33　顺德清晖园鸟瞰（来源：华南理工大学民居建筑研究所 提供）

式。庭园是主人生活的一部分，布局较为疏朗开阔，放在住宅建筑群的前方。住宅采用合院形式，布局密集，但比较灵活和自由，放在庭园后部自成一体。宅居和庭园相对独立，各自成区，有利于形成差异化的生活氛围并能满足住宅复杂的功能需求。同时，庭园区与住宅区间没有实墙间隔，或用洞门花墙、或用廊亭小院、或用花木池水，又分又连，形成空间的相互渗透和自然过渡，一定程度扩大了视觉边界且有利于形成导风散热的整体环境。

顺德清晖园从布局上分成三部分：南部筑以方池，满铺水面，亭榭边设，明朗空旷，是园中主要的水景观赏区；中部由船厅、惜阴书屋、花纳亭、真砚斋等建筑所组成，南临池水，敞厅疏栏，叠石假山，树荫径畅，为全园的重点所在；北部由竹苑、归寄庐、笔生花馆等建筑小院组成，楼屋鳞毗，巷道幽深，是园中的宅院景区。各景区通过池水、院落、花墙、廊道、楼厅形成各自相对独立，又相互渗透的园区景色，使得清晖园内"园中有园"（图 2-2-33~ 图 2-2-35）。清晖园建筑群"南池—中树—北屋"的布局特点还非常好地适应了广府地区的气候特点，夏季南向的主导风向通过空旷的南庭顺利引入，再历经水体和绿化的降温作用，最终以适宜的温度和湿度进入建筑室内，使人获得舒适的居住感受。后院住宅的密集式布局，使建筑墙体、门窗、天井多处于阴影之中，减少太阳辐射，能够常得阴凉。

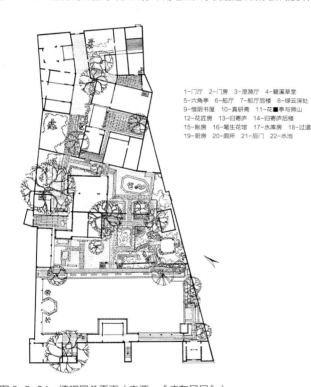

1-门厅　2-门房　3-澄漪厅　4-碧溪草堂
5-六角亭　6-船厅　7-船厅后楼　8-绿云深处
9-惜阴书屋　10-真研斋　11-花亭与狮山
12-花匠房　13-归寄庐　14-归寄庐后楼
15-账房　16-笔生花馆　17-水库房　18-过道
19-厨房　20-圆所　21-后门　22-水池

图 2-2-34　清晖园总平面（来源：《广东民居》）

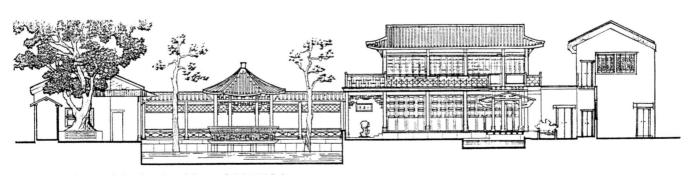

图 2-2-35　清晖园六角亭、船厅立面（来源：《广东民居》）

三、建筑细部与装饰

在广府古代建筑中，造型处理与装饰装修是艺术表现的重要手段之一。其艺术特征是充分利用材料的质感和工艺特点进行艺术加工，同时融合中国传统的绘画、雕刻、图案、色彩等艺术，通过运用我国传统的象征、寓意和祈望的手法，将民族的哲理、伦理等思想和审美意识结合起来。

（一）装饰部位

广府古代建筑具有识别度的装饰部位特征体现在以下几点：

1. 大门

大门处在显目位置，是建筑外观的中心，也是表现门第贫富贵贱的一个重要部位。广州传统大屋的大门，一般分为三道，称"三件头"（图2-2-36、图2-2-37）。临街最外的一道是四扇对开的屏风门，也叫矮脚门或花门。花门上部为木雕通花，镶着花玻璃或衬以勾花布帘，顶端两角通常还会对称地雕一串葡萄或松鼠之类的木雕作为装饰。屏风门可以遮挡街上行人的视线，同时又不影响采光和通风，特别能体现广州人的生活取向——重视小家庭独立的生活空间和个人隐私。屏风门之后就是独具岭南特色的趟栊门。趟为开，栊为合，趟栊就是可以滑行着拉开、合上的木门，其原理及功能和现代横拉式的防盗门差不多。在闷热多雨的岭南地区，趟栊确保了安全和通风能够同步实现。趟栊之后的大门才是真正的大门，一般都非常厚重，用于防盗。

2. 屋脊与山墙

广府古代建筑中屋面的脊饰和山墙的墙头都是比较讲究的部位，因为它们对民居侧立面和天际线形态都起到重要影响。在这一重点装饰部位，礼制文化、等级观念、自然崇拜、民俗传统都发挥着精彩的演绎。

屋脊部位的装饰有平脊、龙舟脊、龙凤脊、燕尾脊、卷草脊、漏花脊、博古脊等，按用材来分有瓦砌、灰塑、陶塑、嵌瓷等。

图2-2-36　广州西关大屋民居入口（来源：华南理工大学民居建筑研究所 提供）

图2-2-37　民居入口趟栊门（来源：华南理工大学民居建筑研究所 提供）

图2-2-38 高要槎塘村人字山墙（来源：华南理工大学民居建筑研究所 提供）

图2-2-39 三水芦苞祖庙方耳山墙（来源：华南理工大学民居建筑研究所 提供）

图2-2-40 镬耳山墙（来源：华南理工大学民居建筑研究所 提供）

图2-2-41 民居宅园照壁（来源：华南理工大学民居建筑研究所 提供）

山墙形式主要有三种：人字山墙（图2-2-38）；方耳山墙（图2-2-39）为三级平台形式；镬耳山墙（图2-2-40），山墙顶部的形状像锅的两耳，即半圆形，为广府地区最有代表性的古代建筑形式。

3. 照壁

广东古代建筑中的照壁用砖砌筑，外框矩形，中央为壁心，下用壁座承托。壁心有用灰塑做成的（图2-2-41）。照壁的装饰题材内容是封建社会门第等级的一个标志，一般

图 2-2-42　陶塑漏窗花墙（来源：华南理工大学民居建筑研究所 提供）

图 2-2-43　番禺余荫山房花墙漏窗（来源：华南理工大学民居建筑研究所 提供）

包括繁复的图案花纹、花卉、鸟兽、人物等题材，有的还在照壁上开设漏窗，既能通风，又通过漏窗欣赏外部景色。

4. 漏窗花墙

漏窗花墙是广府古代建筑最具有识别度，也最吸引人眼球的构件。

广府地区因夏热冬暖，多采用通透的漏窗花墙作为空间分隔要素。花墙一般用于民居内部或庭院对外围墙，漏窗则多用于庭院内，其形式有墙垣开门洞，也有墙垣漏窗旁带门洞，作为相邻两个庭院的间隔和通道。漏窗的通花材料有砖砌、陶制、琉璃等，近代也有用铁枝的。漏窗窗花丰富，一般比较有规律，多数是几何图案纹。门洞则有圆形门、瓶形门、八角形门等。（图 2-2-42、图 2-2-43）

（二）装饰手法

广东地区古代建筑的装饰手法可以归类为"三雕二塑"，即三雕（木雕、石雕、砖雕）和二塑（灰塑、陶塑）。而在广府地区，这几种手法都较为常见，其最大的特点就是题材丰富，与生活息息相关，透出一种要为人们服务的世俗务实目的。例如广州陈家祠的建筑装饰，可谓集富有地方特色的三雕二塑及彩画等岭南传统装饰工艺手法于一堂。尽管有着以礼制为中心的文化内核，但其在装饰中所反映出的岭南特色也同样十分鲜明。不管是以《水浒传》、《三国演义》、《岳飞传》等传统故事中深受人们喜爱与崇敬的情节和人物作为题材的装饰布景，还是以许多普通的飞鸟禽兽，地方生产的荔枝、杨桃、佛手、菠萝、香蕉、木瓜、芭蕉等果木为题材的装饰图案，抑或是以独具岭南地域风情的"镇海层楼"、"琶洲砥柱"等清代羊城八景、"渔舟唱晚"、"渔樵耕读"等乡村风光和生活场景来作为题材的装饰画面，一般都直接源于生活，既平易近人，又生动活泼，能带给人以直接的情趣与直观的启示。

在广府地区，最具有自身鲜明特点的装饰手法为如下几种：

1. 木雕

木雕是指利用木材质感进行雕刻加工，制作成雕塑、图案等。木雕的种类很多，基本有线雕、隐雕、浮雕、通雕、混雕、嵌雕、贴雕等。广府地区除木结构建筑较多外，檐下及室内小木作也很多，因此木雕在建筑装饰工艺上占了很大比例（图 2-2-44）。

广府地区特有的木雕手法有贴雕和通透雕。贴雕发展较晚，清代运用较多，其做法是在浮雕的基础上，将其他花样单独做出后，再胶贴或榫接在花样的表面，形成一种新的突出花样，即将雕刻好的图案纹样直接粘贴到建筑构件中，省工省料。在广府祠堂中，常用在梁底等这些不易雕刻的地方，另外一些难以做浮雕的构件，连续重复、轴对称的纹样也会利用贴雕来完成。

通透雕是指综合运用多种雕刻技法，对木料进行多层雕刻，构图层次多样，逐渐深入，常用于大型的作品，展现丰富的题材，有丰富的起伏变化，立体逼真。

2. 砖雕

砖雕从石雕发展而来，在表现风格上，力求生气活泼，在表现手法上，又承袭了木雕工艺。还有一种预制花砖，这是由于构件中常出现重复性而又带有几何图案的砖块雕饰，为了避免重复劳动，减轻工艺劳动强度而出现的。

图 2-2-44　门罩木雕（来源：华南理工大学民居建筑研究所 提供）

图 2-2-45　苏公祠照壁砖雕细部（来源：华南理工大学民居建筑研究所 提供）

图 2-2-46　山墙墀头砖雕装饰（来源：华南理工大学民居建筑研究所 提供）

广府建筑的砖雕一般采用精致水磨青砖为材料。由于广府地区制砖的土壤颗粒较小，强度高，做成的青砖质地细腻，硬度适中，不易风化。砖雕技法与木雕、石雕技法近似，多有借鉴，包括浮雕、圆雕、透雕、线雕等，其中"挂线砖雕"尤富特色，显现出广府砖雕纤巧、玲珑的特点。

挂线砖雕，与木雕的通透雕相类似，通过综合运用多种雕刻手法，把水磨青砖雕镂得精细如丝。挂线砖雕厚度可多达七八层，造成精致深远的效果，远观层次分明，近看神韵如生。

在广府地区，预制花砖通常也只用于园林中的漏窗通花、牌坊翻花等精致程度要求不太高的部位，很少用于重点装饰部位。通花漏窗一般以有规律性的图案或纹样为主，如番禺余荫山房砖雕漏窗，窗框外圈用叶齿形花边，窗框的"肚"内雕成复杂的草尾花样。（图 2-2-45、图 2-2-46）

3. 灰塑

灰塑装饰在广府古代建筑占相当大的比重，使用也比较普遍。它是以石灰为原材料做成灰膏，加上色彩，然后在建筑物上描绘或塑造成型的一种装饰类别。灰塑的材料特别，适合用于广府地区，冬暖夏热，湿度较高，有利于灰塑的保存。（图 2-2-47、图 2-2-48）

图 2-2-47 民居院墙灰塑装饰（来源：华南理工大学民居建筑研究所提供）

如陈家祠的大型灰塑是民间建筑实用性和装饰性有机结合的艺术典范，主要分布在屋顶正脊、垂脊、廊门、屋檐、山墙、墀头、窗檐等处，总长2500多米，总面积约2448平方米。陈氏书院的灰塑形式有浅浮雕、高浮雕和圆雕等，塑造了人物、动物、植物、山水、园林、诗词字画等（图2-2-49），主要是宣扬人伦、孝悌、进学的礼制观念内容，以及企盼福、禄、寿、喜的民间生存观念和歌颂清逸淡远、品行高洁的传统人文精神。[1]民间艺人往往会比较随意地安排题材的组合，主要运用谐音或是象征这两种寓意的方法，将人们对美好生活的种种祈盼表达出来，但无论如何组合，题材所反映出的寓意都不需要经过推敲，就能为普通人所辨别。这些题材与人们情感之间有着非常直接明朗的沟通形式，这也正是传统民间美术一个突出的特征。

4. 陶塑

陶塑的用途，一类是在屋面上作脊饰用，一类是在庭院中作漏窗、花墙、栏杆、花坛用。前者多用于祠堂等大型园林建筑和公共建筑中，工艺比较复杂和讲究，大多采用圆雕和通雕做法；后者多用在民居庭院或园林中，构件多为几何图案纹样拼装而成。

目前存留的古建中，以广州陈氏书院、佛山祖庙（图

图 2-2-48 民居窄巷灰塑装饰（来源：华南理工大学民居建筑研究所提供）

图 2-2-49 广州陈家祠屋脊灰塑装饰（来源：华南理工大学民居建筑研究所提供）

2-2-50）、三水胥江祖庙、悦城龙母祖庙等处的陶塑最为出色，如佛山祖庙，屋脊的陶塑丰富多彩，形成了富丽堂皇的场所氛围。正殿前狭小幽暗的庭院中，利用陶塑脊饰的背

---

[1] 胡继芳《陈氏书院的灰塑装饰艺术》，广州文史网。

图 2-2-50　佛山祖庙屋顶陶塑（来源：华南理工大学民居建筑研究所 提供）

图 2-2-51　德庆龙母祖庙屋顶陶塑装饰（来源：华南理工大学民居建筑研究所 提供）

光轮廓就渲染出庄严神秘的气氛，而陶塑脊饰隆重装饰的正门，预示着神圣境界与世俗空间的分界，这已经超出了普通建筑装饰的意义。胥江祖庙、龙母祖庙（图2-2-51）都是广府陶塑杰出的例子。

（三）装饰特点

广府装饰特点有二：

一是实用与艺术相结合。如屋顶上用灰塑、陶塑等脊饰，可以防风、防雨；山墙增高加装饰能加强防火和防风。室内采用屏、罩、隔断等木雕装修，有利于通风采光，又能分隔空间。木雕装饰结合实用功能在建筑构件上进行雕饰，增加了建筑的精巧与美观。在庭园中，雕饰与景观相结合，使园林的人工美与自然美融洽协调。材料使用上也考虑地域气候。

二是结构与审美相结合。构件进行艺术处理后，既可以显示结构的构件美，又可以将一些构件端部或连接处等难以处理的部位进行装饰，达到藏拙之效果。在这些构件端部进行精美的雕刻制作，如廊下梁架的挑尖梁头做成楚尾或倒吊莲花等，以达到美观的目的。

四、建筑风格与精神

（一）经世致用、开放务实

广府人不仅追求建筑外表美观，而且更重视建筑的实用性和便利性，直接体现了"经世致用、开放务实"的价值观，这是由广府兴盛的商业文化和流行的"重商思想"决定的。在明清时期的广大城镇，为适应手工业生产和商业经营活动，沿街住居开始逐步向着功利化程度更强的商住混合功能转化，普遍出现各类前作坊后仓库、前店后坊、下店上居等形式的商业化住宅，一定程度上将居住的舒适让位于经营的便利，以获取更高的利润。

"经世致用"还表现为善于适应变化的情况而实现可持续发展的态度。广府经典的梳式布局十分符合现代可持续发展观，村落整齐的网格状肌理为未来向外扩张和伸展提供了有利条件，便于村落明确功能分区，实现宗族团结，并适应不同的地形环境。即使村落继续发展，也只是在现有形态上提升，并不会破坏固有肌理。这种在传统社会的商业快速发展时期，汇集巨大财富在短时期的、一次性规划的大型村落，一定程度体现了建设安排的科学性与合理性，对现代城乡规划仍有一定的借鉴价值。

（二）规则有序、井然和谐

广府传统聚落的人为规划控制感强烈，尤其对于典型的梳式布局而言，更使街巷横平竖直，整齐有序，所有建筑朝向统一。每一栋建筑在聚落中位置都是理性生成的，其建筑形态和规模也是扎实而稳定的。结构严谨的街巷体系和天井院落，让聚落具备了完善的、人工化的空间组织，毗邻的绿化种植和水塘溪河又使聚落形成一个有机的、绿色的生活环境。无论是聚落的排水系统、通风系统还是社会系统、生态系统，都是将有限的资源予以结构的整合，既依赖人工又亲和自然，反映了人造环境与自然环境和谐互融的规划特点和居民恬静有序的生活姿态。

岁月的积淀中，广府人在实用性和舒适性之间找到了一个较为完美的平衡点，形成和发展了特点鲜明的规划设计理论，并直观地运用于聚落的建设实践。从这个意义上说，每一座广府聚落都是广府人营建过程中所思所想的客观记录，是广府人文情怀的可视化呈现，具有强烈的记录意义和重要史料价值。

（三）深池广树、连房博厦

广府人善于在宅与园的共生共融中自在地享受生活。宅园经历长久的演化，形成了较为成熟的、适应当地气候的空间组合方式。广府宅园占地有限，建筑密度高，房舍多相互毗连，随处可见的连廊把园林空间划分为若干个局部，使得园林成为处于建筑分隔围合之中的一个个"庭园"。这种做法一方面出于气候适应性的考虑，绵长的连廊能够遮阳避雨，提供更为舒适的交通环境和观景场所。另一方面则是从更加高效地利用有限的用地出发，使建筑与自然之间有足够长的衔接面，让室内空间和室外空间充分地交融更替，形成更丰富的景观层次，给予游人虚实结合、动静相生的空间感受。

水体和植物是处于炎热气候下的广府宅园的必备要素，热容量大的水体能够降低气温，空阔的水面有利于导入夏季主导风，亚热带植物巨大的树冠和茂密的枝叶则能提供荫庇，从而营造凉爽宜人的小环境。此外，深挖的池体可以容纳暴雨季节的降水，防止庭园内涝。密植的果树则能够供给应季佳果。深池与广树都是广府地区人们应对地域环境的智慧措施，它们与错综复杂的庭园空间一起构造了广府园林特有的符号表征。

（四）装饰多样、图案几何

广府古代建筑的突出特色，离不开其多种多样的装饰手法。在粤商宏大经济实力的支撑下，工匠们乐于把大量时间和精力用在琢磨建筑装饰装修之上，雕塑彩画等各类工艺都比较发达。广府古代建筑的雕刻雕塑形式、种类和题材格外丰富，给人留下"装饰多样"、"造型优美"、"擅于堆构"的深刻印象。改革开放后广东室内装饰装修行业在国内一度成为"领头羊"，与其传统积淀不无关联。

此外，广府建筑的另一特点是广泛采用几何造型。小至建筑细部装饰，中至构筑物外形，大至园林平面格局，都能看见几何形体、几何图案的存在。几何式理水方式、几何式花池花台、几何式铸铁栏杆等无不体现着广府人对自然形式大胆抽象、理性表达的美学主张。对几何形态的偏爱，既渊源于本地自南越国时就存在的传统文化表达，又受到后期诸多外来文化因素的影响，兼容杂糅、潜移默化，从而形成了广府人特有的审美品位。

第三节 潮汕民系古代建筑

一、聚落规划与格局

（一）选址与规模

潮汕大地，一处处村镇聚落犹如一颗颗明珠或镶嵌于沃野平畴之上，或掩映在青山绿树丛中，或垂挂于碧海黄沙之缘，每一处都生机勃勃，体现出与环境的和谐共生。而从分布趋势而言，密集式布局的村落和大型围寨多选址于滨海平原，围团式布局的围楼村则立基于近山高地，体现了以最低程度的改变周边环境格局为宗旨的规划意图，也适应了传统社会不同地域的防御聚居要求。

在潮汕的平原地带，聚落及聚落群一个突出的特点就是"大"，不仅占地面积大，而且居住人口数量也大。20世纪90年代的统计数据显示，"潮汕平原上散布着3200多个村落，平均每个村落人口在2000人以上，每个村庄相距仅几百米至1公里，其中，有许多万人以上的大村庄，有的还形成村镇连绵数公里的聚落连续区，这是这一带人口和居民点分布的一大特色。全潮汕有四五十个人口逾万的聚落连续区，主要分布在澄海、练江平原、潮州—汕头公路沿线、榕江中游平原。最典型的是澄海的莲上—莲下连续区，由一

图 2-3-1　澄海莲下镇程洋冈古村，房屋密集人口众多（来源：《汕头建筑》）

图 2-3-2　潮汕传统聚落和山、水、田的关系（来源：《汕头建筑》）

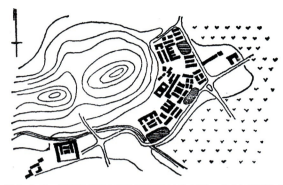

图 2-3-3　潮安登塘镇东寮村聚落选址（来源：《广东民居》）

图 2-3-4　潮安登塘镇登塘村民居朝向（来源：《广东民居》）

组建立在古沙堤上的村镇组成，跨两个建制镇，长达五六公里，总人口近10万，为全国最大的村镇型聚落（图2-3-1）。这是潮汕地区人口稠密、农业经济较发达的反映。我国有些人口稠集区也有人口上万的大村庄，但像潮汕平原这样既数量多，规模又如此庞大的情况还不多见。"①

风水学说对潮汕聚落规划的影响尤为明显，潮汕聚落中流行的风水理论是形势派和理气派的结合。形势派主要体现在潮汕聚落选址上追求"靠山、环水、面屏"的环境意象（图2-3-2）；理气派则主要运用于聚落中房屋的择向上，通过主人出生时辰等的相互匹配来确定宅居朝向。由于以家长的生辰选定宅向，导致潮汕乡村聚落，虽每一住宅内部都齐整方正，但各住宅之间却因朝向的不一致稍显混乱，这一点在由单一组团大型民居构成的聚落中不明显，而在多组团尤其是多姓聚居的村落中就比较鲜明（图2-3-3、图2-3-4）。

（二）聚落形态

潮汕地区虽大部分位于滨海平原，但自宋元之后人口大增，一直处于人浮于地的状况，因此在潮汕地区，无论是城镇还是乡村，聚落的布局都以密集紧凑、节约用地为要。如潮州古城（图2-3-5），整体上呈块状，道路呈网格状，街区内的街巷布局多为平行或垂直的几何形网状，与便于规整密集的居住建筑布置有关。

在乡村聚落中，最常见的是密集式布局系统，是潮汕地区代表性的布局形式；其次是多分布于潮汕沿海地区的围寨形式；此外，在潮汕东北靠山的饶平县等地也存在诸多类似客家村落的以围楼为主体的围团式布局。

---

① 陈朝辉，蔡人群，许自策.潮汕平原经济[M].广州：广东人民出版社，1994.

图 2-3-5 潮州古城图（来源：《广东民居》）

1. 密集式

密集式布局的基型就是以祠堂居中，住房从厝环绕家祠布置的向心围合式组团，这种组团在潮汕多称为府第式大宅，是单一姓氏聚居的场所，具体形制有百鸟朝凤、驷马拖车等（图 2-3-6）。聚落发展之初往往只有单个组团，后来因子孙繁衍或有外姓人迁入，组团个数可能会增加，但因用地有限相互位置却较为邻近；大型组团旁侧也逐渐增建侧屋，或另建小型民居，如下山虎、四点金等。增建时，有的有规划，有的没规划，就显得比较零乱。于是，聚落整体就成为以大型密集式住宅为主体，旁边附属小型民居的大村落。在这些村落中，小型民居有时按梳式布置，最终便形成密集式与梳式相结合的村落布局形式，如潮安县登塘林妈陂乡（图 2-3-7）等。

2. 围寨式

围寨主要因防御要求而产生，多出现在地形平坦辽阔的滨海平原，因为无险可据，就在建筑群的外围设置一道完整封闭的寨围用来自卫。寨围有两种：一种是独立墙体，一种是由相连的房屋的外墙形成。依据形状，围寨可分为方寨、

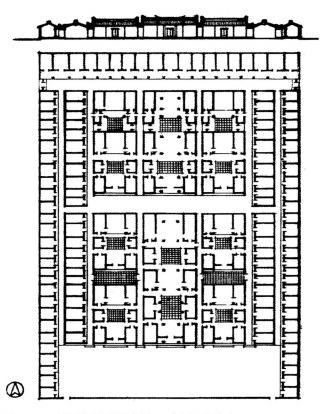

图 2-3-6 揭阳港后乡某村（来源：《广东民居》）

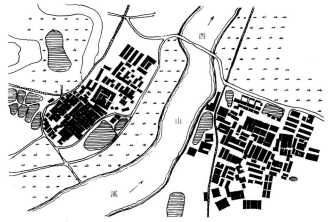

图 2-3-7 潮安登塘镇林妈陂村（来源：《广东民居》）

圆寨和异形寨。

一般来说，较规则的方寨是先有具体规划再建设实施的，而不规则的异形寨则大多先有普通村落的建设，后出于防御的需要才在村落建成区外沿增设围墙，围寨的形状根据建成

图 2-3-8　东里寨（来源：广东省文物局 提供）

区的边界而定。

围寨占地面积较大，它与围楼的最大不同就是内部有复杂的街巷体系，通常一寨即一村。事先经过规划的围寨内部格局有两种：其一就是以大规模的从厝式府第为主体，祠庙居中，住屋环绕；另一种则采用方格网形道路系统，当地统称"三街六巷"，其实三、六并非实数，这些道路将围寨用地划分成若干小块，每一块上布置一个或一组民居单元，形成棋盘式布局，类似里坊制。这种布局中常常可见民居单元模数化设计的痕迹，如东里寨和象埔寨（图2-3-8）。

3. 围团式

围团式布局主要分布在饶平县和潮安县的山区等拥有围楼的村落。这种村落以单个围楼为起点，经由一定时间的人口积累，演变成以一个至数个围楼为主体要素，周边散布后期增建的一些小型民居，从而共同构成聚落整体的围团式布局系统（图2-3-9、图2-3-10）。这种村落中，作为主体的围楼对内向心性和对外封闭性强，而彼此之间的外向性联系较弱，一般不存在村落层次上的街巷系统。

二、建筑群体与单体

（一）公共建筑

由于潮汕传统社会的宗族性质，其传统聚落基本上都以宗族为主体，是血缘和地缘相结合的宗族聚居地。祠堂和庙宇作为潮汕地区重要的公共建筑，为宗族聚落的秩序化起到了协调和控制的作用。

潮汕聚落中大量的宗祠总是堂皇地位居府第式建筑群的

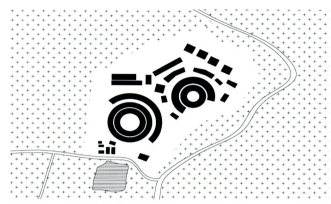

图 2-3-9　围团式布局（铁铺镇坑门村）（来源：根据google地图改绘）

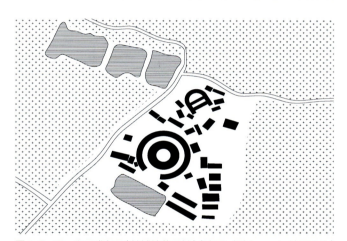

图 2-3-10　围团式布局（铁铺镇巷口村）（来源：根据google地图改绘）

中轴线上，统摄着两侧对称布置的民宅。为了彰显宗族势力，祠堂建筑无论在面积规模上，还是装饰装修上总是聚落之最。潮汕地区的祠堂向两侧横向拓展的程度十分明显，如在广府地区很少见到的七开间祠堂或九开间祠堂在潮汕地区都可以看到，而且，潮汕地区家庭住宅通常为"下山虎"或"四点金"式，都没有达到三进，可是三进祠堂在潮汕地区却是十分普遍的，第一进为前厅，起门户交通作用，给人以先入为主的印象，多采用凹肚门楼，前厅外面对宽广的外埕；第二进为中庭，是商议族中事务、接待外客之所，为了容纳更多的族众，中厅前多设拜亭，强调中轴的同时又对前后空间起到过渡连接的作用（图2-3-11）；第三进为后厅，是安放祖宗牌位、祭祀拜祖的地方，在三进厅堂中最为重要。

图2-3-11 程洋冈蔡氏宗祠后厅前拜亭（来源：《潮汕乡土建筑》）

图2-3-12 潮州开元寺（来源：华南理工大学民居建筑研究所 提供）

潮汕地区民间所崇尚的信仰体系十分庞杂，每村有庙，市镇之中庙宇尤多。由于潮汕人们日常生活的方方面面几乎都依赖于神的庇护，因而信仰、祭祀同一个神祇的居民形成特定的祭祀圈，不同祭祀圈所属的地域单位深刻影响到聚落的空间结构。

潮汕地区的庙宇注重各建筑单体间的组合，强调中轴，如在潮州开元寺南北纵深的中轴线上，首进山门，二进天王殿，三进大雄宝殿，四进藏经楼，五进玉佛殿，自天王殿到玉佛殿，左右各有一条长厢廊，天王殿不仅联系了东西两厢廊，还加强了大殿及两侧各配殿的联系，使全寺上下左右的建筑群在排列上达到互相平衡，是南北中轴线上的关键点（图2-3-12）。

（二）传统民居

1. 小型民居

潮汕市镇面向街道的小型住居多为小面宽大进深的平面形态，常见的类型有竹竿厝、单佩剑、双佩剑等形制。

竹竿厝为单开间式，通常厅、房合一，也有分开的，前带小院，后带天井厨房。开间跨度不大，约4米左右。面宽以瓦坑数来计算，一般为15～21坑，结构也较简单。竹竿厝的进深最大可达十几米，为其面宽的三四倍，故以竹竿来形容其瘦长的程度。

单佩剑即双开间式，它由竹竿厝发展而成，平面进门为

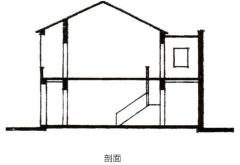

剖面

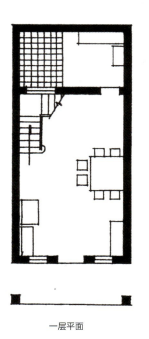
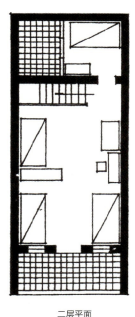

一层平面　　　二层平面

图2-3-13 汕头联兴直街的竹竿厝单元（来源：《广东民居》）

图2-3-14 下山虎民居（来源：《潮汕乡土建筑》）

图2-3-15 四点金民居（来源：《汕头建筑》）

图2-3-16 五间过民居（来源：《潮汕乡土建筑》）

大厅，旁为卧房，后带天井厨房。一般为平房，砖木结构、土坯墙，也有二层的，开间跨度也不大。由于入口门斗的凹入，正立面给人明确的不对称感，形成单侧跨佩剑之势。

双佩剑是由单佩剑发展而成，即三开间式，也即三合院带后天井的形式，一般在城镇中较多采用，在农村中则多用设前天井的爬狮平面。

为了获取更多的居住面积，竹竿厝和单、双佩剑也有楼房形式。如汕头的联兴直街两侧各由30多个双层骑楼式竹竿厝单元并联而成，一层沿街向内退出1米多的骑楼空间，入门为客厅，厅后设天井厨房，客厅后壁有楼梯上二楼，二楼于骑楼上方设阳台，更大程度地利用了城市用地，增加了每户的实用面积，有利于合理的功能分区，提高家庭生活品质（图2-3-13）。

2. 中型民居

在用地条件和家庭经济条件都允许的情况下，潮汕地区中型民居一般为下山虎或四点金样式。

下山虎，也称爬狮、抛狮或瓦双虎，即三合院式，它的平面布局为：正屋三开间，中间设厅堂，两旁为卧房，正屋前带天井，天井前方设院墙，天井内设水井，两厢为厨房和贮物室，是一套居住条件基本完备的小院落。大门开于院墙正中或侧边，其朝向一般根据交通、风向和风水等因素来决定。结构一般为三砂土砌墙，瓦顶，农村用土坯墙或空斗墙，开间跨度也不大，占地面积100平方米左右。从形态上看，正屋如同盘踞的虎身，两厢则犹如前伸的虎爪，因此得名"下山虎"（图2-3-14）。

四点金一般是砖木结构，占地面积接近200平方米，其形制是在下山虎的基础上加上前座，形成由四周房屋围住中央小院或天井的四合空间（图2-3-15）；其平面布局中，除后面部分与下山虎平面相同外，前座中间为大门，两旁为卧房，这种形式多被人口较多或较殷实的人家采用。另

图2-3-17 三座落民居（来源：华南理工大学民居建筑研究所 提供）

图2-3-18 许驸马府（来源：广东省文物局 提供）

外，四点金的房屋规模稍大于下山虎，下山虎中厅一般不超过十五瓦坑，房间不超过十瓦坑，四点金则都不小于此。四点金大门朝向与大厅朝向相同，有南向也有西向，视当地风向和风水五行之说而定。

四点金是潮汕民居中十分重要的一部分，它不仅是中等富裕家庭所向往的完美形制，也是更为庞大的民居变化的起点。有一些家庭祖父母健在兄弟尚未分家，则建造由四点金横向发展而成的五间过，即面宽为五开间的四合院建筑（图2-3-16）。中间天井较大，四周房屋围住天井，前后座房屋除正中为大门和厅堂外，其余都是卧房。

有功名或更为富裕的家庭，多采用三座落平面（图2-3-17），三座落也叫三厅串，即门厅（也称前厅）、中厅（也称大厅）、后厅三厅连贯排列，可视为四点金向纵深发展的结果。平面布局中，后厅是供祀祖先的厅堂，也是丧日停柩之处，而日常生活起居，接待客人，则在中厅。大门在前，后门在侧，有两侧开门，也有一侧开门的。

从下山虎、四点金到五间过、三座落，在平面布局上都讲求庄正严谨，左右对称，而其中厅堂、住房依据不同的平面位置而产生的等级位序关系更体现了中华传统文化的五服制和方位观。例如在一所典型的四点金民居中，位于天井两侧的厢房，和上、下厅堂一样处于四正的位置，因此具有较高的位序，左侧厢房通常居住祖父母，右侧厢房则居住父母。天井后侧紧邻上堂左侧卧室供长子居住，右侧卧室供二子居住，天井前侧下堂左侧紧邻卧室供三子居住，右侧卧室供四子居住。空间的等级与人伦的等级紧密呼应，充分反映了传统住宅对社会状况的适应。

3. 大型组合民居

在潮州古城，有"东财西丁，北贵南富"之说，潮州开元寺之南属于古城的"南富区"，这里的猷巷、灶巷、义井巷、兴宁巷、甲第巷五条古巷，巷长皆约为300米，相互平行，巷间街坊宽30~60米，以同姓聚居为主，云集了众多先前潮州各界的名人。街坊中，每户民宅占地面积较大，内部基本上都是以四点金或三座落为主体的院落组合群，供一个大家庭所用。

在潮汕的乡间，则经常可见成排连片的大型民居在眼前延展开来，它们占地辽阔、气势恢宏，面宽进深逾百米，院落天井几十重。这些大型民居是在宗族聚居的条件下形成的，由若干中、小型民居按照向心围合、中轴对称、规整排布等原则组合而成建筑群，一个完整的聚落就是由一座或几座大型民居组成的，每座大型民居内生活着以父系血缘关系维系多个家庭，其内部通常都建有宗族的总祠或支祠，因此被专家称为"人神共居、祠宅合一"的完满家园。

城镇富裕大家庭或乡村家族使用的大型民居的复杂平面，是由中、小型民居的简单平面通过适当的排列组合产生的。如果仔细分析，可以发现通常以四点金、三座落或五间

图 2-3-19 二落二从厝（来源：《潮汕乡土建筑》）

图 2-3-20 三落二从厝（来源：《潮汕乡土建筑》）

过为复杂变化的起点，经过一系列演绎变化，或串联或并联，或旁加从屋，或后加后包从而生成十余种大型民居。

七间过：五间过平面继续拓展成七开间者，潮州三达尊黄府、潮州东府埕许府（图2-3-18），就是属于七间过组合与发展的大型平面形式。

八厅相向：三座落两厢处理成厅堂形式，如潮州名宦旧家，潮州猷巷黄府平面的核心体部分。

二落二从厝：四点金两旁各带两侧屋者，侧屋即从厝（图2-3-19）。

二落四从厝：四点金两旁各带两重侧屋或再带后屋者。

三落二从厝：三座落两旁各带两侧屋者（图2-3-20）。

图 2-3-21 澄海樟林南盛里三壁联（来源：华南理工大学民居建筑研究所 提供）

三落四从厝：三座落两旁各带两重侧屋或再带后屋者。

三壁联：两座四点金，中间夹一座五间过祠堂，三屋并联（图2-3-21）。

五壁联：四座四点金，中间夹一座五间过祠堂，五屋并联。

九龙吐珠：八座四点金，中间簇拥一座三座落祠堂。

驷马拖车：在潮安、澄海一代，三落四从厝即被称为驷马拖车，"车"指的是中间的三座落祠堂，"马"指的是两侧各两条线状的从厝，四匹"马"是隶属于各个小家庭的住屋。到了揭阳、潮阳、普宁一带，人们对于驷马拖车则有另外一种解释，"车"仍然是一座居中的三座落祠堂，"马"则变成四座分居祠堂左右的四点金建筑。民间对于驷马拖车

图 2-3-22 驷马拖车民居乐善处正面（来源：广东省文物局 提供）

的其他诠释还包括：以三座"三座落"建筑居中，两侧各带两从厝、后带后包者。或以一座"三座落"建筑居中作为祠堂，左右对称，前面两边为两座四点金，四点金后面是下山虎，下山虎只能从旁边开门进入，两座四点金和两座下山虎加起来便是四马，祠堂是车，下山虎和四点金的位置不可调换，因为四点金格局比下山虎大，不可以"前小后大"，下

民们遇到了各种意想不到的困难，野兽侵扰、贼匪劫掠以及与原住民之间的纠纷械斗，唯有利用以血缘为纽带的宗族关系团结起来，才便于互相援助，抵抗外侮。独立又封闭的围屋形式，很适合宗族作为保护自己、防御外侵的有效场所。围屋的形式有方形、圆形和前方后圆形，以围垅屋形式（图2-4-2）最为多见。方围一般可容纳10~25户聚居，个别的多至30户，圆围和围垅屋一般住20~45户，多的住80户以上。

以单座或多座围屋在一定的地理单元内聚合构成定居点的布局，就是围团式布局。其突出特点是，每个组团都重视内部的公共性联系，而组团间的凝聚力却很弱。在方楼、圆楼及围垅屋的内部，敞亮的回廊联系各个用房，公共性的聚居要求远远超过私密性的封闭分隔要求。楼内组合规整严密，祖堂、水井等公共设施齐备，可视作一个微型社会。而组团外部，则因为高大坚固围墙的隔阻形成了巨大的排斥力，围屋之间缺乏规划严谨的街巷体系，自然景观、原始地貌直接渗透进入组团间隙，形成与组团内部差异化极大的空间形态。

随着时间发展，围团式布局的聚落中也会插入一些经济能力稍弱的族人或一些外来人口修建的小型民居，它们明显地表现出对大型围屋的依附关系。

2. 分散式布局

分散式布局可视作围团式布局的一种变体。构成聚落的数个围屋在受到河网及地形分割的情况下，或是处于家族文化的隔阂之中，不得不相互疏离，形成三个一组，五个一区，或是链状分布的形态，各个小区域之间最终又由道路、水系、植被等环境要素连接为一个既相对完整的村落整体。这类聚落整体上看来随意性强，其形态没有一定的规律可循，很难找到村庄发展脉络和肌理。但受到礼制与传统观念的影响，从局部片区仍能看出一定的秩序感。

位于河源和平县林寨镇的兴井村（图2-4-3）就是比较

图2-4-2　河源市连平县大陂司马第（图片来源：广东省文物局 提供）

图 2-3-19 二落二从厝（来源：《潮汕乡土建筑》）

图 2-3-20 三落二从厝（来源：《潮汕乡土建筑》）

过为复杂变化的起点，经过一系列演绎变化，或串联或并联，或旁加从屋，或后加后包从而生成十余种大型民居。

七间过：五间过平面继续拓展成七开间者，潮州三达尊黄府、潮州东府埕许府（图2-3-18），就是属于七间过组合与发展的大型平面形式。

八厅相向：三座落两厢处理成厅堂形式，如潮州名宦旧家，潮州猷巷黄府平面的核心体部分。

二落二从厝：四点金两旁各带两侧屋者，侧屋即从厝（图2-3-19）。

二落四从厝：四点金两旁各带两重侧屋或再带后屋者。

三落二从厝：三座落两旁各带两侧屋者（图2-3-20）。

图 2-3-21 澄海樟林南盛里三壁联（来源：华南理工大学民居建筑研究所 提供）

三落四从厝：三座落两旁各带两重侧屋或再带后屋者。

三壁联：两座四点金，中间夹一座五间过祠堂，三屋并联（图2-3-21）。

五壁联：四座四点金，中间夹一座五间过祠堂，五屋并联。

九龙吐珠：八座四点金，中间簇拥一座三座落祠堂。

驷马拖车：在潮安、澄海一代，三落四从厝即被称为驷马拖车，"车"指的是中间的三座落祠堂，"马"指的是两侧各两条线状的从厝，四匹"马"是隶属于各个小家庭的住屋。到了揭阳、潮阳、普宁一带，人们对于驷马拖车则有另外一种解释，"车"仍然是一座居中的三座落祠堂，"马"则变成四座分居祠堂左右的四点金建筑。民间对于驷马拖车

图 2-3-22 驷马拖车民居乐善处正面（来源：广东省文物局 提供）

的其他诠释还包括：以三座"三座落"建筑居中，两侧各带两从厝、后带后包者。或以一座"三座落"建筑居中作为祠堂，左右对称，前面两边为两座四点金，四点金后面是下山虎，下山虎只能从旁边开门进入，两座四点金和两座下山虎加起来便是四马，祠堂是车，下山虎和四点金的位置不可调换，因为四点金格局比下山虎大，不可以"前小后大"，下

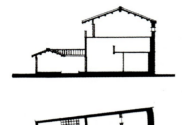

二进竹杆厝平、剖面图

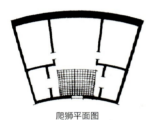

爬狮平面图

图2-3-23 圆楼平面单元（来源：《广东民居》）

图2-3-24 永善南阳楼，各户间有分户墙（来源：广东省文物局提供）

山虎部分可以作为书斋[①]（图2-3-22）。

百鸟朝凤：相对于驷马拖车具体的形态规定，百鸟朝凤更倾向于规模的规定性，即围绕中央"三座落"主体建筑的各类从属性厅房的数量要超过一百间，俗称"百间厝"，至于它们究竟采用何种平面形式并无严格的说法。揭西棉湖的郭氏大楼，德安里老寨被认为是百鸟朝凤的典型实例。

围楼：潮汕围楼形制上相当于一个巨型的向心式围合的单体建筑，依据平面形状分为圆形围楼、多边形围楼和异形围楼，以圆形围楼为最多。圆楼的居住单元沿着圆周布置而成，总单元数多为双数，通常寨门和正对寨门的公厅各占一单元，其余各单元都分配给住家。每个单元平面都是扇形，前小后大（图2-3-23）。与单元进数相应的是围楼的环数，从单环到三环不一，层数从内环向外增高。在一层以上的均靠内院设凹廊，外观好像互相连通的跑马廊，但实质各家之间有分户墙分隔（图2-3-24）。如凤凰镇东南部康美村的

剖面

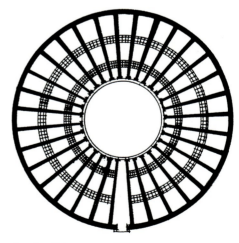

平面

图2-3-25 缵美楼平面剖面图（来源：《广东民居》）

[①] 王丹.潮汕传统建筑名词研究.华南理工大学硕士论文，2007.

图2-3-26 缵美楼内院（来源：华南理工大学民居建筑研究所 提供）

缵美楼，其32个居住单元放射展开，每个单元分为前后三进，除入口廊道占据一单元外，各单元规格完全一致（图2-3-25、图2-3-26）。

图库：是围楼到围寨之间的过渡类型，规划严谨布局紧凑。其内部为三座落二从厝、三座落四从厝等向心围合式平面，外围由高墙（独立围墙或从厝后包的外墙）环绕，它的最大特点是四角有微凸的碉房作防御用途。外围围墙高两层，或三层，三砂土墙体，很坚实，一般不开窗，中间为单层，厅堂是活动中心，出入口主要是大门，如潮阳桃溪乡图库（图2-3-27）。

（三）书斋园林

远离封建统治中心的潮汕地区，由于缺失了与统治阶层的其他方式的联系，读书取仕的政治诉求更为迫切。明清时期，已经积蓄了一定经济实力的士大夫和富商家庭，有足够的财力和物力供养不需劳作的读书人，将书斋和住宅组合在一起，并且以单个或多个庭园融入建筑群，服务于学习生活从而形成园林化的居住空间，成为潮汕古代建筑的一种特殊形制，称"书斋庭园"。

书斋有附建式和独立式两种。附建式书斋多位于住宅主体建筑的侧边或后方，远离入口；环境幽雅。独立式书斋与主人的主要住宅不在一地，通常是以书斋厅为核心厅堂，外

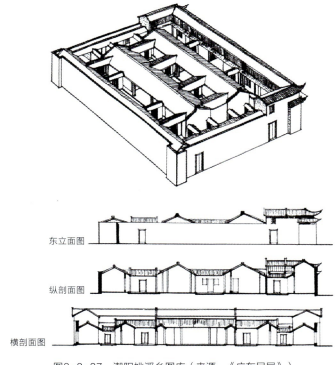

图2-3-27 潮阳桃溪乡图库（来源：《广东民居》）

加一些简单配套的居室供读书人居住，环境独立，庭园规模往往更大一些。

书斋的庭园是依附于书斋建筑空间，通过适当布置水石花木，服务于学习生活的特殊园林，其尺度较小，观景方式以静观为主，停留于空间中的三两"点"上欣赏一些特意营造的对景。"庭"是庭园的基本组成单元，单个的庭园，就

图2-3-28 西塘厅堂及前部抱印亭（来源：华南理工大学民居建筑研究所 提供）

图2-3-29 临塘的船厅式书斋（来源：华南理工大学民居建筑研究所 提供）

图2-3-30 莼园盟鸥榭东侧的水石庭（来源：华南理工大学民居建筑研究所 提供）

图2-3-31 西园内船厅和水楼相连（来源：《汕头建筑》）

园内要素所占主次地位不同，可分为平庭、石庭、水庭、水石庭；而按照庭园和建筑的相对位置关系，有前后庭、中庭、偏庭之分；按庭园的平面形状，则有方庭、曲尺庭、凹字庭、回字庭等样式。潮汕地区艺术价值较高的书斋庭园通常由两个或数个不同的庭组合而成，根据庭园之间位置关系，可以分为并排式（"梨花梦处"书斋庭园）、串联式（潮阳西园）、错列式（澄海西塘）等不同的布局连接方式。

不仅布局上要求自成一体，书斋庭园在空间形态上也力图塑造与日常起居部分不同的特质。书斋本身不再像住宅厅房那样死板僵硬，往往打破"一明两暗"格局，演化为偶数开间、曲尺平面，以及造型更为美妙的轩、阁、船厅式建筑（图2-3-28~图2-3-30）。书斋近旁的庭园则比住宅近旁的庭园要自由随意，一方面不刻意追求轴线、对称，大小形状灵活多变，书斋虽然是庭园之中最显眼重要的建筑，但未必居于庭院的几何中心或中轴上；另一方面庭园的空间界限迂回通透，除了建筑墙体和院墙外，敞厅、连廊、通花墙甚至假山、水面等半隔半通的软质界面经常被使用，空间约束和空间渗透杂糅到空间分割的手段当中，让人感觉有限空间可做无限延伸。如潮阳棉城的西园，用庭园把住宅建筑组群和书斋建筑组群分隔开来，门房正对水庭，曲池占据庭园的大部，池侧置六角亭，与大门形成对景；池中又有曲桥一座，将水面划分成一大一小两块区域；水庭北侧的住宅建筑和南侧的船厅书斋分别通过阴廊和四折曲桥通达（图2-3-31~图2-3-33）。

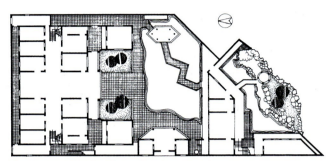

图2-3-32 西园平面图（来源：《广东民居》）

图2-3-33 西园（来源：《汕头建筑》）

三、建筑细部与装饰

（一）装饰部位

潮汕古代建筑装饰范围颇广，门楼照壁、门扇窗户、墙头屋脊、梁柱构架，通观室内室外，视野之内必有让眼睛聚焦的装饰点，有时这些装饰块面上下贯穿、左右连接、前后掩映，让你应接不暇，只能发出啧啧赞叹。综合来看，其最有特点的造型和装饰部位在下面四处：

1. 凹肚门楼

潮汕古代建筑外形规则严谨，外墙极少开窗，把立面造型的艺术处理重点集中到了正立面的入口上，即"门楼"。

潮汕古代建筑中最常见的"四点金"属四合院，有前座，宅门开其正中，并且惯常处理成"凹肚"形式，这就形成颇具特色的"门楼肚"。所谓凹肚，其实就是将四点金四合院中前厅明间部分的正面外墙凹入，内截仍作厅之用，外截就是凹肚门楼。凹肚门楼向内凹入，避免了木制门扇直接受风吹日晒雨淋，也有利于往来主客在进出宅门时稍作候息时遮阳挡雨，同时外墙的缩入有利于促进院内的空气流通，更重要的是，由于外立面封闭，中央位置门楼肚的凹入，就成为平直外立面的一个中心，既严正对称，又主次分明、重点突出。而对于注重门面的潮汕人来说，门楼肚也理所当然成为不遗余力打造装饰的着力点（图2-3-34、图2-3-35）。

图2-3-34 凹肚门楼（来源：华南理工大学民居建筑研究所 提供）

图2-3-35 凹肚门楼（来源：华南理工大学民居建筑研究所 提供）

    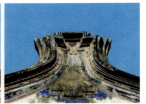

金式　　　　　　　木式　　　　　　　水式　　　　　　　火式　　　　　　　土式

图2-3-36　五行山墙（来源：《汕头建筑》）

2. 五行山墙

山墙是潮汕古代建筑整体中最讲究的部位之一。根据堪舆学的五形之说，潮汕山墙分成"金、木、水、火、土"五种基本样式，取其"金形圆而足阔"（圆顶弧线）、"木形圆而身直"（折线）、"水形平而生浪"（折弧波浪线）、"火形尖而足阔"（尖状线）、"土形平而体秀"（平顶阶梯状线）。有人简单概括为，金木水火土，圆陡长尖平。潮汕工匠根据这些演变出金星、木星、水星、火星、土星五种基本形式的山墙头（图2-3-36）。

山墙的五行样式该如何选择，在传统社会主要取决于风水术数。工匠和风水先生通过观察，有的以补屋主"八字"所缺之物来定，有的按具体房屋的朝向所属五行及相应的生克规则来定，而更多的是看房屋的具体位置，配合屋子周围环境，结合以上各个因素统筹而定。

3. 屋面组合

在潮汕古代建筑中，屋面也是艺术处理上最显目的部位之一，除了注重视觉效果，其屋面组合还需以构造简单、排水顺畅和施工方便为原则，故屋面设计要兼顾艺术性和技术性。

潮汕古代建筑屋面组合之美总结起来共有六法：其一，屋面延伸法，它主要采取延长屋面的方法来增加建筑的进深，一般在坡地较多采用。其二，平行屋面连接法，当平面较大时，根据功能不同，可以分割为两个相邻的平面和空间，这时，屋面也同样可以分为两个相邻的平行屋面，它的优点是可以减小屋面的矢高。其三，垂直屋面连接法，本地称为斜尾连接法，一般用于丁字形或工字形屋面上，一般是辅助用房的屋面呈尖角插入主要用房的屋面。其四，上下屋面连接法，一般在突出大门入口或升高门厅屋面时才使用，这是重叠屋面的连接和过渡方法。其五，高低屋面连接法，当高低屋面连接时，常用垂带或檐板作为屋面高低跌落的过渡。其六，不同墙面的屋面连接法，当山墙与门厅屋面连接或山墙面与山墙面连接时，常用装饰或饰带作为过渡构件，有用简单线条者、有用花纹饰带者、也有用图案花鸟者、或用综合装饰带者（图2-3-37）。

4. 梁架

潮汕古代建筑的大木构架倾向于穿斗式特征，其穿斗式做法体现在以桐柱或能替代桐柱的叠斗木瓜直接承桁（图2-3-38）。其大木构件样式变化繁多，那或方或圆多边多瓣的柱式，或直或弯如饭勺似木屐的梁头，鳌鱼般的束水，螭龙般的花坯，狮象状的驼峰，斐鱼状的雀替让整个梁架变成造型的世界和装饰的海洋。潮汕古代建筑大厅多为六柱式，金柱之间最具特色的构件连接形式叫"三载五木瓜，五脏内十八块花坯"。而传承了中原古制的叠斗式梁架也是潮汕地区最具特色的梁架样式（图2-3-39）。

（二）装饰手法

潮汕古代建筑善用的多种装饰手法中，最为精彩的是木雕、石雕、嵌瓷和彩画四种。而它们共同的装饰特点就是潮州木雕艺术家张鉴轩提到的"匀匀、杂杂、通通"。"匀匀"是指虚实布置中的物体或形象主次要分明；"杂杂"是指画

图 2-3-37　潮汕古代建筑屋面主从有序（来源：华南理工大学民居建筑研究所 提供）

图 2-3-38　以檩柱直接承桁的木构架（来源：《潮汕乡土建筑》）

图 2-3-39　己略黄公祠的叠斗梁架（来源：华南理工大学民居建筑研究所 提供）

面内容丰富饱满，既有层次又有穿插；"通通"是指镂空透雕的手法，可以引申为通透性和空间感。这六个字可以代表潮汕古代建筑装饰独树一帜的工艺追求，也是潮汕的"精细"美学在建筑装饰层面的具体体现。

1. 木雕

潮汕木雕以多层镂空、金碧辉煌、装饰夸张的风格和细腻精致的工艺特色著称于世。它与浙江东阳木雕并称中国最重要的两大木雕体系，工艺界也将潮汕木雕、东阳木雕、福

图 2-3-40　己略黄公祠拜亭梁架木雕（来源：华南理工大学民居建筑研究所 提供）

建龙眼木雕、乐清黄杨木雕誉为中国四大木雕。潮州建筑装饰木雕构图丰满、布局匀称，借鉴绘画、戏曲而创造出装饰木雕所特有的一套完整艺术表现体系。如吸取了戏曲的虚拟空间手法，在同一个木雕版面上把发生于不同时空的事物都同时表现出来，便于交代故事的发展情节、人物的种种关系。而在各种情节、场面之间，只以简单的树石、门、墙相隔，从而巧妙地显示出时间先后和空间关系。[1]

潮汕木雕的材料一般采用普通木材。雕刻建筑构件的，大都采用杉木，室内摆件的作品多采用樟木。木雕艺人对于要求承载受力或日常较易磨损的器物，一般只是用粗犷的雕工加以雕饰，而对于人们视线常及和不易磨损的饰品，则力求精雕细琢，甚至加以贴金，增强金碧辉煌的效果。位于潮州古城中的己略黄公祠，其布满梁枋、梁掾和柱间之精妙绝伦的金漆木雕，繁而不杂，不仅细部精美且整体布局疏密有度，显得辉煌雅致、气度非凡（图 2-3-40）。

2. 石雕

潮汕石雕同木雕一样，都有悠久的历史。清末民初，潮汕建筑石雕处于鼎盛时期，纤细繁缛的技术超过木雕，镂通雕的艺术风格发展到顶峰，成为炫耀财富与艺术的物质象征。这一阶段，潮汕建筑石雕的技艺日益精湛，建筑石雕艺术与建筑技术完美地结合，其艺术形式不断地提炼，同时，吸收潮汕民间其他艺术门类的表现手法，灵活地加以运用，从而使建筑石雕与建筑本体和谐与统一，使原本粗糙、生硬的建筑石构件变得细腻、亲切，呈现刚中带柔的艺术气质[2]。

---

[1] 杨绍武，陈少丰.中国雕塑史[M].岭南美术出版社，1993.
[2] 李绪洪.潮汕建筑石雕艺术.华南理工大学博士论文，2006.

图2-3-41 从熙公祠梁架石雕（来源：华南理工大学民居建筑研究所 提供）

图2-3-42 从熙公祠门楼肚石雕（来源：华南理工大学民居建筑研究所 提供）

从熙公祠凹肚门楼四幅精美石雕令其闻名，分别以仕农工商、渔樵耕读、花鸟虫鱼为题材，很好地运用了"之"字形的构图，将不同时空的人、事、物集中在同一画面上，表现最富戏剧性的瞬间。画面中细如柴梗的系牛绳上股数清晰可辨，穿过牛鼻的牛索弯曲自如，体现了潮汕石雕的高超技艺（图2-3-41、图2-3-42）。

3. 嵌瓷

嵌瓷是潮汕及闽南地区独有的装饰工艺，是福佬民系的发明，在潮汕称"嵌瓷"，闽南称"剪碗"，台湾称"剪粘"，又被普宁人称作"聚饶"或"扣饶"。它创始于明朝，盛行于清代，和潮汕地区的瓷业生产密切相关。最初的嵌瓷只是利用一些淘汰或废弃的陶瓷碎片在屋脊上或屋檐边嵌贴上简单的花草等图案。到了清末，随着瓷器生产技术的进步，瓷器作坊与嵌瓷艺人相结合，专门烧制低温瓷碗，绘上各种颜色，再经剪取，镶嵌成平贴、浮雕或立体的人物、花鸟、虫鱼等，装饰于庙宇、祠堂、民宅的屋脊、屋角、屋檐或照壁上[①]。

嵌瓷题材广泛，或采用历史和民间传说中的英雄名臣、文人墨客，来反映人民群众扬正压邪、勇于进取的精神面貌，给人鞭策和启迪；或采用寓意吉祥、富贵的花虫鸟兽，营造吉祥、长寿、如意、富裕、和谐等富有民间朴素情感的艺术氛围。因其风格写实、质感坚实、雅俗共赏、表现对象栩栩如生，深受大家喜爱。装饰在庙宇、祠堂、厅堂屋脊正面的嵌瓷，多以双龙戏珠、双凤朝牡丹等为题材，线条粗犷有力、构图气势雄伟、色彩晶莹绚丽，以大动态、大效果取胜。而装饰脊头、屋角头的嵌瓷，多是文武加冠（三星图）立体人物，尤其是武将的袍服顶戴、花翎盔甲剪粘得非常细腻。装饰于檐下墙壁的嵌瓷则多为花卉鸟兽、鱼虾、昆虫等；照壁上的嵌瓷，常见的是麒麟、狮、象、仙鹤、梅鹿等，其构图多采用两边对称的方法。

嵌瓷不怕海风侵蚀，久经风雨、烈日曝晒而不褪色，被雨水冲淋后，在阳光照耀和反射下更显光泽熠熠、色彩鲜艳，

---

① 黄萱. 潮汕嵌瓷. 汕头大学图书馆潮汕特藏网.

夺目程度胜过灰塑和陶塑。它的耐久性在年降雨量大、夏季气温高且常有台风影响的湿润地区是其他工艺品无法替代的（图2-3-43、图2-3-44）。

4. 灰塑

作为潮汕嵌瓷艺术孪生兄弟的灰塑，既可作为嵌瓷的衬底，又可独立造型并进行彩绘，同是屋脊、垂带、檐下

图2-3-43 屋脊嵌瓷（来源：华南理工大学民居建筑研究所 提供）

图2-3-44 屋脊嵌瓷（来源：华南理工大学民居建筑研究所 提供）

图2-3-45 潮汕灰塑多以贝灰为材料并辅以彩绘（来源：《潮汕乡土建筑》）

的装饰艺术。潮汕地区灰塑一般选用贝灰作为材料，贝灰是潮汕古代建筑重要的粘结材料，将贝壳经火煅烧后生成氧化钙，加水反映称贝灰，其强度和粘结力都很高（图2-3-45）。

四、建筑风格与精神

（一）恪守礼制，密集聚居

地处"省尾国脚"的潮汕，处于古代中原文化传播链的末梢，原生地的文化变革总是慢几拍在这里引起反响，宋元以后社会环境和居民的长期稳定使潮汕更好地保留了一些在原生地已经失落的文化。在建筑群体的布局上，潮汕的府第式大型建筑保留了中原早期合院式建筑中的向心围合性和强调布局对称均衡的特色（图2-3-46）；各类传统建筑形制在恪守中轴对称等儒家文化特征的同时，也十分强调空间的等级秩序；在建筑细部做法上，难能可贵地保留了梭柱①、叠斗②等古制做法。这些宝贵的历史信息成为建筑历史研究"礼失而求诸野"的重要依据。

潮汕地区具有浓厚的宗族主义文化传统，传统聚落基本上都以宗族为主体，是血缘和地缘相结合的宗族聚居地。其丰富的祠堂建筑系统在聚落中成为重要的空间节点，构建出多层次的社会结构网络，加强了邻里交往和亲族团结。

宗族聚居的要求加上人多地少的环境限制，使得潮汕地区的聚落呈现出明显的密集性，不仅单个聚落内部单元组织布局密集，聚落群的密度也很大。这种密集聚居达到了用地集约的目的，形成了较大的居住组团，对街巷空间形成最大程度的整合。它使街巷通常具有较长的边界线，界面连续完整且较为封闭，符合防火防盗要求，也创造了较为密切的守望相助的邻里关系，对潮汕基层社会秩序起到了重要的保障和组织作用。

（二）中轴对称，平稳庄重

对称是潮汕古代建筑的主旋律，给人以规则严谨的印象。在平面布局上，潮汕古代建筑绝大多数形制都保留了中国古代建筑中轴对称的传统特色。中小型建筑普遍以厅和天井居中，两侧房厢对称布置。大型建筑群，更是以多进和多开间

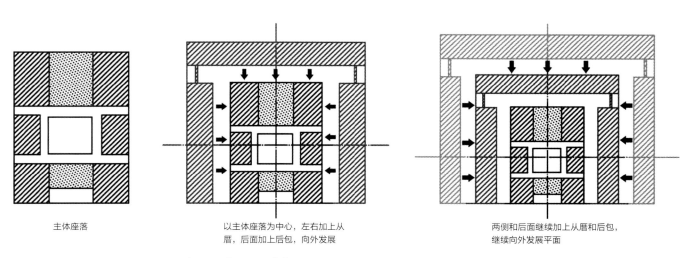

图2-3-46 向心组团形成及发展分析（来源：《潮汕民居》）

---

① 李哲扬. 潮汕梭柱设计匠法[J]. 2008, 34, 5. 四川建筑科学研究, 2008, 10.
② 李哲扬. 潮州开元寺天王殿大木构架建构特点分析之一[J]. 2010, 36, 1. 四川建筑科学研究, 2010, 2.

的主体建筑强调中轴,并以面向中轴的从厝陪衬主体、明确主次关系。

在立面处理上亦以对称为主,以中部为立面构图的中心,立面效果严谨而简洁。潮汕古代建筑习惯将大门开于中轴线上,并通过轮廓起伏和虚实对比来凸显中轴。下山虎常在门上加盖屋顶,四点金则以凹入的门楼肚形式来强调入口的中心位置,大型民居则常常通过抬升中座的屋面,对称地逐次降低两侧屋顶的手法来强调中轴的统帅作用。

"平稳庄重"主要体现在潮汕古代建筑的比例和尺度上。潮汕古代建筑多为一层,层高不高,大型建筑中花巷数条、从厝几重,与有限的竖向高度相比,水平延展的态势极为鲜明,形成舒展大气的横线条,给人以平稳、宽广的印象。

(三)多元组构,合理构筑

潮汕古代建筑以下山虎、四点金为基型,通过面阔间数、纵深进数、从厝配置、出入口方向、内巷天井的位置形状等方面的变化,可派生出丰富多样、规模不一的平面形制,以适应不同人口规模和经济条件的家庭居住,也可适用于不同功能的建筑类型。

与广府聚落构成单元的高度同一化相比,潮汕聚落或大型建筑的构成单元却十分多样。如像埔寨内83座民居分别隶属于19种之多的平面类型,再加上装饰装修的特色,使人感觉宅第座座不同却又座座相似。但是,19种平面类型通过不同方式的衔接组合,或并联或串接,最终没有破坏街巷的规整性,这很大程度上依赖于先进的模数化设计思想。从总平面图的尺度分析中可以得到一些组合规律:如两个H形民居的面宽和等于一个A形民居的进深,F形和E形的进深和等于C形和G形民居的进深和(图2-3-47)。并且,所有单体民居的平面尺寸都符合潮州古营造尺白、寸白、浮埕合步等制度,面宽、进深基本都采用以一杖杆(18.6木行尺相当于554.28厘米)为基准,1.8营造尺为模数所产生的递减递增数据体系,使得整体设计在精细有效的控制中进行。这种建筑单元之间模数化的逻辑数理关系,是保障建筑群体多元组构且有机统一的基础,在实际施工过程中,则有利于构件的批量化加工。

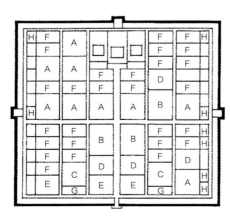

潮安古巷区象埔寨总平面图

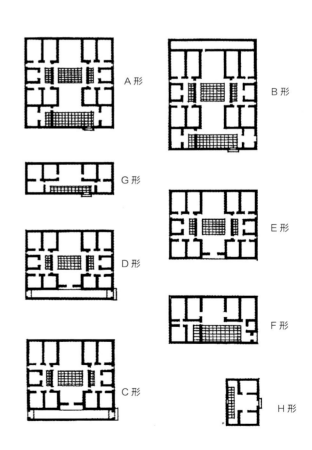

象埔寨各民居单元平面

图2-3-47 象埔寨单元组合分析(来源:《广东民居》)

（四）色彩绚丽，华美细腻

与外观形态上的平稳庄重相反，潮汕建筑在装饰上喜爱浓重的色彩，手法上则极尽华美细腻之能事。这两者的根源除了潮汕重商文化中的炫耀性之外，更多地来自潮汕农耕文化中的精细性，它反映了潮汕先民在巨大的人地矛盾中孕育的"种田如绣花"的精细化生存态度，同时也融合了从江浙一带由移民带来的吴越文化特征。

精细是潮汕美学的重要特点。潮汕古代建筑装饰范围颇广，通观室内室外，视野之内必有让眼睛聚焦的装饰点，且有时这些装饰块面上下贯穿、左右连接、前后掩映，让人应接不暇。在装饰手法上，最能体现精细性的是潮汕的木雕、石雕和嵌瓷，其共同的装饰特点是讲求内容丰富饱满，细节繁满极致，又多通过镂空透雕的手法不断增加装饰的层次。

在色彩的处理上，潮汕古代建筑喜用鲜明亮丽对比度高的颜色以凸现装饰：如木雕用金漆粉刷，石雕采用色彩加工，嵌瓷更是采用五颜六色璀璨夺目的彩瓷拼成，梁架则以红色的檩木和蓝色的椽子组成色彩明丽的"红檩蓝桷"。这种装饰色彩的运用原则体现了朴素和华丽并存、主辅色互补的原则，以较为鲜艳丰富的辅色装饰重要部位，与保留材料原色的屋面、墙面的较为质朴素雅的主色调形成对比和补充，使原来基调偏于灰暗的潮汕古代建筑增色不少，又保持了整体的协调性。

第四节　客家民系古代建筑

一、聚落规划与格局

（一）聚落选址

客家民系多聚居在粤、闽、赣三省交界的山区，聚落的选址主要受到以下几因素的影响。

由于生产力发展水平和经济条件的限制，围屋只能尽量依附自然环境，以山为依靠，构成前低后高的格局。室内地坪干爽，空气通畅，屋前多有溪流或池塘，便于排水和浇灌附近农田，并起一定防火作用。围屋的后面和左右多是禁伐的果树和竹丛，作防台风和御寒风用，同时也能局部调节小气候。

客家聚居地属丘陵山地区域，各地方志都有"山多田少"、"地瘠民贫"等记载。广东省可耕地面积占全省土地面积的15.2%，而纯客家县境内可耕地面积占总面积不到10%，其中可耕地比例最高的仁化县为11%，最低的兴宁县仅为2.4%，五华、龙川、连平、大埔等县的比例均在3.5%左右。因此，客家聚落采取集中式的居住方式减少对宝贵土地资源的消耗，围内建筑密度甚高，田与围之间距离较近，村落用地紧凑，以不占用耕地为宜，从而缓解耕地压力。

（二）聚落形态

1. 围团式布局

团式布局（图2-4-1），是客家村落的代表形式，多见于兴梅客家地区，其聚落构成的基本组团是一座座围屋。在客家民系的形成过程中，因为战乱引发的远距离迁徙使客

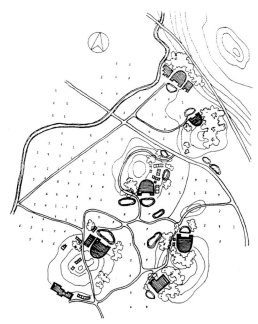

图2-4-1　山地围垅屋布局（来源：《广东民居》）

民们遇到了各种意想不到的困难，野兽侵扰、贼匪劫掠以及与原住民之间的纠纷械斗，唯有利用以血缘为纽带的宗族关系团结起来，才便于互相援助，抵抗外侮。独立又封闭的围屋形式，很适合宗族作为保护自己、防御外侵的有效场所。围屋的形式有方形、圆形和前方后圆形，以围垅屋形式（图2-4-2）最为多见。方围一般可容纳10~25户聚居，个别的多至30户，圆围和围垅屋一般住20~45户，多的住80户以上。

以单座或多座围屋在一定的地理单元内聚合构成定居点的布局，就是围团式布局。其突出特点是，每个组团都重视内部的公共性联系，而组团间的凝聚力却很弱。在方楼、圆楼及围垅屋的内部，敞亮的回廊联系各个用房，公共性的聚居要求远远超过私密性的封闭分隔要求。楼内组合规整严密，祖堂、水井等公共设施齐备，可视作一个微型社会。而组团外部，则因为高大坚固围墙的隔阻形成了巨大的排斥力，围屋之间缺乏规划严谨的街巷体系，自然景观、原始地貌直接渗透进入组团间隙，形成与组团内部差异化极大的空间形态。

随着时间发展，围团式布局的聚落中也会插入一些经济能力稍弱的族人或一些外来人口修建的小型民居，它们明显地表现出对大型围屋的依附关系。

2. 分散式布局

分散式布局可视作围团式布局的一种变体。构成聚落的数个围屋在受到河网及地形分割的情况下，或是处于家族文化的隔阂之中，不得不相互疏离，形成三个一组，五个一区，或是链状分布的形态，各个小区域之间最终又由道路、水系、植被等环境要素连接为一个既相对完整的村落整体。这类聚落整体上看来随意性强，其形态没有一定的规律可循，很难找到村庄发展脉络和肌理。但受到礼制与传统观念的影响，从局部片区仍能看出一定的秩序感。

位于河源和平县林寨镇的兴井村（图2-4-3）就是比较

图2-4-2　河源市连平县大陂司马第（图片来源：广东省文物局 提供）

图2-4-3 河源和平县林寨镇的兴井村（来源：华南理工大学民居建筑研究所 提供）

典型的分散式布局，在清末民初，兴井村借助东江和东江支流——浰江这一水运通道，奠定了其水路枢纽的地位，也为村落传统建筑的修建和村落规模的扩展创造了坚实的基础。其村廓城墙环成船形，立有东、西、南、北四门，门前有五口池塘，两边有护城河，四周碧水绕环，这里自古以来水上运输较为发达，船艇可通东江，是东江上游小有名气的客家水乡。自明朝后期起，村内陆续建有280多幢古民居，在核心区就建有24座较为出名的四角楼，其中清代20座、民国4座，其规模之大、数量之多、艺术之精湛、文化底蕴之厚重，在全国实属罕见。这些围楼三五成组，散落在岗地田间，总占地面积达3万平方米。

二、建筑群体与单体

（一）中小型民居

客家聚落中祠宅合一，大型庙宇数量也不多。传统建筑的丰富性主要体现在民居的多样性上。客家民居的基本类型或主要单元主要有门楼屋、锁头屋（横屋）、堂屋、堂横屋、杠屋或杠楼等形式（图2-4-4），它们之间经过不同的组合方式又可以形成各种各样的围屋类型。

1. 门楼屋

门楼屋，也称一堂屋或单栋屋，平面为三合院式：中间

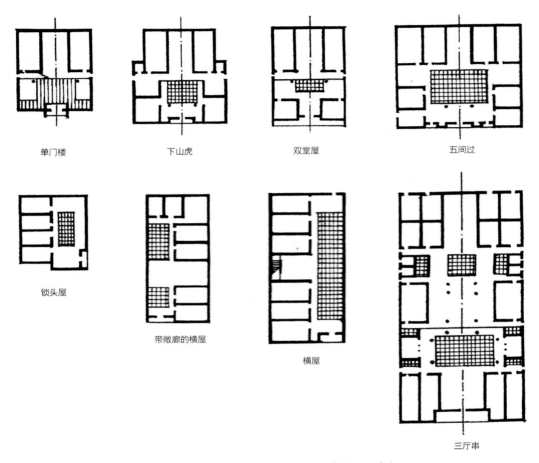

图2-4-4 客家民居平面基本类型（来源：《广东民居》）

为正屋（厅堂），两侧为厨房或杂物房。中央为天井，天井前有围墙与外界相隔。

2. 锁头屋

锁头屋的平面由于像古代锁头形状，故名锁头屋，这是一种独立式横屋，在建筑平面两端布置门厅和厨房组合而成。它面对围墙自成一长方形天井，如天井过长，则可在横屋厅前加敞廊，称之为"过水厅"。此类平面的通风、采光条件较好。

3. 堂屋

这是以厅堂为中心，对称组合而成的民居平面。堂屋中，最简单的为上、下堂，两进。头进是门厅，称下堂；后厅称上堂；中间是天井，当地叫"天阶"，统称为"二堂屋"，有的客家地区称为"双栋屋"。规模大的堂屋可以是三进，称三堂屋，当地也称"三厅串"。①

4. 杠屋、杠楼

杠屋是客家民居中较为简单的一种类型，是多开间民居

---

① 陆琦.广东民居，北京:中国建筑工业出版社，2008.

及前天井所组成的无明显轴线的一种天井式民居。因其纵向排列，山墙朝前，大门在侧面开启，故称杠屋。建筑称谓也因纵列式横屋如同轿子两侧之杠杆而得名。而杠屋做成楼式者，则称作杠楼，也称杠式楼。其组合方式有多种，杠屋或杠式楼最少有二杠、三杠，大型者有四杠屋、五杠屋，甚至有六杠屋。其优点是各杠屋可单独使用，但又有联系，且互不干扰。在客家地区一些多子的家庭常采用它。

经济较差的地区，建筑常做成单层，即杠屋。在梅州梅县地区，经济水平较高，特别是华侨房屋，杠屋做成楼房，则成杠楼。如梅县松口镇某宅就是两层楼房四杠屋（图2-4-5）。这种杠式楼是广东兴梅地区比较普遍的一种客家民居形式。

5. 堂横屋

客家堂横屋，以中轴对称式布局为主，其基本结构是在中轴线上布置为二堂或三堂，最有多者达五堂，在堂屋的两侧加有横屋。这种传统的堂横屋布局，粤东客家人称之为府第式民居（图2-4-6）。常见的有双堂一横屋、双堂双横屋、双堂四横屋等，也有三堂加横屋，如三堂双横屋、三堂四横屋等。

桥溪继善楼位于梅州桥溪村，由于地处山区，加上地理条件的限制，为了减少了进深用地，平面为两层两堂四横式的堂横屋（图2-4-7）。从平面布局上，两层与单层的平面组织基本一致，纵列上、下堂居中，左右对称设置的横屋。上、下厅堂之间为天井，天井两侧为花厅，各列横屋均带一横厅。堂屋和横屋之间为纵长天井，天井以带花隔窗的隔墙分为上、下天井，隔墙位于横厅里墙处。外观造型上，横屋山墙与下堂屋面成为一整体，不像单层堂横屋那样分段逐层升高，故原有堂屋空间在形体上的统帅作用变弱，使得这种二层堂横屋的外观形体类似于杠屋状。

图2-4-5 梅县杠屋（来源：华南理工大学民居建筑研究所 提供）

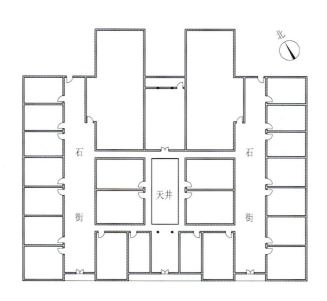

图2-4-6 北合楼外观与平面图（来源：广东省文物局 提供）

图2-4-7 梅州桥溪村继善楼（来源：华南理工大学民居建筑研究所 提供）

（二）大型民居

1. 围垅屋

围垅屋是广东兴梅客家民居中数量最多的一种集居式住宅（图2-4-8），主要建于山坡上，规模宏伟，是集传统礼制、伦理观念、阴阳五行、风水地理、哲学思想、建筑艺术于一体的民居建筑。

围垅屋以堂屋为中心，或一堂屋即单门楼，或二堂屋、三堂屋，然后在两侧加横屋，后部加围尾即组合而成。横屋数量不拘，视家族人口而定，但一定要对称。后围数量与横屋相呼应，以平面布局完整为原则。

堂屋两侧为横屋，是指纵向排列且房门对着堂屋的房屋，即横屋门窗均朝中轴的堂屋方向开启。堂屋与横屋之间以天井相隔，周边又以走廊相连，横屋视其长短需要设有花厅。后面建半月形的围垅连接横屋，围尾一般作厨房或杂间用。围屋与堂横屋之间的半月形斜坡地面称"花头"，一般镶以卵石，便于排水，此处可作晾晒物品和活动空间。堂屋正面为大门，横屋开侧门，有多少横就有多少个侧门。围垅屋多依山而建，前低后高，突出中轴堂屋，蔚为壮观。中轴门廊内凹，两侧横屋侧门与正门平齐。大门前有长方形的禾坪，

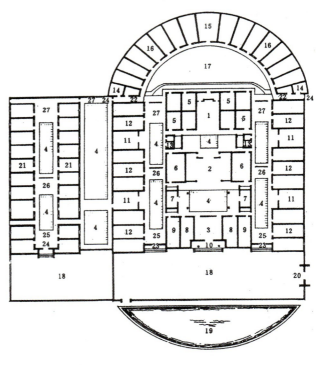

1—上堂　　　8—门房　　　15—龙厅　　　22—巷道
2—中堂　　　9—下堂间　　16—围房间　　23—小门
3—下堂　　　10—大门　　　17—花胎　　　24—侧门
4—天井　　　11—横屋厅　　18—禾坪　　　25—下廊
5—正堂间　　12—横屋间　　19—池塘　　　26—中廊
6—花厅　　　13—浴室　　　20—外大门　　27—上廊
7—南北厅　　14—厕所　　　21—杂屋

图2-4-8 围垅屋屋用房名称（来源：《中国客家建筑文化》）

图2-4-9　梅县桥乡村德馨堂（来源：华南理工大学民居建筑研究所 提供）

图2-4-10　三堂二横加枕屋民居（来源：广东省文物局 提供）

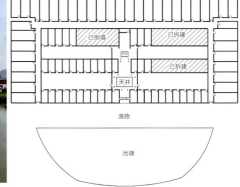

或叫晒坪，用作晾晒谷物和其他农作物之用，逢年过节以及红白喜事时可作活动空间。禾坪前有低矮的照墙和半月形的池塘，该池也叫月池或伴池，可作蓄水养鱼、浇菜灌溉或消防排水之用。

围垅屋在艺术造型上很有特色，当地称它为"太师椅"，它比喻建筑坐落在山麓上稳定牢靠，建筑与山形配合得体，前低后高很有气势，半圆体与长方体结合别有风味，构图上前面半圆形的池塘和后面半圆形的围屋遥相呼应，一高一低、一山一水，变化中有协调（图2-4-9）。

2. 枕头屋

枕头屋布局与围垅屋布局相似，不同的是将围屋的弧形平面形状改为一窄长条形，所以当地俗称"枕头屋"。[①] 图为河源连平县柏子围，是一座三堂二横一围建筑（图2-4-10）。

南华又庐是粤东梅州地区颇有代表性的三堂四横的枕头屋，坐落在梅州梅县南口镇侨乡村，由印度尼西亚华侨潘祥初建于光绪三十年（1904年），距今已有百年历史。庐舍占地面积10000多平方米，共有房间118间，大小厅堂几十个，人称"十厅九井（天井）"，是梅县集规模庞大、设计精美于一身的客家民居（图2-4-11、图2-4-12）。庐舍主体部分依据传统，以禾坪、下堂、天井、中堂、天井、上堂贯穿中轴，三堂雕龙画凤、装饰精美。与传统不一样的是，堂两侧不置厢房，在前后庭内引进花墙、敞廊、金鱼池、花台、六角

---

① 陆琦.广东民居，北京:中国建筑工业出版社，2008.

厅，使得院内生动活泼。而堂屋两侧的四列横屋则与一般通廊式单间的横屋不同，演化成8个相对独立的两进堂屋单元，但在必要时将彼此相接的两堂屋之间的大门打开，整座庐舍又成为彼此相通的联体，所以当地人又称之为"屋中屋"，是该建筑最具特色处之一。庐舍后部有枕屋一排、厨房两间，即左右各一间。枕屋两头设碉楼，用以瞭望和射击，起防御功能。围屋一侧开辟有果园，种有各种岭南水果，如龙眼、荔枝、芒果、杨桃、番石榴、人心果等；另一侧开辟为花园，建有莲池、石山和植有奇花异草。

3. 方楼

方楼有正方形和长方形之分，它是用数层高的夯土或砖石墙四周围合，围内各层多为木结构的通廊式住房，以祖祠为中心形成一个矩形内院的防御性建筑，对外封闭，对内敞开，庞大的外观，如同一座坚固的堡垒。[①]

大埔湖寮蓝氏泰安楼是防御性强的客家方楼的代表作（图2-4-13、图2-4-14）。

据称，湖寮蓝氏南宋时由福建龙海迁来，至今已有三十五世，历七百余年。泰安楼为第二十世祖蓝少垣

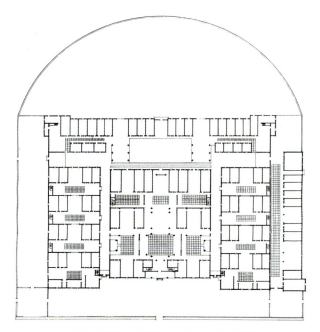

图2-4-11 梅县南华又庐平面图（来源：《广东民居》）

图2-4-12 梅县南华又庐（来源：华南理工大学民居建筑研究所 提供）

图2-4-13 大埔湖寮蓝氏泰安楼外观（来源：华南理工大学民居建筑研究所 提供）

图2-4-14 大埔湖寮蓝氏泰安楼内部（来源：华南理工大学民居建筑研究所 提供）

---

① 吴庆洲. 中国客家建筑文化(上、下), 长沙: 湖南教育出版社, 2008.

(1714～1774年) 所建。原计划建两座相同的"鸳鸯楼"，后因资金不足，便在楼两侧各建书斋一座，分文武两科。楼门前有宽阔的门坪，坪前有半月形的池塘。

泰安楼坐东北向西南，朝向南偏西30°，呈四方形，平面后端成五折抹角状，俗称"宝斗形"，与前面风水池对应，象征圆满吉祥。其总平面与客家围龙屋有相似之处，实为圆形之变异，与前面之半月形水塘相对，有天圆地方、阴阳合德之寓意。

其面宽52米，进深49米，占地面积2577.4平方米。围楼高三层11米，一层、二层的外墙为石墙，以块石、卵石砌筑，一层墙厚0.92米。三层的外墙及内墙均为砖筑，厚0.44米。其砖为专门烧制，比一般清代的砖小。楼内一层至三层四周有环形走廊。一层走廊的柱子是上木下石，二、三层为木柱。一、二层不设窗，三层才开窗，并设有枪眼，且靠外墙有一圈后走廊，用以防御。

整座大楼只有一个大门，门板镶上厚厚的铁皮，门顶有蓄水池和漏水孔以防火攻。

围楼内有平房，上堂书"祖功宗德"，陈列蓝氏先祖神主牌。

4. 圆楼

圆形土楼分布于闽南、闽西和粤东一带，圆楼的主人有闽南人、客家人、福佬（潮州）人，甚至有畲族人。广东客家圆形土楼，主要分布在与闽西相邻的大埔、饶平、蕉岭一带。但广东大埔、饶平等地客家圆楼多为单元式布局，但也有少数通廊式的例子。①

花萼楼（图2-4-15、图2-4-16）位于广东大埔东部，距县城45公里处的大东镇联丰乡大丘田村。花萼楼为圆形土楼，由三环围建筑组成。内环单层，中环二层，外环三层。内环有房30间，中环有房60间，外环有房120间，全楼共有房间210间。全楼占地面积2886平方米，建筑面积2286平方米，楼中间有院子283.4平方米。院中有一口水井，井水甘甜可口。院地面用鹅卵石铺成古钱币等形状，别有风韵。

图2-4-15 大埔林氏花萼楼（来源：戴志坚 摄）

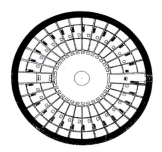

平面示意图

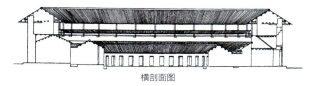

横剖面图

图2-4-16 大埔林氏花萼楼平面（来源：《中国客家建筑文化》）

花萼楼外墙下层厚2米，墙基用大石块垒砌，至0.5米高。上面的墙体以生土夯筑而成，往上墙体变薄，顶层墙厚1.3米。三层楼高11.9米。外墙第一层不开窗，第二、三层墙上设有内小外大的枪眼、窗洞。大门仅一个，门框用宽厚坚实的花岗石券洞，门顶上有蓄水池一个，有孔眼可将水导下以供灭火。该土楼有很强的防御功能。

花萼楼全楼平面分为30个单元开间，每单元各有自己的楼梯。大门占一单元开间的位置，有一部公用楼梯。隔着内院，与大门相对的是祖堂。每个单元呈窄长的扇形，每个

---

① 吴庆洲. 中国客家建筑文化(上、下), 长沙：湖南教育出版社, 2008.

单元均有一门楼通往内院。进入小门楼为前院，两侧用矮墙与相邻单元分隔。穿过前院才进入单层的前厅，厅后一侧为天井，一侧为厨房，再后为饭厅，最后是卧室。从饭厅边的楼梯上到二层的走廊，可到二层卧室，从二层卧室一侧可上至三层卧室。第三层设环楼通廊，可通至每家每户。二层和三层，均有内檐廊。廊下层的披檐瓦面，可供晾晒杂物。第三层外墙开窄竖长窗，既可作枪孔，又可通风。三层卧室后部坡顶之下，间作小夹层，作为储藏室。

5. 四角楼

四角楼与方楼、圆楼有一定的区别，其主要特点为在围屋四角部分加建碉楼，中轴为堂屋，左右横屋和上堂外墙相连成围，四角碉楼高出横屋和堂屋一至二层，碉楼凸出檐墙1米多，正面三门，门前与围龙屋的布局相同。

福谦楼（图2-4-17、图2-4-18）位于广东省河源市和平县林寨镇兴井村。由陈肇麟于清代创建。福谦楼平面略呈四方形，南向偏西10度。面宽49米，进深四进中夹天井46.3米，占地面积2278平方米，搁檩布瓦式结构，三合土夯筑三层楼房，四角建四层高碉楼。主体建筑硬山顶，碉楼歇山顶，外墙棱角牙砖叠涩出檐，绿色琉璃瓦滴水。设计上注重防御，外墙不设窗户，一、二层仅设50厘米×15厘米长方形枪眼，三、四层设40厘米×40厘米望孔。福谦楼门前留有宽阔的余坪，坪西有一口圆形水井。平面布局三进二横式，从中轴线向外，依次为厅堂、厢房、横屋。厢房侧另有四套一天井一小厅一主室独立单元布置。全屋用11个天井和巷道分隔，利用巷道可以全屋通透。第一进门厅为凹肚式大门，三步梁直接搁在墙上，青石门框，其后有宽34.6米，深5米大天井，天井中铺河卵石，东侧建有圆形青石水井。二进一排三门，中间下厅正门为凹肚式门楼，青石门框，阴刻"大夫第"三字，构架是由五步梁承檩，檐柱为方形双圆角石柱，须弥座形柱础，月梁、穿斗、雀替、瓜柱浮雕凤凰、鸟雀、八宝、祥云、剪枝花卉图案，镀金漆。下厅之后还有中厅、上厅，厅与厅之间有天井，连接两厅有廊庑，厅中屏风、梁架、雀替均浮雕剪枝花卉、瓶花等图案。建筑工艺精湛，是重要的历史文化遗产，具有很高的研究价值。

梅岳楼（图2-4-19）位于广东省河源市连平县陂头镇陂头村七队。建于清光绪年间。是唐氏十四世祖唐梅成所建。梅岳楼是楼角式方形一重围屋。屋前有地坪和池塘，坐东北向西南，面阔37.2米，进深38.65米，建筑占地面积1437.78平方米。梅岳楼有四个三层高的楼角，围屋大门为外拱内方门。

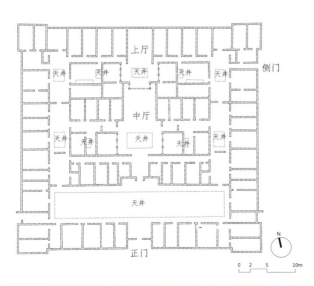

图2-4-17 河源林寨镇兴井村福谦楼平面图（来源：根据广东省文物局资料改绘）

图2-4-18 河源林寨镇兴井村福谦楼（来源：广东省文物局 提供）

图2-4-19　河源连平县陂头村梅岳楼（来源：华南理工大学民居建筑研究所 提供）

中间是祠堂，进深三栋祠堂大门为凹斗式，方形，木门框，有两根木立柱承檐梁。内堂有屏门雕花，山墙搁檩。祠堂两侧有廊间住房和过巷。它对研究当地历史建筑有一定价值。

6. 围寨

围寨，是客家祖先为聚族而居所兴建的由完整连续的围墙包绕的内部具有较为复杂街巷体系的大规模建筑群，有时一所围寨就对应一个聚落。常见的客家围寨是在围龙屋的基础上，吸取了四角楼的防御特色而形成的，其楼群庞大，像一座超大型的围龙屋式的城堡，具有很强的防卫功能。在装饰风格上，其碉楼、望楼的山墙多采用广府式的"镬耳"样式。[1]

深圳坪山曾氏大万世居（图2-4-20）位于深圳市龙岗区坪山镇大万村，坐东朝西，是一座三堂、二横、二枕杠、

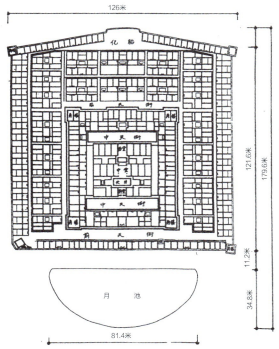

图2-4-20　深圳坪山曾氏大万世围平面图（来源：《中国客家建筑文化》）

---

[1] 吴庆洲. 中国客家建筑文化(上、下). 长沙：湖南教育出版社，2008.

内外二围楼屋、八碉楼、一望楼的大型客家民居,占地面积22680平方米,建筑面积约15000平方米。大万世居以三堂的端义公祠为中轴,楼内以天街相隔,巷道相连,内部院落和巷道结构十分完整、严谨。房舍结构前围(倒座)和后围设单间通廊式,其余为单元式斗廊房。

(三)民居特征

客家民居是由两个机能系统构成的:一个是宗法礼制的厅堂系统;一个是家庭生活的居住系统。厅堂系统包括祖堂、公厅、天井庭院以及门堂、禾坪、池塘,为家族公有,大家共用,它是典型的公共活动场所。住房、厨房、畜圈、谷仓等为各家庭所有,属于家庭生活的场所,其生活构成关系是居住系统围绕着厅堂系统,以厅堂为核心展开其家族生活。然而在大族的聚居中,宗族各房可以有自己的厅堂系统,相对独立出来,这样也就形成了各自相对独立的生活系统。居住系统的不同组合,或者围屋的空间形态构成不同,产生出不同的类型,像围垅屋、枕头屋、杠楼、五凤楼、方楼、圆楼、半圆楼、角楼等。厅堂系统的规模及配置的不同反映了这个家族宗法礼制观念的强弱或反映其开基祖的族望门第之高下。

然而无论何种类型,其空间形态构成的基本原则均为:围合性、向心性和中轴性。

1. 围合性

纵观各种聚居建筑形态,客家民系建筑的显著特点是防御性强,客家聚居地往往是山贫地瘠,自然环境恶劣的偏僻山区,个体的生存极为困难,加之惧怕外人的攻击和野兽的侵袭,所以客家人多以血缘为纽带聚族而居,建造攻击性较弱而具有极强封闭型防卫性的民居。客家聚居建筑的防卫体系由三部分组成:外墙抵御手段、内部组织结构、生活供给系统。外墙抵御手段的重点在于:大门的防卫措施、墙体构造、火力的组织配合及檐口的处理等;内部组织结构有两个内容:房间使用功能的布局及临时交通枢纽的运转;生活供给系统突出解决了三个问题:水源、食物和污物排除。客家民居的外围大抵墙体坚固、外墙厚重,围居的入口数量也尽量减少,大门常用耐火性能极强的木材做成,厚度可达30厘米,有的木门外再包铁皮,有的还在门顶上安装了水槽以防火攻。围楼内生活设施一应俱全,卧室自不必说,厨房、厕所、水井、仓库等设施齐全。即便一月甚至几月不出门也足以维持。外墙上常有枪眼设置,有些围楼还建碉楼,用以瞭望和射击。这种传统聚族而居的模式团结了全家族的力量,在危难之时能够一呼百应,以抵挡外来者入侵。

围合性的封闭程度是取自当地的环境状况,在不同的自然和社会环境的影响下,围合的程度亦不相同。在客家占优势的客家文化核心地区,如梅州等平原地区,防御的要求相对要少一些,建筑围合防御的状况会减弱,而在边缘地区及山区,防御的要求占相当大的比重,因此建筑的围合性的封闭程度就会强化。

2. 向心性

客家建筑的围合中心是放有祖宗牌位的宗祠祖堂,祖堂是家族祖先的象征,它通过宗法礼制观念以及家族观念来"监督"家族成员,具有很强的威慑力,其核心点表现在对祖宗的崇敬,即以祖宗牌位为中心的一种家族人文秩序。"慎终追远"体现了历史含义,在家族延续过程中,就是以血缘关系为纽带的聚居生活。

其空间是由礼制厅堂和生活住房这两部分构成,厅堂与庭院是客家建筑中最重要的空间。客家的礼制厅堂、天井庭院是客家人面对天地、祖宗、文化的地方,它是客家文化的象征,也是客家建筑的核心。以祖堂为核心的平面构成关系形成了空间的向心性。这种向心性表现在所有厅房均朝向祖堂,无论是方形平面布局还是圆形平面布局,也无论是全围合空间还是半围合空间,祖堂就是这个聚居小宇宙的中枢。

3. 中轴性

中轴性是客家建筑空间构成的又一特征,无论何种类型,何种平面，都严格表现了中轴对称、井然有序的空间序列。大门、祖堂、公共厅堂、内院天井都布置在一条中轴线上，大门通常位于祖堂的轴线上，并且与祖堂相对。

客家建筑通常为对称性的布局方式，无论是圆楼，还是各类方楼角楼。典型的围垅屋，大门外为禾坪以及具有象征意义的半圆形水池，围垅屋后面还设有半圆形后围和"花胎"、凉院，通过对中轴的空间延伸进一步强调了中轴对称性。

围合性、向心性和中轴性特征的客家民居对每一家族成员来说都具有一种强烈的内聚力，应该说，客家家族群体凝聚力的产生，多多少少都受到这种空间形态构成的影响。

三、建筑细部与装饰

粤北客家围楼民居外形单纯、体量庞大、用材质朴，为方为圆，或用土筑，或用石砌，朴实无华，其外表的坚实而统一的感觉，往往给造访者以心灵的震撼。围楼内部，大部分都用土、木、石结构，用木装修，以实用为目的，雕饰不多。

粤东梅州一带为客家文化核心区，官员富商较多，其围垅屋屋民居，外墙多以白灰批荡，兼绘以彩画，造型典雅华美。祖堂华丽多彩，厅堂、卧室的装修也较讲究，不仅有精美的木雕，彩绘，甚至加以金漆，给人以富丽堂皇之感。①

（一）装饰部位

1. 大门

门面形象不仅体现着设计者的聪明才智和不同时代的审美情趣，也揭示了房屋主人的理想与追求，同时还是显示宗族的社会地位、经济地位高低的标志之一。客家聚居建筑多为夯土建筑，墙体为夯土制成，为了突出大门的地位，其大

图2-4-21　河源兴隆村中心围大门（来源：广东省文物局 提供）

门门框多为砖石材料，更为讲究的人家还会建造门楼，门口有石狮子、抱鼓石等。②

客家建筑的大门是客家礼仪、礼俗的重要场所和必经之地，具有举足轻重的地位。因此，大门的装饰大都尽可能用木雕、石雕装饰梁柱，壁画装饰墙面。而且客家民居大门和内部各户房门都张贴对联，可以说有门必有对联，客家门楼的对联往往是无声的教诲，它对恪守封建伦理与家族规范持续不断地起着灌输、训诫、警策的作用，教育子孙后代如何做人、如何处世、如何奋斗、如何成才，从而形成客家民居内部独特的文化氛围，体现了客家人的价值观念，是客家人重教思想在民居建筑中的一个很有特色的表现。

兴隆村中心围（图2-4-21）位于广东省河源市和平县下车镇兴隆村中心自然村。正门一排三门，正门前附建花岗岩石牌坊，三间四柱三楼式，歇山顶，檐下灰塑卷枝花纹，明间三层中嵌红砂石匾，竖排阳刻"恩荣"二字，二层嵌红砂石匾，横排阳刻"进士"，落款是"乾隆七年壬戌科会试中式柒拾二名徐廷芳立。"方形石柱，长条方形柱础，柱上附红砂岩抱鼓石。正门花岗石门框，上字"充藏楼"。

---
① 吴庆洲. 中国客家建筑文化(上、下), 长沙：湖南教育出版社, 2008.
② 林皎皎. 客家聚居建筑的室内特征, 美与时代（下半月）, 2008（10）期.

图2-4-22 石镇村三角楼大门（来源：华南理工大学民居建筑研究所 提供）

图2-4-23 石镇村三角楼牌匾（来源：华南理工大学民居建筑研究所 提供）

图2-4-24 河源薰南楼墙体（来源：广东省文物局 提供）

图2-4-25 卵石墙脚（来源：《客家聚居建筑环境艺术的研究》）

石镇村三角楼（图2-4-22、图2-4-23）位于广东省河源市和平县林寨镇石镇村。大门为青石门框，上嵌青石匾额，浮雕"大夫第"三字，落款是"宣统二年庚戌岁仲冬，同知衔陈肇霖立。"门厅设中隔门，左右雕"加官、晋爵"二字。

2. 墙体

围屋的墙体设计与建造重点在于突出防卫体系，其中墙身厚度与材料、大门入口、枪眼、炮楼及屋檐处理最具特点。围屋外墙厚1~2米，高三、四层约10~15米，有的围屋四角向外凸出建有炮楼，还有的则在四角炮楼顶层，再抹角建一单体小碉堡，从而完全消灭了死角；外墙很少设窗户，只是在炮楼和四周围墙设有了望孔和射击孔。从符号学的角度来看，枪眼具暗示建筑空间构成的作用，可以附带地成为外墙装饰品，如矩形、菱形、葫芦形、圆形等各种样式的枪眼（图2-4-24）。

围屋外墙以砖石材料为主时，墙体多采用俗称为"金包银"的砌法。以夯土材料为主时，外墙脚也会用石材防水，巨大的卵石或片石叠垒嵌砌（图2-4-25），粗犷自然，与上部相对细腻的土质形成对比。绝大部分土质外墙面不加任何粉饰，夯实的黄泥土直接暴露，一层层交错版筑的痕迹清晰可辨。

围楼外墙一、二层通常不开窗，有时为了通风，也只开小窗，并且从平面图上可以看出，外墙窗户的呈梯形，外小内大。从外部看，这些窗子要么整齐划一，显示出强烈的稳定感；要么从下往上渐渐变大，具有跳跃的节奏感。

3. 门窗

客家建筑中朝内（天井）的窗多为直棂窗，也有双层窗，一层固定，一层可移动，可以控制光线的照射量，具有现代百叶窗的一些特点。室内的门，一般做得比较素雅。由于它没有透光的要求，而且要有内室的私密性，所以多为板门，不做镂空花饰。

少数装修豪华的围楼的门、窗较考究些，窗棂、格心多为冰裂纹、灯笼征、方格条花心等；高级的也用雕花棂、绦环板上雕人物故事或吉祥的动植物，大多髹漆；也有些用吉祥汉字变化而成，如云、喜、寿等；或是将汉字与纹样结合在一起（图2-4-26）。客家人重视教育，在木刻门板上将孝、第、忠、信、礼、义、廉、耻等汉字与龙纹、云纹巧妙地结合起来，既美观又起到一定的教育意义。这种满密式构图既饱满又不显繁赘，色泽质朴自然，为围屋增添了一份古朴的气息，整体上给人一种清新悦目的感受。

（二）装饰手法

1. 铺地

地面铺装具有重要的地位和作用：首先，能避免地面在下雨天泥泞难行，并使地面在高频度、大负荷之下不宜损坏；其次，为人们提供了一个良好的休息、活动场地，并创造出优美的地面景观；再次，具有分隔空间和组织空间的作用，同时还有组织交通和引导游览的作用。地面铺装作为景观空间的一个界面，它和建筑、水体、绿化一样，是景观艺术创造的重要因素之一。

在客家聚居建筑的禾坪和前院等公共活动空间主要用三合土铺地。在走廊、过道则主要用三合土和乱石铺地。乱石，意为杂乱而铺。但应当是"乱中有序"，序的原则却在个"乱"字，须做到乱中见均衡，成一体。"乱石铺地"能够因材而用、经济美观且富有装饰性。另外，因麻石石质坚硬耐磨，易干而不吸收阳光，围屋的天井、巷道喜用麻石石板铺地。还有一些讲究的人家用不同颜色的鹅卵石在庭园中铺设出各种吉祥图案，如鹿、鹤、如意、钱币等。卵石用于"化胎"处还有"百子千孙绵绵不绝"的吉祥意义。

围屋的室内主要用砖和三合土铺地，厅堂内均铺青砖或方砖，但铺法不一，有错缝平铺和对缝斜铺的砌法，在墙脚、门槛等处，用条石作为收头，看起来地面更为完整，具有庄严、华美、雅趣的审美效果。①

图2-4-26 石镇村三角楼门窗（来源：华南理工大学民居建筑研究所 提供）

---

① 杨建军.客家聚居建筑环境艺术的研究.苏州大学，2008.

图2-4-27 彩画（来源：《客家围屋建筑装饰艺术研究》）

2. 彩画

彩画是一种视觉形象艺术，它在建筑物的装饰上占有重要的地位和独特的功能。"雕梁画栋"一词足以形容其装饰美的特点，它具有形象生动、内容丰富的特点，蕴含着内在的和形式的感染力，是建筑美的另一种体现。在建筑上进行彩画不仅能够通过油漆色彩对建筑构件起到保护作用，使其免遭雨淋日晒受潮，延长建筑物的寿命，就绘画题材来说，除了花鸟鱼虫的民俗内容，同时还有展示各种题材的教化内容。其次，对于木雕工艺构件的彩涂可以增加室内空间的层次。[1]

客家民居在墙壁上常用彩画，其壁画大多是直接绘制在经过处理的墙面上，也就是刷地壁画。壁画的底是用掺有禾秆或糯米再经过长时间浸泡的石灰涂抹而成，其作用是增加墙面的黏性，使壁画的附着性更强。绘制客家民居的壁画，多用纯矿物质颜料，着色牢固，经久不变色。用色不多，仅有红土、黄丹（雄黄）、石膏、石绿几种，着色手法上为"随类赋彩"、单色渲染，清新朴素（图2-4-27）。采用白酒为调色剂，酒有穿透性，以酒调色，可以使颜色"入木三分"，渗"咬"到石灰墙里去，经久不褪。[2]

3. 木雕

在客家围楼式建筑中，虽然以生土为主要的建筑材料，但是在室内空间的分隔、屋顶的构架、家具的设计以及祠堂建筑的装饰上，还是有许多工艺精巧的木雕作品。除了门窗花格外，天花、梁柱也都是很好的载体。客家聚居建筑的雕刻手法多样，有线刻、浮雕、透雕、圆雕和镂空雕等；装饰题材很丰富，有民间故事、神话传说、吉祥纹样、动物形象等；载体类型也很繁多，有梁柱、雀替、垂花、天花等，结构构件和装饰构件得到了完美的结合（图2-4-28、图2-4-29）。

四、建筑风格与精神

（一）阴阳互补、和谐统一

客家建筑在空间、形体、光影、材质等方面都体现了阴阳相和的观念，如空间和形体的虚与实、光影和材质的阴与阳，这一系列的艺术的表现非常类似于中国山水画的对比手法。

客家建筑的光影对比，其一，通过外部环境产生，如围龙屋前有月池、围楼旁有溪流，客家建筑通常都与水景结合，建筑主体与水中倒影相映成趣，形成一阴一阳、一静一动的对比。同时物与影的反相又与建筑立面的对称形成呼应，形成具象与抽象的轴线关系。其二，通过自身形体产生。大的方面指建筑天井庭院和厅堂居室的整体光环境对比，小的方面指建筑高耸的山墙和深远的出檐在地坪墙面投下的阴影对比，两者形成一明一暗、一冷一暖的素描关系，正如艺术作品强调光影，阴阳相和的建筑才更显得生动耐看。

建筑作为人类生存于自然生态系统中重要载体，其存在和发展必须遵循与自然和谐共处的规律。《老子》云："人法地，地法天，天法道，道法自然。"客家建筑文化的师法

---

[1] 朱艳芳.客家围屋建筑装饰艺术研究.浙江农林大学，2010.
[2] 梁嘉.古朴丰富的生活画册——浅析客家民居壁画艺术.家具与室内装饰，2007.

图2-4-28 河源市和平县林寨镇兴井村颍川旧家木雕装饰（来源：华南理工大学民居研究所 提供）

图2-4-29 兴井村宣仪第木雕装饰（来源：华南理工大学民居研究所 提供）

自然所指的便是传统的乡土生态技术，以最简洁的方式将自然规律自然法则借用于房屋建造中，其具体的表现在于材料的原真性和技术的逻辑性。如传统客家建筑中要解决通风便采用多天井组合的贯通空间；解决防潮便采用采自河岸的卵石块石等石材；解决降温便采取较高的山墙和较窄的巷道形成冷巷；解决排水则利用地势坡度，挖池塘打深井连通地下水，等等。所借用的自然法则都浅显易懂，在对自然不造成负担的前提下到达提升建筑舒适性的要求。

（二）敬宗收族、向心聚居

客家人从中原南迁后，因面临外人、土匪的欺压，更加强了他们通过尊祖敬宗、祭祀祖先的活动来加强宗族内部团结，以应付新环境下生存发展的需要。因此，客家人崇祖意识非常强烈。客家围屋内必设有祖堂以供奉先灵，达到收族固宗的目的。一般来说，不管房屋规模如何，采用何种平面布局形式，祖堂或居于平面的几何中心，或居于中轴厅房系统的最后一进，空间占位首屈一指。

在传统的客家建筑中，空间大体上可分为"公"和"私"两个部分，数量庞大的家庭在有限空间内密集聚居，迫使"兴公而灭私"成为资源分配的主旋律。由厅、堂、庭院所组成的公共活动空间，在聚居建筑中占据了中轴，取得了最好的朝向，厅阔庭广，面积充足，所采用的建筑材料往往是全屋最好的，装饰装修也最为精致。客家人的各种公共生活都在此展开，包括对外接待重要客人、对内处理宗族事务等。

而"私"则对应于为满足各个小家庭日常生活需要而分别设置的各类住房，它们面向中轴呈向心围合之势。这些住房大都不讲求朝向，面积局促，采光通风效果不佳，私密程度低、相互干扰大，材料普通，缺乏装饰，与公共活动空间形成了鲜明的对比。

但正是由于对家庭生活的舒适度一定程度上的牺牲，才获取了对家族利益最大保全。聚居的人们私念淡泊，关系融洽，非常团结，体现了公共空间至上的聚居环境中对人与人之间社会关系的塑造。

（三）坚固安全、厚实庄重

客家传统建筑以其优越的防卫性能而闻名，其安全防卫体系是一个综合性的体系。客家建筑防卫的对象不仅仅是盗匪贼寇，还兼顾有山洪、地震等各类自然灾害；其防御部位也不仅仅是外墙，而是包含建筑内外的整体空间。客家人认为仅仅依靠外墙的坚固来防止敌人从外部进入内部是不够的，而需要充分考虑建筑物内部的给养、排水、防火等因素，将整座建筑和居住在当中的客家人视为一个有机统一的整体。

在材料和结构上，客家人将泥土、石材作为建筑的主要结构和承重构件，木结构则起辅助受力和传输力矩等作用，使得客家建筑在结构上的受力能力优于普通建筑。大量的砖石被用于外部砌墙，大大提升了建筑物的整体性和稳固性。

平面形态上，客家建筑多成环绕形结构，中间留有小型广场，这种样式的形成除了有当年南渡的客家人心理上的防御因素外，也有实际的抗震防灾作用。其中尤以圆楼抗震能力为佳，最是坚固。当地震到来之时，这种圆筒状结构能将压力和负荷均匀地传递到建筑各处，同时土墙内部还有竹片木条，它们相当于房子的水平拉结性筋骨，因此对抗一般的地震完全无虞。据统计，圆楼发生坍塌的情况极少，倒常有土楼在地震后产生裂缝，过些时候又自动愈合的事情。

（四）淡雅自然、朴实无华

客家建筑多为砖木结构或土木结构，客家人初到山区时，他们先搭起茅寮、木屋栖身，然后改建成土屋。用北方原始时代遗传下来的方法，制造土坯砖筑土墙，或者用夯土版筑的方法筑土墙。所用土、沙、石灰、木皆就地取材，门前的泥塘往往是挖土后的副产品，一举两得。

客家建筑基于以实用为目的的建筑选材，没有过多的加工和装饰，在色彩上以展示素雅的材料原色为特征，搭配多以深灰米黄或墨黑粉白为主色调。这种纯粹的搭配理论上来说可以与任何色彩相融合，本身也形成一种阴阳的对比。在这底色下点缀以红色的对联灯笼和绚丽的彩绘雕饰，将整体的素雅与局部的艳丽融为一体，在青山绿水下，别有意境。

客家民居作为乡土建筑，其生态化的建筑形态，既因于自然，又融于自然。这种质朴的风格源于客家人求实的生活态度。其建筑并不追求华丽繁复的装饰，而是从基本需求出发：需要御敌，则把墙体加厚；以祖先为重，则把宗祠放于建筑的核心位置；南方多雨，为了防水，墙下则多用卵石做墙脚。客家建筑中大多数部位的材料、做法皆有其具体功用。虽没有金碧辉煌的装饰，但客家建筑却以古朴自然的形态震撼着人们的心灵。

第五节　雷琼民系古代建筑

一、聚落规划与格局

（一）聚落选址

早在新石器时期，雷州地区已有先民生息，当时聚落多选址于沿海台地。以宋代为分水岭，随着大量南迁北民的到来，雷琼的经济文化发展开始进入新局面，逐渐缩小着与中原文明之间的差距。在经历了多次族群的迁徙和冲刷后，雷州聚落在明代初期形成较为稳定的格局，此后聚落数量、密度日益增多。

由于雷州地区地质年代相对短暂，地形以平地、阶地和低丘地为主，最高山丘海拔不超过260米。而水资源相对丰富，境内集雨量100平方公里的河流8条，且两面临海，岸线曲折良港众多。因此聚落选址更突出近水滨海的位置关系，与崇山高岭的依附关系相对较弱。该地区聚落多选址于盆地或于低丘山坡，民居讲求坐北向南，前有河流或水塘，接受东南风或南风吹拂。正如俗语道"后有墩，前有堀。双手捧捧，见水入，不见水出。"

本地区常受台风侵袭，台风风向不定，时为北向，登陆后转南向，俗称"回南"。坐落在山埠南侧平坡地或者凹形坡地的聚落，能较好地抵御台风的侵袭，成为聚落选址的首选场所。同时，村落多建围墙与多进式天井，围墙采用贝灰、砂、土，夯实三合土，甚至加上红糖、糯米，所筑土墙厚实，坚固异常。聚落外围多以防护林作为屏障，在外很难看到隐藏在树林下的村落。这些措施可以有效地抵御台风[①]。

（二）聚落形态

雷琼民系从移民渊源上与潮汕和闽海有直接联系，而与其地域邻近的广府民系由于政治经济的优势地位长期对雷琼产生文化辐射，雷琼传统聚落布局也深受两地影响，并表现出对本地的亚热带海洋性季风气候的适应性。雷琼聚落布局主要有：梳式、自由式和散点式。

1. 梳式布局

梳式布局广泛分布在雷州市域80%的区域，尤其集中于雷州城区附近，体现出广州与雷州两所州府城市间较为密切的文化交流和影响。但雷琼聚落梳式布局较广府梳式更为疏朗和松散，纵巷宽度较大。梳式布局的平原和盆地村落往往在平坦的土地上选择一块稍微高起的地块作为居住用地，周边低洼处便成为水稻田与鱼塘，或者是旱地作物为主的田地。居住用地中，民居建筑以祠堂为中轴，在其两侧展开多列建筑形成聚落的面宽，每列建筑依前后民居数量形成一定的聚落进深，如东林村（图2-5-1）这种强调祠堂居中、民居单元同向重复排列的梳式格局，应当是广东地区比较早期的梳式形态，与中原传统文化有着较为直接的传承关系。

雷琼地区丘陵地形中的梳式布局则非常讲求顺应地形地势，聚落往往由前至后逐渐升高，且高差较大，由村前主街联系着顺地形抬升的若干条大致平行的巷道，村落背后有后山作为风水靠山并植风水林。高差有利于村落巷道排水，同时也营造出了层次丰富的村落景观。如禄切村，穿过茂密的树林，便可望见依山势建设的规模宏大的村落建筑群，该村共有数间祠堂，总祠堂在中心，分支祠堂在总祠两侧，民居围绕祠堂在外侧进一步展开，聚落的水平空间和竖向空间层次都很丰富（图2-5-2）。由禄切村的总平面可知，依据实际地形条件，规整的梳式也会产生扇面状、放射状等种种变体。

图2-5-1　东林村总平面图（来源：华南理工大学民居建筑研究所 提供）

图2-5-2　禄切村总平面图（来源：华南理工大学民居建筑研究所 提供）

---

① 基于文化地理学的雷州传统村落及民居研究.华南理工大学硕士论文，2015.

2. 自由式布局

当聚落内部地形变化比较复杂，民居单元受地形限制无法获得较为规整的街巷体系，聚落的秩序感就大大降低。当聚落为多姓共居，原本拥有多个不同朝向的梳式组团，随着时间发展，族群融合，或者是缺乏整体监管的拆建、新建活动越来越多时，都容易打乱原有的组团分布规律。这两类聚落的共同特点都是，内部建筑布局较为自由，朝向比较多元，道路蜿蜒曲折，进而营造出形态多变的院落及层次丰富的巷道空间，这里将其归纳为"自由式布局"（图2-5-3、图2-5-4）。

3. 散点式布局

散点式村落一般分布靠近海边，是指民居单元之间相隔距离较远，呈松散状分布的形态。因渔民以出海打鱼为生，生活比较贫苦，家庭财产积累有限，建筑的防盗需求弱，不需建设围合严密的院落。渔业多以家庭为单位进行，宗族力量对村落的规划控制也较弱，不易形成规整度高的街巷体系。而且为了从事织网、晒网、晒海产等渔业生产活动，每户房前都会有较大劳作场地，也一定程度上导致了聚落的松散格局。

由于滨海气候环境恶劣、建材资源不足，以及在当时易受到海盗倭寇袭击不宜居等因素，滨海型村落的建筑质量一般不高，多以土坯墙茅草屋或者石块砌墙茅草屋等形式出现。

二、建筑群体与单体

雷州古代建筑主要分为祠庙建筑、居住建筑两大类，其中祠庙建筑包括了祠堂和庙宇。祠堂包括宗祠和家祠；庙宇依据祭祀对象主要有天后宫、雷祖庙、康王庙等。居住建筑按空间形式可以分为三合院与四合院，按材质分，可以分为红砖大厝与茅草土屋。还有一种较为特殊的建筑形式——碉楼，这类建筑形式的产生主因为雷州半岛曾经匪患严重。碉楼并不是一种独立的建筑，它融合于公共建筑及居住建筑之中，因此，根据建筑的体量不同，碉楼也大小参差的耸立在村落之间。

（一）祠庙建筑

1. 祠堂

《朱子家礼》制定："君子将营宫室，先立祠堂于正寝之东（正寝指住宅的正屋）。"[①] 就是说建造房屋之前，

图2-5-3 鹅感村总平面图（来源：华南理工大学民居建筑研究所 提供）

图2-5-4 青桐洋村总平面图（来源：华南理工大学民居建筑研究所 提供）

---

① [宋]朱熹：《朱子家礼》卷一，通礼，祠堂.

首先考虑的应该是祠堂或宗庙，它的位置要造在房屋的东边（古制以东，即左为尊）。古代建筑文献《周礼·考工记》上也有"左祖右社"之说，祖为宗庙，社为社稷坛。这一建筑形制在雷州半岛古村落中均受此影响。如潮溪村、东林村、禄切村等村落中都可以得到印证，祠堂均建在村口之东。

祠庙建筑空间与广府地区类似，多为四合院空间，建筑主入口一般设置在南面中路，主院落空间形态沿中轴对称，然而一般在厅堂前会设置具有雷琼地域特色的拜亭（图2-5-5），装饰华美，仪式性较强。在公共建筑入口南侧一般为入口广场空间，广场前或有水塘。合院空间、广场、水塘共同组成了公共建筑的序列空间，是村落活动的重要公共场所。

由于雷州半岛地区匪患严重，位于村口的祠堂也往往带有防御功能。东林村"宽敏公祠"的平面形制为四合院加侧院（图2-5-6），始建于清代，坐北朝南，面阔24.25米，进深29.3米，面积710平方米，硬山顶，为砖木结构。主院大门开在南侧，正房三间，东侧还有南北并置的两个侧院，碉楼入口即在东南院中。方形碉楼外观上最为奇特之处是各面射击口均用字母石，射击孔巧妙地开在笔画之中。其后部民宅多无防御设施，因此宽敏公祠是盗匪来袭时村民临时集中避难的场所。高耸的碉楼构成了东林的天际线，借着月牙形水池，成为村落标志性景观（图2-5-7）。

a 潮溪村"朝议第"拜亭

b 青桐洋村"刚栗公祠"拜亭

c 青桐洋村"端方公祠"拜亭

d 禄切村"诚斋公祠"拜亭

图2-5-5 雷州祠堂拜亭集锦（来源：华南理工大学民居建筑研究所 提供）

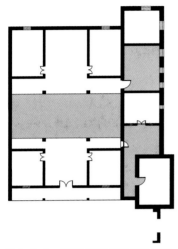

图 2-5-6 "宽敏公祠"平面图（来源：华南理工大学民居建筑研究所 提供）

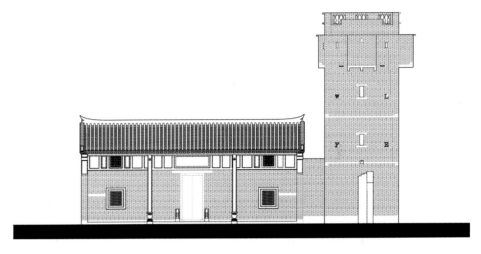

图 2-5-7 "宽敏公祠"南立面（来源：《传统聚落东林村地域性空间研究及其发展策略》）

2. 客厅

在雷州半岛地区有一种较为特殊的公共建筑——"客厅"，是具有接待功能的家祠，其功能较为单一，以接待来客为主，功能流线简单，因此在空间布局上相对简单，通常仅是一进院落或两进主要院落，没有形式丰富的侧院空间，但一般建筑规模较大，平面比较灵活，包括不固定的入口位置，或者并不一定讲究中轴对称。会客厅作为村落或主人展示自己地位和财力的地方，在外立面及建筑单体的造型及装饰上极尽奢侈，往往是聚落中最隆重富丽的建筑，以达到炫富的作用。然而，考虑到雷州地区匪患严重，客厅往往结合碉楼形成相当完整的建筑防御体系。

潮溪村朝议第是雷州第二富豪家族陈钟祺的会客厅，朝议第建于清代光绪年间，是建筑功能细化而形成的建筑，主要延续了一般住宅中堂屋的功能——对外交往的空间，会客空间位于正方明间的厅堂，是整个住宅建筑中最重要的部分，院落内所有建筑都从属于厅堂。厅堂位置在整个院落中是最核心的，控制了整个院落的主朝向，它高大宽敞，前面连接一座敞厅延伸至庭院作为会客空间的延伸。敞厅正面未设置墙体及门窗，使其内部一览无余，具有良好的通风和遮阴效果，且扩大了空间使这里可以容纳较多的人

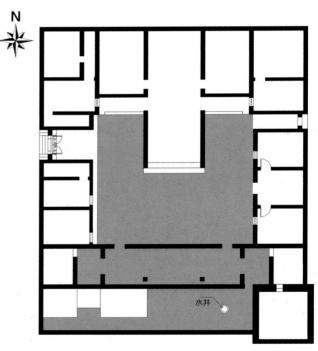

图 2-5-8 潮溪村朝议第平面图（来源：《潮溪村历史聚落空间特征与可持续发展研究》）

举行仪式和活动。朝议第以正房为主，两侧的包廉为辅，加之南侧的照壁，围合成封闭的庭院空间，在平面空间上呈现出凹字形，庭院尺度较大，但由于周围建筑单体布置合理，并不显得空旷。建筑结合着环绕外墙跑马廊系统和

图 2-5-9 朝议第主院照壁及东南角碉楼（来源：华南理工大学民居建筑研究所 提供）

西北东南两碉楼的设计，以及水井、厨房、厕所等配套形成完整的防御体系（图 2-5-8、图 2-5-9）。

3. 庙宇

庙宇作为村落民间信仰的世俗化场所是乡村传统聚落不可或缺的精神空间。雷州半岛传统民俗中信仰颇多，而作为沿海半岛对海洋的依赖和自然的敬畏使得天后及雷祖成为神祇空间的主角。而对于民间传说的众神鬼或半神化的历史名人均有祭祀，如康关班庙、土地庙、龙母庙等。遵循庙前祠后不建房的禁忌，这些庙宇往往设置在村口和村落的主路边，

并且结合其他景观要素给场所一种明确的空间形象，历久弥新、耐人寻味。

雷州半岛是我国著名雷击区。古时雷州先民缺乏对自然的了解，出于对雷电的恐惧，因此对雷神崇拜有加。海康、电白、遂溪等地均建有雷神庙，古时雷州民俗奇观——"雷州换鼓"，其实就是一种祭雷的方式，是对雷神崇拜的一种表现。继而后人又由雷衍生出异人陈文玉，因曾任雷州首任刺史，殁后有灵，被奉为雷神受祭。雷州最大的一座雷祖庙被称为雷祖祠，位于白沙镇白院村，为全国重点文物保护单位。雷祖祠依山而筑，北村南趋，山下是一望无垠的万顷洋田，其势极其雄伟壮观（图 2-5-10）。建筑分三进，由山门、正殿、侧殿、后殿、东西廊、钟鼓楼、碑廊等建筑组成，全部建筑沿中轴线布局（图 2-5-11）。顺山门青石板台阶抬级而上可直通后殿，占地面积一万多平方米，是岭南地区最大的祠庙建筑之一。山门三开间，为硬山结构（图 2-5-12）。一、二进之间有宽敞的院落，依地势分成两级不同标高的平台，庭院广栽树木、十分阴凉。拾级而上，为第二进拜亭与"雷祠三殿"接连，依次供奉陈文主（中）、李太尉（即汉朝的李广，居左）及英山石神（右），左右配殿有前檐廊相通，整个建筑平面呈"凸"字形排列。正殿祀奉陈文玉（图 2-5-13），面阔、进深各三间，硬山顶，穿斗式梁架，举架平缓，前廊深达十一步架至多，形制结构独特，具有显著的地方特色。其后为第三进，即太祖阁，祀奉陈文玉之父陈鉷。三进院落两侧有门洞通向花园。太祖阁西侧花园内有连廊碑廊，与假山、水池、喷泉花圃等融为一体（图 2-5-14）[1]。

在雷州半岛地区，妈祖信仰在宋末随着闽籍移民的迁居而传入雷州。至元明时期，妈祖信仰在全国沿海地区逐渐普及，雷州也兴起修庙之风，及至清代，妈祖信仰逐渐成为雷琼地区海神信仰的主流。东林村天后宫位于东林村南侧，始建年代不详，清光绪二十二年（1896年）重修，坐北向南，面阔10.25米，进深24.84米，面积254平方米，硬山顶，为四合院带偏院布局（图 2-5-15）。这座天后宫虽然面积

---
[1] 陆琦. 雷州雷祖祠[J]. 广东园林.2014,02:78-80.

图 2-5-10 雷祖祠全景（来源：华南理工大学民居建筑研究所 提供）

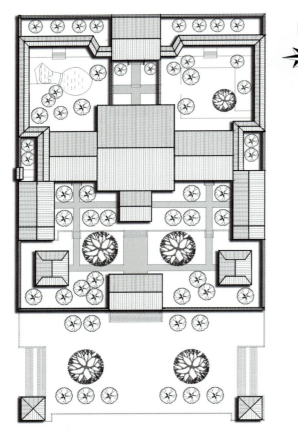

图 2-5-11 雷祖祠总平面图（来源：华南理工大学民居建筑研究所 提供）

图 2-5-12 雷祖祠山门（来源：华南理工大学民居建筑研究所 提供）

图 2-5-13 雷祖祠正殿（来源：华南理工大学民居建筑研究所 提供）

图 2-5-14 雷祖祠西侧后花园（来源：华南理工大学民居建筑研究所 提供）

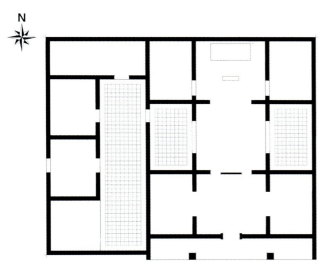

图 2-5-15 东林村天后宫平面图（来源：华南理工大学民居建筑研究所 提供）

图 2-5-16 东林村天后宫入口（来源：华南理工大学民居建筑研究所 提供）

不大，但空间较有特色，建筑强调祭拜功能，因此扩大了拜亭的规模，拜亭将山门和主殿联系起来，使整个建筑主体呈现出独特的"工字形"布局，而信众可以风雨无阻的进行祭拜活动，主院被拜亭分割为两个小的天井，通过月洞门进行连接，光线的明暗交替变化丰富了空间感受，而拜亭和山门之间的隔断强调了空间的变化和层次，在解决功能问题的同时也打破了面积限制所造成的单调感，具有很明显的空间流畅性和进深感（图 2-5-16）。

（二）民居建筑

1. 基本单元（图 2-5-17）

1）"三合六方"式（图 2-5-17a）

又称"三间两厝"，是由正房、厝屋与庭院构成三合院空间，与广府民居"三间两廊"非常相似。正房三开间，中间是厅堂，两侧为卧房。正房前为天井，天井两旁各有横厝，作为厨房及储藏空间。入口多为侧入式，以坐南朝北的宅院为例，

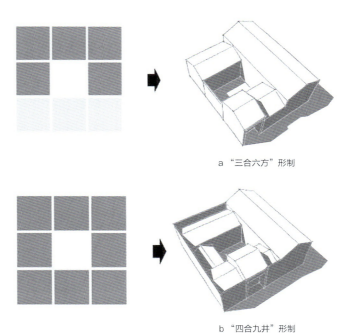

a "三合六方"形制

b "四合九井"形制

图 2-5-17 雷州民居的空间基本原型（来源：《基于可持续发展观的雷州半岛乡村传统聚落人居环境研究》）

图 2-5-18　苏二村拦河大屋全景（来源：华南理工大学民居建筑研究所 提供）

入口空间设在东侧厝屋的南开间，沿巷东侧主要形态界面由北侧正房的山墙面、东侧厝屋及门楼的正立面组成。

这种对称性强的三面围合空间类型，在雷州民居中比较广泛的存在。在宅基地面宽相近的情况下，三合院式民居的内庭院空间显得十分宽敞，居民可以在庭院中进行比较多的生产活动。

"三合六方"单元具有很强的模块性，可通过拼接形成大中型民居和聚落，在梳式布局的聚落中，前后两个"三合六方"单元大多共墙拼接，即后面一户直接利用前一户正房的后界面为照壁。其代表建筑是一座共有 50 多间的"拦河大屋"（图 2-5-18），以"三合六方"院落为基本构成单位，结合附属建筑及院落形成两组两进三合院的空间组合，屋中保存着完好的枪孔和炮口，屋顶的大跨度多段弧线的水行山墙蜿蜒盘曲，气势恢宏，一座民居就占地一条街，其布局之工、结构之巧、装饰之美、营造之精非常罕见（图 2-5-19）。

2）"四合九井"式（图 2-5-17b）

为二进四合院式，是在"三合六方"式的基础上增加一进"下落"生成，与潮汕民居的四点金类型相似。该空间类型轴线性强，正屋、庭院、倒座（下落）均沿中轴布置。与"四点金"不同的是，其入口空间是侧入式，应该是受广府民居节地布局的启发。沿巷道的形态界面由南北正房山墙面和中间厝屋立面组成。

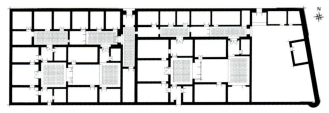

图 2-5-19　苏二村拦河大屋平面图（来源：华南理工大学民居建筑研究所 提供）

苏二村"睢麟"居是一处典型的四合院宅居，坐南朝北，东侧入口，平面形式较为简单，是三间两厝加南侧下落，为了增加空间的利用率，正屋、两厢及下落都增加了层高，内部设夹层以充分利用（图 2-5-20）。因苏二村近海岸，海盗倭寇侵扰较多，为防御贼患，宅院四周加高女儿墙，对外形成四周高耸之势，使患匪不能轻易入院。坡顶建筑加盖女儿墙就带来了排水的问题，因此设计者在坡顶与女儿墙的交接处设置排水沟，然后集中通过女儿墙底部的排水口排出，

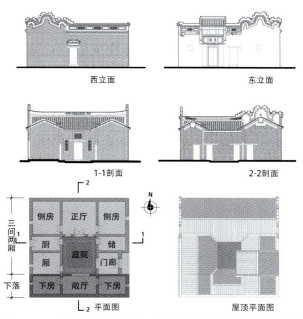

图 2-5-20 苏二村"睢麟"居四合院测绘图（来源：《基于可持续发展观的雷州半岛乡村传统聚落人居环境研究》）

图 2-5-21 苏二村"睢麟"居门楼及山墙（来源：华南理工大学民居建筑研究所 提供）

同时在高起的女儿墙上设计造型，饰以装饰，将功能与审美巧妙地结合在一起（图 2-5-21）。

由以上两种民居空间的基本原型对比可以发现，雷州民居的空间基本原型将潮汕和广府两系的民居优点兼容并蓄，而仅仅是继承这两系民居的遗风那么就显示不出来雷州民居作为一个独立类型存在的必要性，实际上，结合自身地域条件和使用环境进行的空间变异发展才是其真正的价值所在。

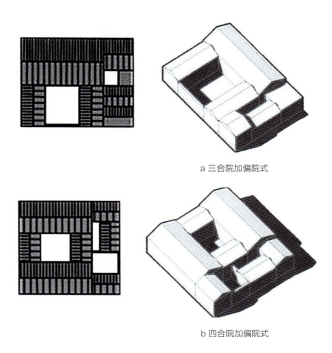

图 2-5-22 雷州民居空间拓展模式（来源：《传统聚落东林村地域性空间研究及其发展策略》）

2. 扩展模式（图 2-5-22）

雷琼民居的空间扩展综合了福佬与广府两系民居发展变化的特征。空间的拓展变异主要遵循横向发展的原则，以增加两侧偏院护厝的形式来扩展宅院空间，因此，就形成了三合院加偏院与四合院加偏院两种典型形式。

1）"三合六方"带偏院（图 2-5-22a）

该类型是雷州传统居住建筑单体最典型的空间模式，功能分区明确，空间层次丰富。豪门大户为了增加宅院的使用空间，几乎使尽心思和手段来营造既符合仪礼又顺应体制的院落空间布局。因此，在三合院的基础之上整个建筑群会横向作单侧或两侧扩展，增加一列或者数列纵向的护厝（当地人称为"包廉"），形成多路旁侧院，其空间类型甚为多样。

此类建筑的代表作潮溪村分州第始建于清代同治年间，其主体功能区是一个三间两厝围合而成的主院，东西两侧各加以附属功能的院落，西侧院南北狭长，避免烈日暴晒尤其是西晒，南面加一条狭窄的过道，进行空间的围合，各个院落由廊和过道互相连接。从这种关系中，可以看出整个住宅的主从关系及布局逻辑（图2-5-23）。以主院为核心，所有的空间流线都汇集于此，在经历一次或者数次明暗变化的空间铺垫最后进入豁然开朗的主院，强调了空间的变化和层次，加之天际线的变化，打破了两侧高墙限制所造成的单调感，具有很明显的空间流畅性和进深感（图2-5-24）。

同样位于潮溪村的明经第是由三间两厝围合而成的主院，东西两侧各加以附属功能的偏院组成。西侧单跨院，而东侧是空间上具有迷惑性的双跨院，此种布局可能是出于防御的考虑，两跨院之间的过道狭窄且安装了防盗设施，并且设有岔路。此外，该住宅还采取了其他的防御措施，如在山墙防御薄弱处增加跑马廊和射击口，北侧房间靠外墙的屋顶加密了檩条以及在各个关键出入口处加设防盗设施，以方便在必要时进行空间的隔离（图2-5-25）。

"桂庐"居位于东林村中部，始建于清代，坐北向南，面阔23.25米，进深14.4米，面积335平方米，为砖木结构（图2-5-26）。该宅院的独特之处在于其门楼为欧式风格，平顶建筑，当地人都称为"西班牙式的房子"（图2-5-27）。的确，"桂庐"门楼为两层且对巷道开窗，大门二层悬挑突出构成飘楼，门框、窗框及女儿墙线脚均采用欧式风格，进入大门便可见到一个欧式拱券的过门，壁柱拱券上涂彩绘，过门的设置，减弱了狭长门廊的压抑感（图2-5-28）。进入内院，正屋及两厢均为二层，大门及厝屋为硬山顶式桁梁结构，其平面布局是雷州传统的三间两厝带偏院，在偏院的位置附加了欧式的二层门楼，但这种结合并不生硬，反而与周围环境相协调，取得了较好的效果。

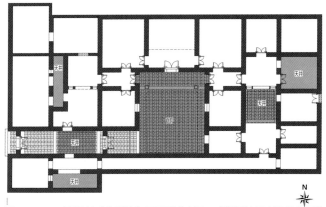

图2-5-23 潮溪村"分州第"平面图（来源：《潮溪村历史聚落空间特征与可持续发展研究》）

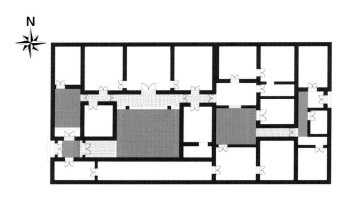

图2-5-25 潮溪村"明经第"平面图（来源：《潮溪村历史聚落空间特征与可持续发展研究》）

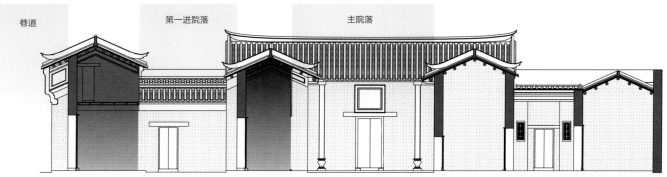

图2-5-24 潮溪村"分州第"院落空间序列（来源：《潮溪村历史聚落空间特征与可持续发展研究》）

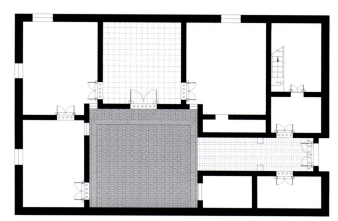

图2-5-26 东林村"桂庐"居平面图(来源:《传统聚落东林村地域性空间研究及其发展策略》)

图2-5-27 东林村"桂庐"居外观(来源:华南理工大学民居建筑研究所 提供)

图2-5-28 东林村"桂庐"居过廊拱券门(来源:华南理工大学民居建筑研究所 提供)

图2-5-29 东林村"司马第"全貌(来源:华南理工大学民居建筑研究所 提供)

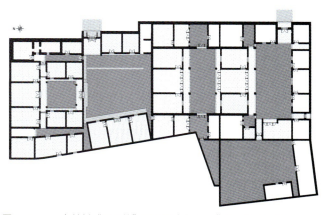

图2-5-30 东林村"司马第"平面图(来源:《传统聚落东林村地域性空间研究及其发展策略》)

2)"四合九井"带偏院(图2-5-22b)

即在"四厅九井"的基础上,单侧或双侧增加一路或多路旁院的方式,具有较多空间转折与变化,但使用频率不及"三合六方"带偏院。

除了上述提到的四种空间模式,有的大型住宅占地面积特别大,空间也异常复杂,同时杂糅了多种布局方式。如由三合院与四合院及包廉侧院组合而成大宅司马第(图2-5-29、图2-5-30)位于东林村中部,始建于清代,坐北朝南,面阔33.75米,进深22.1米,面积746平方米,房屋6栋,经过多种形式的空间拼接组合而成。该宅整体布局合理,朴素大方,雕刻工艺精湛,清代建筑风格突出,建筑艺术十分丰富。

3. 民居特点

横向拓展:雷琼民居单体的规模增长以横向扩展为主,这点十分类似潮汕系的府第式大宅。而在聚落整体层面则又模仿广府民居的梳式布局朝纵向发展(图2-5-31)。

基于横向拓展模式,雷琼民居建筑的面宽,比岭南其他地区的民居建筑面宽要大很多。这体现在两个方面,一方面,住宅的每一个开间的尺度都相对较大;另一方面,院与院之间以横向联系为主,很少有纵向联系,造成住宅总体面宽比较大。这使得雷琼民系的院落空间与广府地区的院落空间景象完全异趣,显得开敞、明朗、光亮。虽然大面宽的建筑不利用节地的布置,但其偏院天井的充分利用和护厝的自由布置,在某种程度上也提高了空间的使用效率。

主侧结合:院落组合采取主侧院结合的方式(图2-5-32):一是主庭院空间,为三间两厝形式。这部分空间是整体建筑群的主体构成,也是建筑空间的精神核心——体现宗法礼制的厅堂系统。它包括了正厅、天井庭院、照壁以及门楼,是整个家族的公用部分,是公共活动的中心空间。二是自由布局的偏院空间,不同于潮汕系民居的规则排布,具体形式根据其占地大小灵活变化,多样组合。偏院是厅堂系统以外居住系统的丰富与补充,它包括了住房、厨房、存储、甚至牲畜等空间,是家庭生活的场所空间。有些住宅的侧院附有

图2-5-31 潮溪村建筑群组(来源:华南理工大学民居建筑研究所 提供)

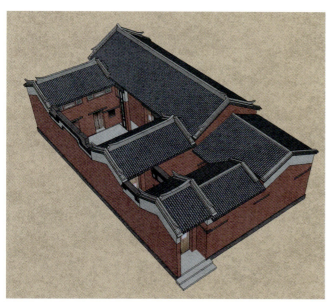

图2-5-32 古村典型三合院加偏院造型（来源：华南理工大学民居建筑研究所 提供）

图2-5-33 潮溪村分州第西侧院多重屋顶示意图（来源：《潮溪村历史聚落空间特征与可持续发展研究》）

碉楼，通常在宅邸的对角，碉楼之间沿房子围墙设一圈"跑马廊"，因此具有重要的防御功能。

空间复杂：主院的基本格局相对而言是比较固定的"三合六方"三合院或"四厅九井"四合院，结构严谨，主次分明。但侧院的空间格局却没有比较固定的模式，而是根据需要进行组合，可以一侧加单跨院，也可以一侧加双跨院。院落的分隔也没有统一的模式，这样就形成复杂多变的空间，如潮溪村分州第西侧院具有多重连续屋顶（图2-5-33）。防御性比较强的住宅，出于防御角度考虑，增加了过道和具有瓮城性质的院落空间，加之跑马廊、碉楼等防御设施，使得整体空间更具有迷惑性。

（三）碉楼寨堡

清末，沿海地区匪患严重，雷州半岛地形平坦，无险可据，因此，成为海盗倭寇的必扰之地。为防御贼匪侵扰，保卫生命财产，雷州半岛村落便举全家或全族之力，大力营造寨堡碉楼。这些碉楼建于清乾隆至光绪年间，一般碉楼高两层半至五层，墙体厚1.5米，以砖石、杉木、配搭红糖石灰粘结砌筑，外敷抹兰黛色海泥，非常坚固。每座炮楼都有防卫走廊，炮孔枪眼等配套防御设施，能够防火防水防盗。这些因求安而产生的建筑往往融合了公共建筑及居住建筑的功能，并且对村落景观特色的构成也起到了别样的作用。

潮溪村"富德"碉楼是陈笃延住宅。该宅建于清代道光年间，建筑面积615平方米，砖木结构，为了防御贼寇侵犯，在西北角和东南角各设有一座碉楼。其高度大致相当于5层楼高，墙体厚实，非常坚固。有跑马廊、防火、防水、枪眼、水井等一套完整的防御体系。该建筑面积较小，却有着复杂的空间。进入大门首先是一个小天井，经过斜对的二进门才进入主院，不同于一般的主院，"富德"碉楼的采取了非对称的空间形式，然而立面上用对称的手法强调了北侧厅堂的核心地位。主院周围采用了檐廊，适应雷州半岛地区湿热的气候。西侧则是过道连接着的厝屋。主院南侧连着一个院落，类似于瓮城的性质，结合着环绕外墙跑马廊系统和西北东南两碉楼的设计形成完整的防御体系。建筑主要强调其保卫功能，因此在庭院布置方面遵循了日常生活的空间模式，追求舒适、安全，有很强的归属感和聚合力，而朝向便退居到了次要的位置；周围的护厝因其主要负责保卫功能，都紧密围绕核心院落，对角设置碉楼，对主宅院进行全方位的保护（图2-5-34，图2-5-35）。

昌竹园村碉楼是保存较为完整的清代建筑古寨堡式碉楼。建筑规模非常雄伟，呈东西长南北短的矩形，整座碉楼长67米，宽47米，高约8米，二层结构，建筑总面积6298平方米。该碉楼是为防匪贼盗寇骚扰而建，其防御布局合理，建筑工艺精巧。虽饱经沧桑，如今仍巍然屹立在村前（图2-5-36）。碉楼由石和砖合建，多组合院形式（图2-5-37），外墙厚达1.2米，坚固异常。整个碉楼唯有一个出入

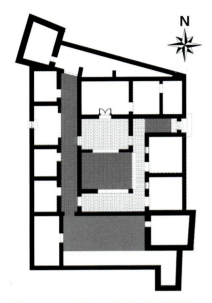

图 2-5-34 潮溪村"富德"碉楼平面图（来源：《潮溪村历史聚落空间特征与可持续发展研究》）

图 2-5-35 潮溪村"富德"碉楼屋顶全景（来源：华南理工大学民居建筑研究所 提供）

图 2-5-36 昌竹园碉楼全景（来源：华南理工大学民居建筑研究所 提供）

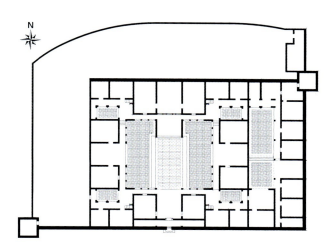

图 2-5-37　昌竹园碉楼平面图（来源：华南理工大学民居建筑研究所 提供）

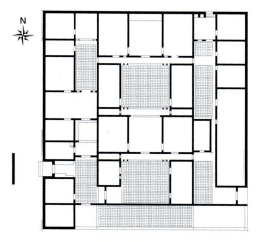

图 2-5-39　周家村"奉政第"平面图（来源：《基于可持续发展观的雷州半岛乡村传统聚落人居环境研究》所提供的图片改绘）

图 2-5-38　昌竹园碉楼内院欧式环廊（来源：华南理工大学民居建筑研究所 提供）

图 2-5-40　周家村"奉政第"山墙（来源：华南理工大学民居建筑研究所 提供）

口，且以厚重石材与铁门防护，内部上下两层，通道畅行，上下方便快捷。进门便正对祠堂，东西两侧对称各有一处客厅，四周上下环廊，主院一层环廊均以拱券为主题，柱头、柱脚均做欧式线脚，屋顶、屋脊等均用雷州当地的灰塑工艺装饰，这种西洋构造手法与中国传统建筑艺术结合完美和谐（图 2-5-38）。东西两侧各有偏院。为全方位防御外敌侵犯，堡的四角各有一个碉楼，其中南北两个为从底部砌筑起来，高度达十几米，其余碉楼为二层以上部分的悬挑砌筑，一方面节约碉楼造价，一方面增加瞭望与射击范围，提供防御性。古堡的墙上布满了枪眼和观察眼，做好了全方位的防范设施。碉楼内生活设施一应俱全，厅房众多，水井、库房等可以满足居者长时间的守卫，甚至还有宽阔的戏场和园林，以丰富堡内的生活。

周家村"奉政第"是大型寨堡式碉楼的宏伟之作，规模庞大，建筑最精美，装饰华丽，堪称古宅精华。平面呈方形，墙高约 7 米，建筑面积约 1800 平方米，有房 36 间，合院式布局，院内有天井 9 个，水井一口（图 2-5-39）。建筑的四角建有二层楼高的碉楼，围墙内周边约 5 米高处设走马道，走马道与四个碉楼相通，方便观察楼外情况。院内门洞为圆形，水行、木行山墙装饰，造型优美（图 2-5-40）。大门为凹斗门，装饰华美，高二层，上层与"走马道"相连，并设两个小窗，既可通风，又可窥望楼外。"奉政第"精美

图 2-5-41　周家村"奉政第"全貌（来源：雷州市城乡规划设计室蔡健 提供）

图 2-5-42　雷州古代建筑门楼集锦（来源：华南理工大学民居建筑研究所 提供）

绝伦的山墙更是它彰显屋主人地位与审美意识的最佳实证（图2-5-41）。在整个建筑的外围，以及靠近建筑主入口一侧的天井院里，柔美曲线的水行山墙富于动感跳跃，刚劲有力的土行山墙展示出威严与理性，这些丰富而富有变化的山墙占据了人们所能观望的任何一个角落，成为整个建筑群中的点睛之笔。

三、建筑细部与装饰

（一）装饰部位

雷琼建筑装饰往往与建筑的结构体系相结合，具有实用价值。建筑门楼、山墙、漏窗等成为装饰重点。

1. 门楼

雷琼民居的大门是开在住宅侧面，面向巷道。门是民居的脸面，它不仅仅是单纯的出入口，也是彰显住宅主人身份、权力、地位与财富的象征，因此各家各户在大门的设计上下足了功夫。大门往往是凹门斗的形式，起到遮风避雨的作用，为了突出入口，大门的屋面往往有意提高，高出周围的围墙，形成门楼的形式，门楼内分为两层，下层为过道，上层作储物用（为了防潮，经常在阁楼上放置物品）。门斗上书写的宅名，也应具有一定的文化内涵，通常体现了中国传统处事道德和人生追求，如"峥嵘"、"富德"、"登龙"、"德晖"、"家齐"、"道义"等。门楼常用彩绘或者灰塑装饰，也有少量用木雕做装饰（图2-5-42）。

a 邦塘村火行山墙

b 苏二村金行山墙

c 潮溪村"富德"土行山墙及装饰

d 多样的水行山墙

e 苏二村土行与木行山墙结合

f 周家村"奉政第"的水行山墙

图 2-5-43 雷州古代建筑山墙集锦（来源：华南理工大学民居建筑研究所 提供）

2. 外墙

雷州半岛的红砖建筑属于闽海系的影响范畴，墙体普遍使用红砖。建筑屋顶形式均为硬山顶，这种屋顶抗风、防火性能好。考虑到当地防台风及防御匪贼的要求，建筑山墙不仅厚实而且高大，往往会高出屋顶1米以上，这样就为山墙的造型变化提供了充分的操作空间。雷州当地人将传统红砖建筑的封火山墙称为"式墙"，可见这样的称谓无疑是将山墙样式特征作为建筑类型区分的主要标志。然而虽然深受闽潮文化影响，雷州古代建筑的山墙形式也并没用完全按照五行山墙形制，而是在其基础上加以变化，增加了泄风的孔洞和空隙，同时，匠人们也会根据屋主人的要求对山墙进行造型与装饰的丰富变化。有的造型有些像官帽的两耳，又称鳌鱼墙，镬耳墙，含独占鳌头寓意。在邦塘等村有大量的变形的山墙，造型规整；在龙门镇潮溪村等地，多见如意形复合曲线式山墙，其高度有的高出正厅数米，墙檐复合层叠，多的有四层，墙檐可见浅浮雕或者几何形浮雕线脚作为装饰，浮雕有些配壁绘，大都黑色为底，有时山墙檐边的装饰也用黑色。小型古代建筑在博风处常以色带或简单的图案以突显建筑轮廓，图案常用黑色底的水草和草龙；中实和大户人家常用彩画、灰塑作装饰，借色彩、明暗的变化打破大片山面的沉闷感。（图2-5-43）

关于墙体材料的配搭，在碉楼、墙基、门框等重要位置多采用条石，条石具有坚固、防潮、防腐蚀等优点。雷州地区曾经匪患严重，因此古代建筑加强了防御设计，碉楼、建筑外墙上部及门楼常常分布着瞭望口和枪口，这些枪口常常用吉祥如意的图案进行装饰，在加强防御的同时，很好的装饰了建筑外立面（图2-5-44）。

（二）装饰手法

雷州古代建筑比较突出的装饰手法是木雕、石雕和灰塑。

1. 木雕

与同时期北方建筑中的砖石木雕相比较，雷州半岛的雕刻更加秀雅细腻，工于小巧，比如一例：潮溪村一影壁的屋顶下檐不到20厘米的跨度，就分作五层雕刻，五层分别为浮雕花草、浮雕寿字、透雕草叶，浮雕菊花与浮雕卷草叶纹，在一、二与四、五两层间，还分别嵌有细小花瓣形挂落，不仅体现工艺之精，更体现出雷地官贾人家对建筑的其尽巧思（图2-5-45）。

图2-5-44 东林村司马第外墙（来源：华南理工大学民居建筑研究所 提供）

图2-5-45 潮溪村"朝议第"门楼檐下木雕（来源：华南理工大学民居建筑研究所 提供）

图2-5-46 石雕集锦（来源：华南理工大学民居建筑研究所 提供）

2. 石雕

石雕在雷州半岛古代建筑中多数是装饰在大门及门两侧、檐下的斗栱、柱础、狗洞等处。另有一种作为古代建筑中的特殊设置，就是显示门第的抱鼓石和辟邪物、守护神石狗等雕塑，雷州半岛曾为俚人居住地，狗崇拜观念至今犹存，并形成一个特殊的石狗文化圈，石狗在田间地头随处可见，形成了雷州地区特殊的文化风景。

古代建筑中的石雕无论是浮雕或圆雕，都在粗犷中衬托着纤细，就连石雕枪眼都做得很艺术，呈小葫芦形，天井的排水孔也用石块凿成古钱图案。柱础是雷州古代建筑中保存最多最完整的建筑石构件，这些柱础造型各异、款式多样，有圆形、六角形、亚字形等。这些石雕，或精雕细刻，或简洁大方，一刀一刻，均见匠心（图2-5-46）。

3. 灰塑

雷州半岛是沿海气候，为防海风侵蚀，灰塑中的灰批材料多用贝灰，这种用蚌壳等海贝制成的材料，表现形式精细雅丽，饰以古拙、幽雅的雕刻图案，有平面雕、浮雕、透空雕和立体形多层次雕。灰塑装饰，在雷州的古代建筑中用得最多的是易受人瞩目的墙面、露天的部位，比如屋脊、山墙、檐楣、照壁、门额等。灰塑中的彩描，常用在内檐、外檐下，题材多为山水、花鸟、书卷、宝瓶、文房四宝等，层次立体丰富，色彩斑斓。灰塑浮雕主要用在墙面和屋脊装饰，在多暴风骤雨的雷州半岛，建筑的落水口也成为了灰塑的重点的装饰对象（图2-5-47）。

四、建筑风格与精神

（一）红土文化，热情奔放

土地既是人类赖以生存的空间，又提供人类衣食住行所必须的物质基础，是文化建构的源起和根基。雷州半岛的砖红壤是在热带季风气候和生物因素作用下，由成土母质玄武

图2-5-47　灰塑集锦（来源：华南理工大学民居建筑研究所 提供）

岩发育而来。由砖红壤及其滋养生长的大面积热带作物和稻作、旱作景观成为雷州聚落赖以生息的环境基底。而由砖红壤制作形成的红砖则成为雷州古代建筑普遍采用的建筑材料。红砖砌筑的建筑，色彩艳丽、个性张扬，在蓝天碧海的对比映衬下显得格外耀眼夺目，体现了雷州人民在红土文化的长期浸润下造就的热情奔放的性格和大胆率直的审美取向。

（二）开放果敢，兼容并蓄

雷州半岛特殊的地理位置决定了该地区特有的建筑文化结构：一方面是外来文化的影响，另一方面是雷州本地固有的土著文化和海洋文化的发展。多元文化的兼容并蓄，造成了雷琼传统聚落及建筑的独特性。

雷州传统聚落布局，虽以广府汉民系的梳式布局为主要形式，但又同时涵括自由式和散点式布局，显示出本土的僚俚文化和疍民文化的基因沿存。其建筑单体格局，以与广府"三间两廊"同构的"三合六方"单元为基础，加入闽潮建筑横向拓展的个性，却又并不严守中轴对称的法则，形成开敞疏密朗、明亮活泼的院落组合。其建筑造型，将潮汕的"五行山墙"与广府的"镬耳墙"融合，再融入闽海原生的红砖墙体，出现了更加生动多元的形象。其防御体系，更是把广府以村落为单位设置的碉楼，结合到具体的住居内部，再引用了官式体系的"瓮城"要素，提升了防卫的深度和广度。

可见，雷州建筑文化既不固执于本土，也不盲从于他乡，而是有选择的吸纳，有判断的取舍，进而形成了一种既有别于闽潮又不同于广府的具有强烈本土特色的建筑语汇。

（三）空间灵动，组合多变

长期以来，雷州地区相对地广人稀，用地比较富余，因此建筑单元规模较大，平面形态灵活多变，聚落结构也相对松散。其建筑单体平面以三合院与四合院为基础通过横向扩张增加包廉和旁院，形成主次分明、内外有别、层次丰富的空间序列。由于不讲求中轴对称，入口位置和旁院数量也不僵化固定，导致其空间组合方式更显得灵动多样、不拘一格，能够满足多元化的使用需求。考虑到安全因素，有的建筑内部还有意的设计了具有一定的迷惑性的交通流线，进一步增加了空间组织的复杂程度。

（四）山墙多样，形态丰富

出于防风、防火、防贼等综合功能因素的需求，雷琼系古代建筑的山墙特别高大厚实，其外在形象成为聚落的一个显著特征。受闽潮建筑的影响，雷琼山墙也会根据建筑的方位、环境以及主人的命格，按照阴阳五行之说分为金、木、水、火、土五大类。但雷琼人热情奔放的性格和海纳百川的态度，使其山墙造型更为夸张，不仅基本型具有更多的变体，就连转折和跌落的频度也大大提高。不少山墙样式是雷琼民系独有的创造，它们提高了雷琼建筑文化的识别度，体现了当地人民特有的审美倾向和文化追求。

广东从先秦时代的"百越"之地发展到明清经济文化鼎盛的"岭南邹鲁"，汉越文化不断走向融合共生。因历代南迁汉民的时序、源地及分布差异，汉族内部又逐渐分化形成广府、潮汕、客家、雷琼四大民系，从地域上对应着广东境内的四大文化区。各民系在长期的生存实践中形成了较为成熟的聚落形态和建筑体系，发展出丰富多彩的公共建筑和民居类型。

从建筑的选址布局、群组模式到单体形制及细部装饰，四大民系建筑体系皆衍生出自身的特点：广府民系古代建筑形成经世致用、开放务实，规则有序、井然和谐，深池广树、连房博厦，装饰多样、图案几何的特色；潮汕民系古代建筑形成恪守礼制、密集聚居，中轴对称、平稳庄重，多元组构、合理构筑，色彩绚丽、华美细腻的特色；客家民系古代建筑形成阴阳互补、和谐统一，敬宗收族、向心聚居，坚固安全、厚实庄重，淡雅自然、朴实无华的特色；雷琼民系则形成红土文化、热情奔放，开放果敢、兼容并蓄，空间灵动、组合多变，山墙多样、形态丰富的特色。古代建筑在漫长的历史中形成的这些特色，实际上是长期适应周边自然人文环境的结果，将成为新时期建设中传承优秀传统建筑文化的重要依据。

第三章　近代建筑

　　广东地区因密集联系的水网，便捷的海运条件使其在历史上就拥有对外贸易的绝好条件。又因文化上的包容性和开放性，与外来文化的交流频繁，吸纳和接受程度也相对较高。但真正从较广范围和较深层次产生影响的时期是自鸦片战争之后。帝国主义国家在军事、政治、经济上不断扩大影响的同时，在建筑上也渗入了其建造思想与建造方式，加速了广东地区近代化的历程。建筑因功能需要的变化而类型开始细化和增多，丰富了社会文化生活，加速了城市综合职能的转变。

　　广东地区外来与本土结合的建筑形式，依据融合方式，主要体现为外来形式主导下的本土元素融入式风格以及本土主体的外来元素融入式风格。外来形式主导下的本土元素融入式风格主要体现在教堂教会建筑、洋行买办建筑以及外国建筑师在粤设计的一些建筑项目中，而本土主体的外来元素融入式风格则多体现在商业骑楼、城市别墅洋楼和侨乡民居建筑中。广东近代建筑从其立面特征又可提炼为五种风格，包括：欧洲古典式的建筑、"外廊式"建筑、折中主义建筑、中国固有形式建筑以及近代"国际式"建筑。而从其内涵上看，广东地区的近代建筑主要体现了四大特征：一、关注本质、适应气候；二、合理务实、强调功用；三、自然演进、科学发展；四、兼容并蓄、开放多元。

第一节 近代建筑演变与类型

中国近代史时期（1840～1949年）是中国建筑急剧变化的时期。一方面，由于封建经济结构的逐步解体，资本主义的侵入和发展，开始了一系列新的建筑活动；另一方面，由于中国经济、政治和文化发展的极端不平衡，反映在近代建筑活动上，也呈现出各方面的复杂性。中国近代建筑处于承上启下、中西交错、新旧并存、相互影响的过渡阶段，从广东近代建筑上，也可以看到这方面的影响。

一、近代建筑演变

晚清后期至民国时期岭南建筑，融入了西方的建筑文化特点。其实在明后期及前清，岭南已开始出现西式建筑，明万历年间，葡萄牙殖民者租占澳门，在澳门建立起教堂、宅居、城垣和炮台，是最早在中国领土上建起的西方建筑。由于广州在明代以来一直是通商口岸，较早受到外来文化的影响，出现了西式建筑十三夷馆以及用欧洲人物形象、罗马字钟、大理石柱为建筑装饰，采用套色玻璃等进口材料的案例。鸦片战争以后，又有汕头、海口开埠通商，广州沙面、香港、广州湾（今湛江）被租借或割占。西方文化加大了传入的势头。直至清末，在岭南兴建了一批西式建筑，有教会兴建的教堂及附属的医院、学校、育婴堂、修道院等，广州石室是远东最大的哥特式石构教堂（图3-1-1）；有外国人居住的领事馆、别墅；还有海关和银行、商行等金融、贸易机构。清末，近代交通发展，建有火车站、汽车站及近代码头等。在口岸城市和侨乡，出现了一批中西结合的住宅、园林、茶楼、酒家等建筑。开始采用混凝土、钢材等建筑材料和近代建筑技术，光绪三十一年（1905年）建成的岭南大学马丁堂，是中国最早采用砖石、钢筋混凝土结构的建筑物之一。

从清末到民国时期，传统形式的建筑仍有所修建，但结构、装饰趋向简化。民国初年到20世纪二三十年代，广东原来许多州府县城掀起拆城墙、开马路的市政建设高潮，迅速形成以骑楼为主要特征的街市。不仅城市范围扩大不少，新式马路也同时建成，构成了新的道路网络；两旁不同风格的新式建筑渐渐取代旧式建筑，商店向马路开门，形成敞开式的门面；加上电灯、自来水、汽车、电话以及其他市政设施兴起，组合成新街道景观。此后城镇建设，也多有一定规划为指导，形成明显的功能分区，如广州西关商业、城内行政、东山住宅等。近代城市功能运行所需要的各部门和设施，如政府机关、银行、公司、茶楼、公园、旅馆、商店、百货等建筑风格多种多样。新的地方特色和时代特色正在逐步形成，如街道两旁骑楼，即为西方文化与地方环境相结合的产物；而沙面西洋建筑，则是殖民地文化入侵广州的痕迹。新材料、新技术的出现，令城镇风貌有了很大的变化。在广州，民国

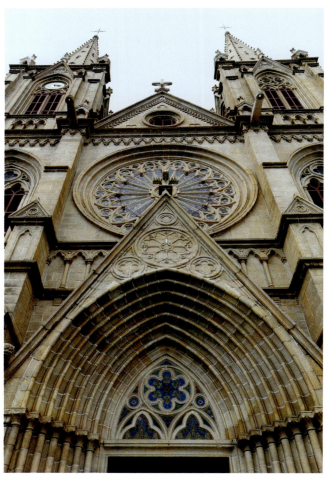

图3-1-1　广州圣心大教堂（来源：华南理工大学民居研究所 提供）

11年（1922年）建成岭南第一座混凝土结构高层建筑大新公司，高12层50米；民国26年（1937年）建成岭南第一座钢框架高层建筑爱群大酒店，高15层64米多，都是当时称为岭南建筑之冠的高层建筑。另外，还建成中山纪念堂(图3-1-2)、广州市府合署大楼（图3-1-3）等一批大型公共建筑物。

这一时期的建筑，处于激烈演变的阶段，建筑造型风格主要有三大类：

（一）传统造型建筑

在岭南的许多地方仍有修建，比如修建宗祠、庙宇等，仍沿袭传统形制，采用传统的工艺技术。当然，也不是全部一成不变，如有的雨亭、梁桥，就采用了混凝土与砖石结合混合结构，在局部装饰上，有的采用了西方纹饰。

（二）西式造型建筑

进入20世纪后，在大中城市中出现行政、会堂、金融、交通、文化、教育、医疗、商业、服务行业、娱乐业等各种半封建半殖民地社会公共建筑的新类型，如银行、领事馆、海关、百货大楼、大酒店、图书馆、博物馆、火车站、邮电局等。广州的沙面、长堤一带最为集中，呈现出西方不同国家不同时期的风格。沙面租界现存的150多幢西式建筑，有新古典式、新巴洛克式、券廊式、仿哥特式等建筑。光广州就建有哥特式建筑风格特点的石室教堂；新古典主义风格的粤邮政大楼（图3-1-4）、粤海关大楼（图3-1-5）、大新公司、嘉南楼、广东大学大钟楼（图3-1-6）；

图3-1-2　中山纪念堂（来源：华南理工大学民居建筑研究所 提供）

图 3-1-3 广州市府合署大楼（来源：华南理工大学民居建筑研究所 提供）

图 3-1-4 粤邮政大楼屋檐细部（来源：华南理工大学民居建筑研究所 提供）

图 3-1-5 粤海关大楼钟楼细部（来源：华南理工大学民居建筑研究所 提供）

图 3-1-6 广东大学大钟楼（来源：华南理工大学民居建筑研究所 提供）

古典折中主义风格的省财厅大楼（图3-1-7）、广东咨议局（图3-1-8）；还有现代风格的永安堂大厦、爱群大厦（图3-1-9）；东山一带则是近代"花园式洋房"的集中地。广东其他各地建有湛江广州湾商会、海口钟楼、江门"帝国海关"旧址、北街火车站旧址、台山新宁火车站旧址、开平关族图书馆等西式建筑。

（三）民族文化造型建筑

以吕彦直、杨锡宗、林克明为代表的中国建筑设计大师，探索民族形式与新的建筑材料、建筑功能的结合设计。代表性建筑有中山纪念堂、市府合署大楼、岭南大学马丁堂、中山图书馆北馆、广州东征阵亡烈士墓、中山大学（今华南理工大学、华南农业大学）的一些课室和宿舍，这类建筑与原来的民族传统建筑造型和功能状况都有所不同。西方传教士为了面向中国人传教，在教会建筑上采用了中西合璧的形式，突出了中国传统建筑的大屋顶，在门窗、基座栏杆上也采用了斗栱、雀替、云鹤纹望柱头等中国传统的装饰手法，其代表性建筑在岭南大学多有所见（今广州中山大学）（图3-1-10、图3-1-11）。

二、近代建筑类型

中国传统类型的建筑还在继续使用、改建或新建，如寺庙、祠堂、书院、会馆、民居、园林等。手工业作坊随着商业的发展，普遍出现了商店兼作小手工业作坊或手工业工场。

同时，随着城市政治、经济及商业的快速发展，新的建筑类型不断涌现，这时期的建筑发展有下列特点：1）外国侵略者在通商口岸租界内设立领事馆、工部局，建造洋行、

图3-1-7 省财厅大楼（来源：华南理工大学民居建筑研究所 提供）

图3-1-8 广东咨议局（来源：华南理工大学民居建筑研究所 提供）

图3-1-9 爱群大厦（来源：华南理工大学民居建筑研究所 提供）

图3-1-10 广州岭南大学建筑（来源：华南理工大学民居研究所 提供）

图3-1-11 广州岭南大学建筑（来源：华南理工大学民居研究所 提供）

银行、住宅、饭店等不同类型的建筑。2）教堂建筑的发展。1840～1919年，是西方教会建筑主要活动时期，在中国许多城镇都兴建教堂。3）城市新型住宅类型的出现。由于城市人口剧增，房荒严重，于是出现作为商品的住宅。4）洋务派的官办企业、官督商办企业和民族资本创办的企业，这些企业的工业厂房和外国人设立的工业厂房等一起构成了中国近代工业建筑。

广东近代建筑新的类型主要有：

（一）教堂建筑

最有代表性的是广州圣心大教堂，于1863年奠基，1888年建成。建筑继承法国哥特式天主教堂风格，正立面竖立高高的双尖塔，建筑结构主要以石材为主，所以又有"石室"之称。还有沙面法国露德圣母天主教堂、英圣公会基督教堂等。

图3-1-12 粤海员俱乐部（来源：华南理工大学民居研究所 提供）

（二）领事馆、银行洋行建筑

广州珠江北岸的沙面，1857年之后成了英、法帝国主义的租界地，这里有许多国家的领事馆、银行洋行金融机构及花园洋房、俱乐部、咖啡馆等建筑（图3-1-12），并在沙面和广州之间挖了一条河，河上架两座桥，分别由英、法所控制。沙面先后建有英、法、美、德、苏联、波兰等国的领事馆，外国银行建筑也多集中在沙面，有中法实业银行、东方汇理银行、万国宝通银行、汇丰银行、渣打银行等，还有法国新志利洋行、宝华义洋行、英国洛士利洋行及新沙逊洋行等。

（三）办公建筑

广州市府合署大楼（建于1934年）在建筑形式上采用宫殿式，屋顶铺设黄色琉璃瓦，内部装修采用图案天花及传统纹样装饰（图3-1-13）。位于永汉路（今北京路）的广东省财政厅，是采用西方古典主义的手法和中轴对称的构图，楼高4层。广州市海关，前为粤海关，建于1923年，采用西方古典主义的手法和中轴对称的构图，正中布置高台基，并以主门廊和钟楼为中心，左右对称布置双柱式柱廊，整体效果突出，强调庄严与稳重（图3-1-14）。

（四）文教建筑

文化、教育、卫生等建筑中有很大一部分是教会建筑，教会学校有广州培正中学、培英中学、培道中学、真光中学、岭南大学等。还有1931～1933年在广州石牌所建的中山大学（图3-1-15）、1931年所建的中山图书馆（图3-1-16）等。

（五）商业建筑

旧式商业建筑接受外来建筑的影响，在扩大营业空间和追求洋式店面等方面，开始出现明显的变化，表现了标新立异的广告式装饰效果。新商业建筑包括大百货公司、综合商场及娱乐场等，如广州沿江路的大新公司（南方大厦），由大洋洲华侨蔡兴等人集资于1918年在西堤创办（图3-1-17）；先施公司（华夏公司），由大洋洲华侨马应标投资，1914年在长堤创建，是集百货、旅业、游乐于一体的大百货公司。

图 3-1-13　广州市府合署（来源：华南理工大学民居研究所 提供）

图 3-1-14　广州粤海关大楼（来源：华南理工大学民居研究所 提供）

图 3-1-15　广州中山大学理学院教学楼（来源：华南理工大学民居研究所 提供）

图 3-1-16　广州中山图书馆（来源：华南理工大学民居研究所 提供）

（六）公寓酒店

广州爱群大厦，由香港爱群人寿保险公司投资，1937年落成开业，楼高 15 层，为当时广州最高的建筑物。还有在人民南路的新亚大酒店和新华酒店等。

（七）茶楼建筑

茶楼是广东旧式商业建筑中最突出的一种类型，其门面装修讲究华丽醒目。一般布置分前后两部，前楼为普座，后楼为雅座，中间布置雅致的小庭院。内部装修为中国的传统装饰，常用门罩、隔扇分隔空间，而外部装修多受早期西方建筑影响，例如陶陶居和莲香楼（图 3-1-18、图 3-1-19）。

（八）交通与工厂建筑

广东在各枢纽位置新建了一些火车站，如广东粤汉铁路黄沙车站（图 3-1-20），广九铁路东站等。随着生产的需要，也兴建了一批工厂建筑，如广东士敏土厂、广州五仙门电厂等。

（九）住宅建筑

居住建筑在大中城市有了进一步发展，产生了多种新住宅类型：

1. 独院式高级住宅

总平面宽敞，讲究庭院绿化，有卧室、饭厅、厨房、卫生间等。东山、梅花村为高级住宅较为集中的地区，建有西式花园住宅即所谓"摩登式"洋房，配有较完善的生活设施和卫生设备（图 3-1-21）。

2. 联排式住宅

西关地区，如逢源路、宝华路一带的住宅建筑除了封建大家庭使用的"关西大屋"、较为简陋的"竹筒屋"外，沿新开的道路建有多层的住宅建筑，建筑平面多从传统民居的平面演化而成，建筑布局处理较为成功，以天井间隔，通风良好，适合南方炎热的气候，并注意环境的安静。住宅外立面有西方装饰式样（图 3-1-22）。

图 3-1-17　原广州大新公司（来源：华南理工大学民居研究所 提供）

图 3-1-18　广州第十甫的陶陶居（来源：华南理工大学民居研究所 提供）

图 3-1-19 广州莲香楼（来源：华南理工大学民居研究所 提供）

图 3-1-20 商办广东粤汉铁路黄沙车站（来源：《广州旧影》）

图 3-1-21 广州西关西式民居（来源：华南理工大学民居研究所 提供）

图 3-1-22 东山梅花村陈济棠公馆（来源：华南理工大学民居研究所 提供）

第二节 外来形式主导下的本土元素融入式

外来文化对广州的影响很大程度体现在建筑类型的增多和建造方式的差异融合上。通过建立教堂传播西方信仰和文化，通过建立教会学校和医院以培养人才和提供西医医疗服务，通过洋行和买办建筑处理商业事务及政务，还依照西方工业文明的成果置办水泥厂、电厂、消防署等工厂和公共设施。而这些建筑基本是移植西方的建筑主体，其结构和功能形式基本按照西方的建筑观和建筑手法予以建造。除少部分建筑完全按照西方建造，例如教堂，其他类型中的大部分建筑也绝非全盘西化，而是采用了妥协式接纳和融入本土元素的建造。

例如，真光中学的真光堂屋顶采纳中国传统的瓦坡屋顶，柔济医院的林护堂采用了中国传统门斗装饰（图 3-2-1），大元帅府外立面无本土痕迹（图 3-2-2），但其屋顶也采用了双坡瓦顶。这类建筑主要呈现的是建筑结构及功能上的西化，而屋顶和局部装饰上或又体现本土特征的，我们将之归入到外来形式主导下的本土元素融入式风格。以下从教堂与教会建筑、洋行与买办建筑以及外国建筑师参与的其他项目进行分述。

图 3-2-1　林护堂门斗（来源：华南理工大学民居研究所 提供）

一、教堂与教会建筑

广东由于其长期对外通商及毗邻香港、地处沿海的优越地理位置，使得西方文化较早得以传入并在此扎根，其中，宗教文化便是其中重要的一个方面。教堂是西方宗教的标志之一。广东现存的教堂主要是天主教教堂和基督教教堂。为进一步文化渗透，教堂还兴建了教会医院和学校等建筑。

（一）教堂建筑

露德天主教堂，是法国人 1889 年创立的天主教教堂，是鸦片战争前后外国人来广州创开的第二个天主教堂。教堂为欧洲尖塔式建筑，属仿哥特式建筑，造型精巧。教堂西、

图 3-2-2　大元帅府屋顶（来源：华南理工大学民居研究所 提供）

东周边均留有小绿地，供绿化与行人使用。前端内院有"石山和圣母塑像"等工艺砌作和灰塑，有较浓厚的宗教色彩与欧洲小镇风情，且设计与建筑皆精，与街前古树、绿化广场

图 3-2-3　露德天主教堂（来源：《全国重点文物保护单位——广东文化遗产》）

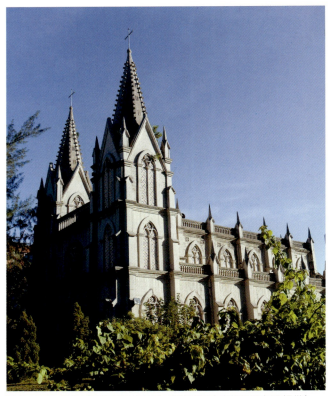

图 3-2-4　维多尔天主教堂（来源：华南理工大学民居研究所 提供）

连成一线混为一体，蔚为大观。被视为沙面地物标志之一。露德天主教堂占地面积839.75平方米。该建筑是梁柱结构，主体建筑由大堂，神父楼、修女楼、圣母山组成，大堂在前，神父楼在后偏东，修女楼在后偏西，圣母山在大堂偏东。现有附属建筑两幢，一幢为两层楼房，一幢为平房。立面主要门窗的山尖和塔楼四角的小尖塔，八角形攒尖顶上复杂的采光窗和棱垛，还有连续的小尖拱和由上向下收分的扶壁柱都特色鲜明（图3-2-3）。

位于广东省湛江市霞山区绿荫路85号的维多尔天主教堂，是湛江唯一的哥特式教堂。教堂坐西朝东，砖石钢筋混凝土结构，墙面使用石材，外表光洁神圣。该建筑的建筑面积为985平方米，是典型的哥特式风格建筑物，前面有空地61平方米，有方柱铁枝作围栏。后面是园圃，建筑正面是一对巍峨高耸双尖石塔，高指云霄。教堂内是尖形肋骨交叉的拱形穹隆，正门大门上面和四周拱壁分布的花岗棂，都是合掌式，门窗均以颜色较深的红、黄、蓝、绿等色的七彩玻璃镶嵌，光彩夺目（图3-2-4）。

汕头礐石教堂创建背景是1860年北美浸信会国外宣道会派耶士摩（Rev·william Ashmore）与约翰逊（Mr·J·w·Johnson）两位牧师和七位华侨到汕头妈屿岛传教，并于1865年由美国差会于德国铁匠葫芦头家购得一山一谷建教士楼，在楼下开办明道妇女学校并做礼拜，此为老礼拜堂。其后信教人数逐渐增加，旧礼拜堂不够容纳多人礼拜，遂于民国19年（1930年）在美国教会帮助下重建并扩建成新的礐石堂。礐石堂乃当今东南亚甚至世界上独一无二的石木结构园林式教堂，从外观看，那飞檐琉瓦、门亭楼榭酷似于宫殿；进入教堂内部，在强光透射下的拱形窗及其上流光溢彩的彩玻，还有那内骑楼又不得不让您感到颇具洋气，堪称中西合璧之完美。如此独特的建筑风格缘于当年教会历史的特定背景。

圣·方济阁·沙勿略墓园教堂始建于1552年，初时范围比较小，后经明、清、民国等各个时代重修和扩建，形成了如今的规模，墓园区的建筑，包括方济阁墓、方济阁铜像、教堂、营养室、水井、石碑、花园、步行阶梯、码头等。整个墓园区面向南海，墓园前有步行阶梯通道与海边的码头和道路相连接。墓园的主要建筑——教堂是清代同治八年（1869年）重修时所建，是一座3层哥特式建筑，拾级而上，第一层由花岗石条砌成，第二层、第三层是由钢筋混凝土结构制成，第三层尖塔顶上有天主教标志的十字架。

（二）教会建筑

为传播思想，并进一步进行经济控制和文化渗透，西方教会逐渐在中国办学。当时西方教会所办的各类学堂多集中于广州、香港、上海及南京等地。广东地区较早便与西方进行着频繁的贸易往来，对西方文化的接纳也更为宽容。广东地区的教会建筑经历初期的兴起与发展后，在19世纪末，随着全国民族主义情绪的高涨，反教活动日益趋烈，传教活动出现了夭折的危机，此时传教士们谨慎地将宣教与教育相联系，开始致力于中高等学校的建设，一方面务必使在中国的传教事业得以继续延续，另一方面也得到当地人民的认可。在岭南地区，教会建筑呈现出了中西融合，又带有明显地域特征的建筑风格和建筑形态，其中又以教会学校建筑最具代表。

最早在广州建立的教会学校有1850年的广州男塾以及1853年设立的广州女子学校，至新中国成立前，基督教先后创办中小学校、书院、专业学校约50间，幼儿园一批，其中较为著名的有格致书院（岭南大学前身）、真光中学、培正中学、培英中学等。

真光中学，初名为真光书院。起先于1872年在广州沙基金利埠落成，是首个广州女子学校。1878年迁校仁济街，内设初小班、高小班、成年妇女班、研经部等，前后兴建的两座校舍，可供100多人寄宿学习。书院内有1间大礼堂、四间课室、3间会堂或膳堂、35间住房、40张客床，还有20间妇人班住房、10间细班住房等，其大致可区分为教学用房、后勤用房、办公用房以及神学用房。可见其功能之细化程度。1913～1916年又于白鹤洞购地重新规划，设计校舍。新校舍采用中轴对称式布局，由5座建筑组合而成，建筑均为2～3层钢筋混凝土建筑。真光堂、连德堂、必德堂形成为新校园主体建筑（图3-2-5～图3-2-7）。

岭南大学的早期校园规划由美国纽约斯道顿建筑事务所制定，是非常经典的美国式校园规划。1904年9月，该所完成了岭南大学第一栋教学楼马丁堂的建筑方案。马丁堂总建筑面积2516.48平方米，共分3层，11开间，另有地下室和阁楼。前后开门，南立面的正中央为主入口，两边各有一个左右对称的次入口，地下室入口设在西立面下方，门前均有花岗石台阶。马丁堂最初的建筑特征为典型的英式风

图3-2-5 真光中学连德堂（来源：华南理工大学民居研究所 提供）

图3-2-6 真光中学真光堂入口（来源：华南理工大学民居研究所 提供）

图3-2-7 真光中学真光堂出口（来源：华南理工大学民居研究所 提供）

图3-2-8 岭南大学马丁堂（来源：华南理工大学民居研究所 提供）

格，周边敞廊，即主要利用房间的周边以柱廊的形式将其围合，所形成的开敞的外廊成为室内外之间不可缺少的过渡空间和生活空间。一层使用了平缓的砖拱起装饰作用，二、三层没有拱券，中以红砖分割成东、中、西堂，各堂间隔墙砌壁炉。外墙为优质清水红砖墙，墙面有砖砌花式装饰，以及花岗石砌出的各式线脚，具有细腻多变的风格。墙体用一皮顺砖、一皮丁砖的西式砌法，砖缝用石灰砂浆勾成"灯草缝"，十分讲究砌砖和拼砖艺术，给人以精致、庄重、朴素大方之感（图3-2-8）。

培正中学1919年建造的王广昌寄宿舍楼为外来样式。外来的设计图纸带有半地下室，平面形式上采用单侧券廊式。宿舍楼在入口处加了两层高的西式简化柱式。外廊取消了圆拱造型，并设有外伸的薄檐板。

教会学校以西方教育体制设立课程，以西方校园规划为模本，以西方建筑为原型设计校舍，它们的出现打破了千年封建儒家书院的传统教育体制与封闭的建筑形制，也一度成为我国现代科学教育兴起的触发点。此外，教会还创办了一些医院，如夏葛女医学堂、柔济医院、端拿护士学校等，为西医在中国的传播和发展起到了极大的作用。

二、洋行与买办建筑

在中国近代历史上，曾经有一段土地被西方列强瓜分的历史。鸦片战争后，西方侵略者在广州以十三行地区为基点，继续加紧殖民化的步骤；另一方面逐步实行战略重点转移。1844年7月，英、法、美三国在上海自行公布《英法美租界地皮章程》14款，同年12月在广州由英美两国驻粤海军也发布同样的土地章程公告，这标志近代租界制度在上海和广州同步完成。后法国又于1898年4月9日要求清政府将广州湾租与法国，并于1899年11月签订了《中法互订广州湾租界条约》，开始了在广州湾这片土地上的殖民及建设历史。殖民者在租界和租借区域，建起了许多洋行和买办建筑。

（一）沙面

沙面，曾称拾翠洲，因为是珠江冲积而成的沙洲，故名沙面。沙面位于广东省广州市市区西南部，南濒珠江白鹅潭，北隔沙基涌，与六二三路相望的一个小岛，有大小街巷8条，面积0.3平方公里。沙面在宋、元、明、清时期为中国国内外通商要津和游览地。鸦片战争后，在清咸丰十一年（1861年）后成为英、法租界。沙面是广州重要商埠（图3-2-9、图3-2-10）。

沙面近代租界的建设发展迅速，西方多种建筑艺术形式在短期内相继传入，西方各种地方风格的建筑也相继登场；往往在同一栋建筑上，会出现多种建筑艺术风格集于一身。新古典主义亦称古典复兴，提倡复兴古希腊、罗马的建筑装饰艺术，但比古典主义的风格更简化。主要特征是构图规整。新古典主义风格在沙面建筑艺术中有着独特的地位，它模仿西方古典复兴的手法，追求气势雄伟，严谨对称，建筑平面功能简单，立面构图均采用三段式手法。通常采用粗大的石材（或仿石）砌筑底层外墙作为建筑的基座，中部墙身采用巨柱式外廊，显得华丽而气派。檐口处理及细部装饰手法灵活，做工精细。沙面许多银行、洋行等金融机构多采用这种严谨的新古典主义形式，以显示他们的权力和财富，如沙面原法国东方汇理银行，底层为稳重的基座，墙面仿石勾缝，二至三层墙身采用陶立克双巨柱（图3-2-11）；沙面原万国宝通银行，则采用爱奥尼克柱式贯通一至二层墙身，柱与柱之间设圆形拱券，屋顶做密肋式挑檐处理，表现出新古典主义的典型特征。

折中主义是把各种古典建筑风格混用在同一种建筑中，造型审美是受19世纪西方盛行折中主义影响的结果，折中主义风格也是沙面建筑的主流。如沙面英国领事馆，平面设计上较为规整，东立面的首层采用了拱券式门廊和曲线墙面，追求动态感和曲线装饰，使立面华丽而庄严。建筑造型既没有古典主义那样严谨，又不同于巴洛克建筑那样烦琐复杂，使建筑具有独特的艺术魅力。原英国汇丰银行也是典型的折中主义建筑，虽然在立面设计上仍采用古典主义三段式的构图，但转角弯顶塔楼及许多细部又采用了巴洛克装饰手法，

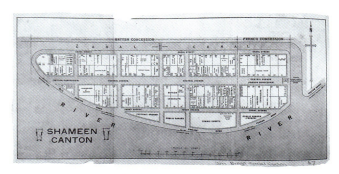

图3-2-9　沙面旧地图（来源：广州市国家档案馆、广州市荔湾区档案馆，沙面）

图3-2-10　19世纪末沙面北岸（来源：《广州百年沧桑》）

细部装饰精美耐看，堪称沙面近代建筑之精品。

位于沙面大街54号的汇丰银行，始建于1865年，重建于1920年，今为胜利宾馆。该建筑有五大特点：第一，建筑第二、三层的西面和南面外设置外廊；第二，室内中部二层以上处开南北向长条窗天井，天井上部设两条天桥连接被条形天井分开的东西两部分楼房；第三，西南两主立面的面材和造型基本一致，山花门、窗户、廊柱等讲求对称，变化多样，造工精细；第四，第四层立面简洁，重点突出屋顶西南角的塔楼，塔顶和塔身都采用古典复兴式风格，而塔座采用巴洛克风格；第五，在栏杆材质设置方面较有特色（图3-2-12～图3-2-14）。

西方新艺术运动也在沙面近代建筑中有所反映，新艺术运动的目的是解决建筑与工艺品的艺术风格问题，形式表现主要在沙面建筑的装饰上，如沙面南街原法兰西银行、沙面北街原英国雪厂、沙面大街原英国医院等，墙面都采用了一些植物纹样和铁件装饰，窗栅和铁门用铸铁做成精美的图案，

图 3-2-11　原法国东方汇理银行（来源：《全国重点文物保护单位——广东文化遗产》）

图 3-2-12　原汇丰银行（来源：《全国重点文物保护单位——广东文化遗产》）

图 3-2-13　原汇丰银行门细部（来源：华南理工大学民居研究所 提供）

图 3-2-14　原汇丰银行窗细部（来源：华南理工大学民居研究所 提供）

体现出简洁造型中又带有细部装饰的艺术特征。

此外，还有亚洲殖民地式风格建筑。法国领事馆，位于沙面街20号。建于1915年，占地面积580平方米（主楼），砖木结构，2层，为典型的沙面早期亚洲殖民地式建筑风格。法国领事馆是一座典型采用欧洲古典柱式的建筑物。建筑平面呈方形，四边设回廊，中间设内廊。从内廊可进入各个房间，并设楼梯上下各层。直坡四坡屋顶呈四棱锥状，遵循广州传统屋顶27度的坡度并铺有广州传统建筑的陶瓦。坡顶四周下设与下面回廊等宽的平天台。坡顶边缘竖起高高的壁炉烟囱。正立面朝正南，前面有7米宽的空地，空地前设围墙。正立面中部女儿墙逐级升高，既突出重点，背后又可设置旗杆支座。侧立面和后立面都有次入口。整座建筑显得很古朴。建筑细部采用古典装饰，如入口门窗、围墙立柱（图3-2-15）。

图 3-2-15 原法国领事馆（来源：麦胜文收藏明信片）

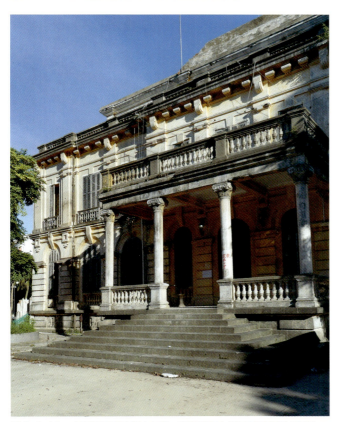

图 3-2-16 广州湾近代建筑（来源：华南理工大学民居研究所 提供）

（二）"广州湾"

广东省湛江市旧称"广州湾"（Kwangchowan），前身是法国租借地（殖民地）。湛江是粤西地区最大的城市，因其靠海，在近代有一段被西方国家统治的往事。1899 年，湛江市区被法国"租借"，当时名字叫"广州湾"，对外贸易曾繁盛一时。1943 年，广州湾为日军占领。1945 年抗战胜利，广州湾回归，从此定名为"湛江"（图 3-2-16）。

广州湾自 1899 年 11 月 16 日按中法《广州湾租界条约》七款租借给法国，广州湾法租界至 1945 年归还中国政府，共长达 47 年之久。法租界广州湾被划分为四大行政管理区，（即赤坎区、东海区、坡头区、硇州区）。后赤坎设市，市长由总公使委任。

广州湾在被殖民统治期间，兴建了一批有西方特色的建筑，如建于 1925 年建筑广州湾总公署大楼、广州湾商会会馆，以及各种大小烟馆、学校、公办医院等。

广州湾总公署大楼为混凝土建筑 3 层，地上两层，半地下一层，总面积共 1902 平方米。底层处理成基座（地下室），三层以上筑钟楼。正门为弧形台阶，直通二楼，两侧各有两个小弧形台阶，二、三层前均有欧式花栏围廊。室内宽敞，筑有壁炉、装饰性门窗。具有鲜明的近代西式建筑风格（图 3-2-17）。

广州湾商会馆位于广东湛江市赤坎区民主路，1922 年由赤坎各商号筹款在原平房旧址兴建。1923 年破土动工，1925 年落成。商会馆仿法国钟楼样式设计，二层钢筋混凝土结构，顶有钟亭，风格别致，是赤坎最早的现代堂皇建筑（图 3-2-18）。

三、国外建筑师参与的其他建筑

除了教堂、教会建筑，洋行及买办建筑，国外建筑师还参与建设了一些其他类型的建筑，例如水泥厂、电厂、消防署、医院及码头设计等。

由澳大利亚人 Purnell 和 Paget 设计的广东士敏土（即水泥，是英文"cement"的粤语音译）厂，于 1907 年兴建（清光绪三十三年），是中国当时第二大水泥厂，位于广州市海珠区纺织路东沙街 18 号，产量仅次于天津开平水泥厂，其花岗石门楼，长 3.85 米、宽 0.94 米、厚 0.13 米。门额上刻有"广东士敏土厂"的字样，刻有纪年款"光绪丁未冬月"。1917 年，孙中山发起"护法运动"，率领部分海军南下广州，

图 3-2-17　广州湾总公署大楼（来源：华南理工大学民居研究所 提供）

图 3-2-18　广州湾商会馆（来源：华南理工大学民居研究所 提供）

图 3-2-19　大元帅府门楼（来源：华南理工大学民居研究所 提供）

图 3-2-20　大元帅府（来源：华南理工大学民居研究所 提供）

召开国会非常会议，征用此地作大元帅府。大元帅府总占地面积为 8020 平方米，由南北两座主体大楼，东西广场和正门等组成。两座大楼主体是三层拱券的殖民地式建筑，每层都有券拱式凉廊，灰脊瓦面双坡顶，中间有架空走廊相连。建筑由花岗石，红砖，水泥，钢材及木等构筑，楼板横梁采用法国进口钢（图 3-2-19、图 3-2-20）。

Purnell 和 Paget 的事务所设计的广州市中央消防总署大楼参照当时英国消防楼设计筹建，为西方古典柱式构造建

图 3-2-21　五仙门电厂原址（来源：华南理工大学民居研究所 提供）

图 3-2-22　五仙门电厂外立面（来源：华南理工大学民居研究所 提供）

图 3-2-23　五仙门电厂屋顶山墙（来源：华南理工大学民居研究所 提供）

筑，下层为泵水房，停放泵水消防车，旁边建有马房，后院还特别挖有一个用来灌水的鱼塘。大楼的顶层是一个阁楼式瞭望岗。瞭望员站在瞭望岗，可以清楚地鸟瞰广州全景，一旦观察到火情，就会拉铃示警，并通过竹筒向下面的人通报火灾地点。

此外，该事务所还承接了京九铁路站房（已拆）、广州五仙门电厂（图3-2-21～图3-2-23）等建筑设计，在当时广州市政建设上承担了重要的角色。此外，其他一些国外建筑师或事务所也担纲了广州城内一些重要建筑物的设计。如英国Davide Dick以总工程师的身份设计的广州长堤粤海关大楼，不明国籍的C.D.Arsott以总工程师的身份参与的"广州邮务管理局"大楼，以及Henry Killam Murphy的广州城市规划构想等。

总之，受到外来因素影响，外来形式主导下的本土元素融入式的"本土元素融入"体现在建筑中有几大主要特征：一，体现在屋顶形式上。使用中国传统两坡瓦屋顶与最高楼面形成内排水组织形式，如大元帅府的屋顶；或使用屋顶直接自组织排水，如真光中学真光堂、岭南大学马丁堂等。二，体现在山墙细节上。借鉴中国传统民居中跌落式山墙形式，如五仙门电厂山墙。三，体现在门窗细节上。门窗位置使用中国传统式形式，如柔济医院林护堂。部分建筑还在雀替等装饰细节上借鉴或模仿了传统形式。四，体现在室内陈设上。许多建筑的室内陈设上仍依据中国的生活方式和使用习惯进行布置。

第三节　本土主体的外来元素融入式

外来形式主导下的本土元素融入式风格主要体现在银行、学校、工厂等公共建筑中，而本土主体的外来元素融入式风格则主要体现在商业及住宅建筑中。骑楼是广州传统建筑吸纳西方要素的重要代表。它在本土传统住宅的基础上发展出骑楼形式并以西式面貌示人，其结构主体及内部功能多依照传统式，但在立面细节上又主要体现西式特征，纳入"本土主体的外来元素融入式"风格中。广东地区的骑楼发展还具有另一个特色，即不同于上海骑楼只出现在城市，广东骑楼不仅出现在省城，还波及一些镇县如赤坎、台山等地。除了骑楼建筑，此方式还出现在别墅、洋楼及侨乡民居等建筑中。而其中又体现为传统功能布局与西式外立面装饰的结合、西洋建筑特征与传统园林的结合等。

一、骑楼建筑

骑楼（Qilou, Arcade 或 Verandah）是近代以来中国南方地区，尤其是岭南城镇普遍存在的街道模式和建筑现象。作为近代岭南城市的构成要素，骑楼沿街道两侧布设，在阳强雨多的气候环境下，为行人提供了有顶盖的步行空间，也为骑楼内商铺的经营提供了便利，是室内商业空间的延续。其在广州的分布较广，除了城市以外，在一些镇县地区也广泛存在骑楼街。

（一）广州骑楼

广州很早就出现了骑楼的形式，清末两广总督张之洞时期，为了街道界面更加符合规范化形式，借鉴了原有骑楼模式并加以规范化及大力推广。图 3-3-1 即是根据当时制定的原则绘制的一份具有近代西方城市滨水区域形态特征的堤岸断面设计。张之洞不但对堤岸、马路、铺廊等进行了严格的尺度控制，使其具有清晰的截面关系；更为重要的是，"马路"、"铺廊"等概念的提出，为广州近代城市的发展确立了有关街道设计的样本。[1]虽然尺度有变化，但"马路"—"铺廊"—"行栈"的街道空间模式，在民初之后以政府公权形式被系统地推广和应用，并迅速向下普及，成为广州近代最为普遍的骑楼型街道模式。

受外来风潮影响及骑楼原型的逐步发展和成型，骑楼很快形成市内街景的主格局。骑楼建筑在商业街道较为集中，多为 2～4 层，底部前部为骑楼柱廊，后部为店铺，两层以上为住宅，临街立面处理为西式造型或中西结合。骑楼建筑并肩联立而建，形成连续的骑楼柱廊和沿街建筑立面，也就是骑楼街。骑楼商业模式因其顺应广州本地气候条件而广泛存在。仅荔湾区辖区内，骑楼总长度就达 8 公里。在其他老城区，越秀区的长堤大马路、中山四路、中山五路、北京路、大德路、海珠南路以及海珠区南华路都分布有骑楼。

广州骑楼是粤派骑楼的代表。相比岭南地区众多有骑楼

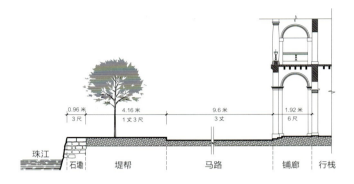

图 3-3-1 张之洞珠江堤岸设计断面示意图（来源：《现代性·地方性——岭南城市与建筑的近代转型》）

图 3-3-2 广州某骑楼街（来源：华南理工大学民居研究所 提供）

的城市，广州骑楼具有体量最大、高度最大、规模最大、形式最多的个性特点。骑楼一般分楼顶、楼身、楼底三部分，即所谓"横三段"。下段为骑楼列柱、中段为楼层、上段为檐口或山花。有的楼顶有塔楼，有的在正面墙上挑出拱形雨篷，造型丰富。墙面装饰多种多样，如浮雕图案、窗洞外套、分划线脚、阳台铸铁栏杆等，有的融合了西方巴洛克或洛可可建筑装饰风格，有的是岭南特色的佳果图案与吉祥纹饰以及中国古典卷草图案。有的地方（西关）将大量满洲窗运用在骑楼上，作为重要的艺术表现和视觉美学焦点。沿街立面经常在各层窗台以下的墙面或檐口窗楣等处加以丰富的装饰纹样或浅浮雕，所有的装饰与纹样自下而上逐渐丰富，且与左右对面的伙伴建筑融为一体。广州骑楼因大多在原竹筒

---

[1] 彭长歆. 现代性·地方性——岭南城市与建筑的近代转型 [M]. 上海：同济大学出版社，2012: 81.

图 3-3-3　广州龙津西路骑楼（来源：华南理工大学民居研究所 提供）

屋上新建，因此具有"小面宽、大进深"的特点。但也有一些公共建筑地块方整，且面积较大，如大型酒店、旅馆（图3-3-2、图3-3-3）。

广州骑楼被赋予了西方文艺复兴时期的特色，其反映在立面特征上较为多样，主要有仿希腊柱式骑楼，如人民路新亚大酒店；古罗马券廊式，如人民南路新华大酒店；哥特式骑楼建筑，如爱群大厦；巴洛克式骑楼，如海珠区南华西街万福路114号骑楼；南洋式骑楼建筑，如文明路186号；中国传统式骑楼，如德政南路139号；现代式骑楼建筑，如中华书局广州分局等。[1]

（二）台山骑楼

台山，位于珠江三角洲西部的五邑侨乡。台山市骑楼街的建设规模较大，同广州一样，呈现出组合式全面铺开的格局，其整体形态依据老城、关厢、圩集等同时固有的骑楼城市形态要素而整合发展形成。台山骑楼街区与广州骑楼街区的布局相似，并不依赖于河流走向，整体均呈城市东西向展开分布，临江的骑楼街巷分布密度较高，而后退的地区分布密度则较低。

台山骑楼街宽度规划统一，除半边骑楼街测绘标准特殊外，正市街、南门路、单朗街、和平路等均宽7米左右，其他都在8～9米之间，且以8.5米居多。一般2～3层，总高度7～9米，宽窄大小较为合适。按 H/L 的比值，在老城内为稍大于1，略显狭窄，其他骑楼街约1左右，这些都是较理想的。

柱廊柱间距离大多为4米，晚期建造时出现了6～7米的开间尺度。当然，骑楼建筑本体也会增大。连绵几十里的骑楼柱廊空间是一种过渡性、流动性的中间灰色空间，往往也是商业活动、休闲活动进行的空间。现代的使用情况同近代的使用情况并无本质的不同。凡商业活动频繁的街道，柱廊空间都不会被其他事物占用，大片骑楼街道相互贯通，商业气氛浓郁。商店装饰时，柱廊往往是处理的重点。一般限于粉刷（钢筋混凝土楼板）或做吊顶（木质密肋楼板），对于柱廊尺度，大多骑楼留有净宽2.8米（轴距3米）的人行道。原县城内的正市街及延伸出来的南门路骑楼街才留有净宽2米（轴距2.2米）的人行道。不难理解，因建筑时间较早的正市街与南门路受制于原县城丁字街的历史原型影响。后来开辟的街道自然居宽，适宜功能增加的需要。而且每间骑楼的宽度也从2米增加到5米不等。开间与所选用建筑材料有关。台山骑楼顶屋有三种模式：平屋顶、坡屋顶及平、坡结合型屋顶。坡屋顶以脊为中轴向两侧坡，天井夹在两个"山墙"之间。临街的山墙有意高出屋面，作山花处理。

台山骑楼一般2～4层，3层居多，整体立面遵守横三段、纵三段的构图法则，下段为梁柱或券柱式廊道，因阴影效应显得沉稳厚重，连续的横向框架梁及腰线与上部分割。中段两层通高，常借用户间墙体或巨柱构成以竖直要素为主的建筑造型风格。上段是精彩的山花女儿墙。女儿墙对建筑形态的建构和天际轮廓线的形成，起着须臾不可忽视的作用。

---

[1] 杨宏烈. 岭南骑楼建筑的文化复兴.北京：中国建筑工业出版社，2010.12.

图 3-3-4　赤坎古镇骑楼（来源：麦胜文 摄）

骑楼建筑蓬勃向上的动感，也明显的体现在山花女儿墙上。凹阳台式立面具有轻盈的建筑造型，空灵的阳台成为一个很有意趣的审美空间。一个门面常用 2 根或 4 根（即 1 对或 2 对）不同样式的装饰柱。无论装饰柱如何划分纵向的三段，又无论如何被阳台栏杆作横向的处理，都使整个立面显得格外轻快、简洁，而又平易近人。巨柱顶部的拱券式、竹片拱式、多曲线式跨越，造成多样性的图框意境。[①]如果说骑楼建筑主体部分过多地保持有传统地方民居特色，那么骑楼临街立面部分则较多地表现了西方建筑的要素及其构图美学，中式彩画、中式浮雕花饰通常只为局部装饰图案。

（三）开平赤坎骑楼

20 世纪 20～30 年代大量归侨回到赤坎老家，从国外带回了建筑图纸，融合本地的建筑元素，在这里建起了大批欧式楼房，一般 2～3 层，是中国传统建筑与西洋建筑的结合之作——即在传统"金"字瓦顶和青砖结构的基础上，同时也采用当时先进的西洋混凝土建筑材料，融入具有留洋所在国建筑风格的建筑构件，最先在大陆县镇拉开了中国建筑近代化的序幕。赤坎沿江而建，绵延 300 多米的骑楼街，楼高整齐、风格统一，而样式各异，极具特色（图 3-3-4）。当时的钢筋水泥建材全是从国外进口经香港转运过来的，所有骑楼结构坚固，造型精美。潭江水路连接香港商运，商船来此装卸，建筑底层的商铺可直接进出货物，很适应当时的交通运输特征。

时至今日，赤坎镇还完好地保存着由 600 多座融合中西建筑工艺的骑楼组成的街区，俨然 20 世纪初期商贸发达的广州十三行的缩影。1901 年镇上出现了中西医诊所；1902 年设立邮局；1908 年华侨们自觉组成商会处理商贸事务；1914 年西医产科诊所开办，并形成著名的"医生街"，同年，小火轮开始航行于赤坎与外埠；1924 年，百赤茅公路建成通车，使用美国福特牌公共汽车，赤九、驼伏、赤企、东窖龙等七家行车公司陆续建成通车，基本交通网形成；1924 年"发

---

① 杨宏烈.岭南骑楼建筑的文化复兴.北京：中国建筑工业出版社，2010,12:123.

明"电灯公司成立,使全镇在20年代中期便可点上电灯;1926年百赤茅公路公司开设电话总机,并在公路沿途五个车站装有电话机;1928年赤坎灵通电话股份有限公司成立,将开平的墟、镇连成电话网,连接恩平、阳江、台城、江门、新会等县市;1923年和1929年司徒氏图书馆和关族图书馆相继建成,馆内两座西式大钟楼成为整个赤坎的亮点;1926年起整个镇进行了统一的规划建设,标志着古镇公共设施的完善和管理的规范。商户们济济一堂,形成了当时粤西地区极具规模的商贸名镇。①

赤坎骑楼一般也分楼顶、楼身、楼底三部分,从上至下都倾注了楼主人的审美精神与福祉向往。有的楼顶是尖顶塔形,有的在正面墙挑出拱形雨篷。即便是相同功能、相同部位的构件,都各有不同的形态或纹样,因手工制作而造型丰富。墙面装饰也多种多样,线脚、窗洞、阳台铸铁栏杆、各种柱子等,既是功能构件,也是装饰构件;既被其他东西来装饰,自身也用来装饰整个建筑。浮雕图案有的采用了西方巴洛克或洛可可建筑风格,有的采用了西亚伊斯兰风格,更多的还是岭南风格。具有岭南特色的佳果、器皿、古典卷草图案、吉祥纹饰在骑楼建筑中得到了地道的表现。

赤坎骑楼发挥了新型建筑材料的先进性,很好地继承了地方建筑传统特色,使得室内空间布置得简洁实用、次序紧凑、令人爽朗。柱网整齐、楼板整体连续,每一个单元设有采光天井,并用横向的钢筋混凝土双跑楼梯分隔。利于开洞采光、沟通上下层联系,又方便防护的楼板,使内部空间质量得到了有效的改善。"洋灰"的运用使屋顶防水、骑楼进深、山花造型均较好地得到了处理。②

赤坎的阳台是建筑一个审美焦点。赤坎下埠一带骑楼阳台外挑式较多,作为外露部分当然要讲究造型审美,立面比例、细部处理,十分重要。无论是漏空阳台还是密实的阳台,都有相当的分量感,原因是这些阳台的组合元素较多,托脚、跳梁、台版、栏杆、望柱、扶手、装饰柱等可点可数,且加

以名目个性强化,自然会给人以造型丰富的感受。赤坎骑楼将中国牌坊用于屋顶的案例很多,堤东路46号是一典例。下埠骑楼将三开间的大骑楼吻合四柱三门三楼庑殿顶牌坊,很有气势。牌坊的柱与爱奥尼克巨柱相映生辉,整体形象一气呵成。赤坎骑楼山花顶部有一个扇贝饰件,这种样式在意大利非常普遍。

二、别墅洋楼

因受到西方建筑在修筑风格和功能形式上的影响,广东各地开始兴建了一批具有代表性的近代别墅建筑(图3-3-5)。

(一)广州洋楼

1. 东山洋楼

毕业于美国加州大学(University of California, Berkeley)的孙科受到英国人埃比尼泽·霍华德(Ebenezer Howard)在他所著《明天,一条通向社会改造的平静之路》(再版改名后的《明日的田园城市》)一书的影响,倡导在近代城市建设中引入其概念,其观点或许影响了他的父亲孙中山先生。在1919年完成的《建国方略》中,孙中山倡导在广州建立"现代居住城市"(modern residential city),并坚信广州可以规划成一个拥有美妙公园的"花园都市":"广州附近景物,特为美丽动人,若以建一花园都市,加以悦目之林囿。真可谓理想之位置也。"③

孙氏父子试图通过新式住宅区的示范性建设来引导广州早期"花园都市"的发展。孙科任内提出了拓展广州东郊为新式住宅区的设想,"田园城市"成为可以参照的原型。1928年3月22日,《筹建广州市模范住宅区章程》由"筹建广州市模范住宅区委员会"公布实施(图3-3-6)。章程

---

① 谭金花. 赤坎古镇600多座骑楼建筑 华侨经济百年兴衰. 中国文化遗产,2007:58-61.
② 杨宏烈. 岭南骑楼建筑的文化复兴. 北京:中国建筑工业出版社,2010,12:198.
③ 孙中山. 建国方略[M]//孙中山. 孙中山文粹(上卷). 广州:广东人民出版社,1996:367.

图3-3-5 广州近代居住建筑造型（来源：华南理工大学民居研究所 提供）

图3-3-7 原拟拆除的中山二路菜园西"红园"（来源：彭长歆 摄）

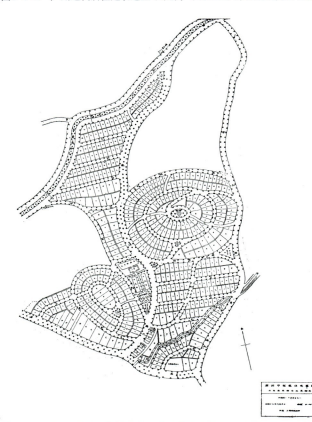

图3-3-6 广州模范住宅区规划（工务局设计课）（来源：《广州市市政报告汇刊》）

图3-3-8 原拟拆除的新河浦瓦窑前街多座东山洋楼（来源：彭长歆 摄）

从土地业权、道路及住宅三方面对模范住宅区进行了规定，同时制定详细的建筑计划，统一实施。具体内容包括中心公园的设置、按等级区分的道路设计、建筑密度和容积率的控制、建筑的示范性设计等。[①] 至1930年代初，在这些模范住宅区内就分布有相当数量的洋楼。

所谓东山洋楼，与西关大屋相类似，是广州城市近代化历程中特定区域及特定时期住宅建筑发展的产物。通常而言，泛指形成于20世纪初，由华侨、富商及政府官员等社会上层人士在东山一带营建或购买的、具有良好通风采光并满足新的生活方式需要的独立式住宅建筑（图3-3-7、图3-3-8）。20世纪二三十年代，在东山，除了华侨富商巨贾会聚，不少军政要员也纷纷在此大兴土木。现在的合群路、美华路、达道路、梅花村等地方，是他们兴建别墅公馆的主要地点。东山洋楼中最具气势的，要数陈济棠在梅花村兴建的公馆。它建于20世纪20年代，占地5610平方米，院子内建有4栋两层砖、混凝土结构的楼房，各栋之间有天桥或阶梯相通，

---

① 彭长歆. 现代性·地方性——岭南城市与建筑的近代转型[M]. 上海：同济大学出版社，2012: 88.

院内遍种青竹花草，传统园林的假山流水和六角凉亭与西式廊柱相映成趣，门前大路两侧种植梅花，梅花村由此得名。它的周围，东有林直勉公馆，南有徐景堂公馆，西有林时清公馆、陈维周公馆，西南有李扬敬公馆，清一色的西式建筑，在这一片区域拔地而起，比肩而立，真可谓气势恢宏。当时，在此建宅的军政界知名人士还有林翼中、孙科、林逸民、陈庆云等20多位国民政府军政要员。国民党高级将领余汉谋在保安后街建了楼房三座，在百子路建两层楼房一座。国民党抗日爱国将领李汉魂在新河浦路建了一座三层楼房。国民党高官胡汉民在达道路、当时林森在烟墩路均有住宅。连一向在外省的军阀阎锡山、于右任也曾经在东山居住。除此之外，这里还曾先后居住过多位历史政要人物，如曾在春园居住的毛泽东、陈独秀、李大钊、张太雷、罗章龙等，曾居住在可园的廖仲恺，居住在简园的国民政府主席谭延闿。

2. 西关洋楼

东山多为广州权势实力人士的世居地，出入的东山的多是官家子弟，而西关自古便是广州商业繁华区，富商贾第经常落居于此。在西关也建有不少豪华的洋楼居所。

逢源北街84号是民国初年英商广州汇丰银行买办陈廉仲的旧居。此楼为全西式三层小洋楼，是一座带庭院的三层西洋式别墅建筑，设计严谨，装饰考究。建筑占地900多平方米，庭院占地1300多平方米。庭园内种有大叶榕、黄皮、龙眼、荷花、玉兰、桑树、竹树等岭南花草树木，还有池塘、凉亭及"风云际会"等岭南风格石山（图3-3-9）。

陈廉仲曾将位于龙津西路逢源北街87号的物业卖给蒋光鼐，后成为蒋光鼐故居。整栋建筑属民国风格，青砖墙，三层高，建筑面积达833平方米。

陈廉仲的哥哥陈廉伯的故居位于龙津西路逢源沙地一巷36号，为一座欧式风格楼房（图3-3-10）。主楼坐东朝西，钢筋混凝土结构，首层用地面积约400平方米，楼高五层，有法式的半地下室。首层正门入口两侧各设一壁灯。外墙水刷石面，巴洛克风格装饰，有丰富的线脚。地面铺大理石砖，柚木门窗，做工精细。楼南侧设旋转楼梯直上二至六楼，原有木扶手，铸铁楼梯栏杆。主楼外观及楼内主要结构保留完好，原来建有庭院，后改建为宿舍楼，现时已拆除。现主楼西北角有西式小亭，与陈廉仲公馆的凉亭相对。

（二）其他地区洋楼

1. 佛山简氏别墅

佛山简氏别墅规模颇大，有门楼、主楼、后楼、西楼、储物楼、花园等建筑，占地面积约3400平方米。建筑物以仿西洋式而又中西合璧为特色，主楼是仿意大利文艺复兴时

图3-3-9 广州西关陈廉仲公馆（来源：华南理工大学民居研究所 提供）

图3-3-10 广州西关陈廉伯公馆（来源：郭焕宇 摄）

图3-3-11 佛山简氏别墅（来源：华南理工大学民居研究所 提供）

期府邸式建筑，以钢筋混凝土构筑。楼高二层，一层为中央大厅，两侧厢房，地面用黑白相间的大理石砖砌成图案，窗玻璃是磨砂的刻花彩色玻璃，图案是中国仕女、玉兰和花鸟，非常典型的中国气派。楼梯全用柚木，栏杆却是仿西洋式。二楼的楼面铺的是水泥做的花阶砖，还装了天花板，明显的西洋风格。主楼和后楼以天桥相连接，便于交通。后楼的外墙全用一色水磨青砖，是仿清代当地宅第的建筑。别墅的所有窗户都开得很大，几乎有墙高的一半，间距也很近，相距几十厘米，在当地建筑中极为罕见。但是，窗檐却使用当地常见的砖雕装饰，具有鲜明的民族风格。西楼是三层钢筋混凝土及青砖混合结构仿西洋建筑，而储物室却又是四层的仿当地的当楼建筑，这表明别墅的主人对于中西方文化的认同和融合（图3-3-11）。

2. 珠海梅溪陈芳故居

陈家花园坐落在珠海市前山镇上冲梅溪村，为华侨陈芳先生的故居，建于1891年至1896年，包括一座陈公祠、三座大屋、一座洋楼和一座花厅，建筑群周围筑砖墙，东西两角设置哨楼，形成庞大的陈氏庄园，建筑面积共2495平方米，占地面积5742平方米，故居建筑群将中国传统建筑与西方文化融合在一起，具有强烈的岭南风格（图3-3-12）。

当年陈芳返乡后，在梅溪村购买了大片土地建筑家园和种植果场，并亲自设计和请来建筑人员大兴土木建筑房屋和园林，建筑布局在岭南传统建筑格局下将夏威夷檀香山别墅汇入，具有中西建筑文化合璧之特点。故居建筑群周围建有两米多高的垣墙，墙体用雕花瓷砖或绿色瓷瓶花墙来装饰，在前垣两侧和路边，还建有三座耸立的岗楼。垣墙内排列着五座青砖灰瓦的大屋，建筑外壁筑有上部半圆拱形的门窗，镶嵌着鲜艳的彩色玻璃，别具一格，屋檐下还有各样花草图案花纹的彩色灰塑，门前广场和屋旁巷道铺设石板或青砖地面，三座住宅都采用麻石砌成墙基，石阶拱门，室内雕梁画栋溢彩流金，使建筑显得富丽堂皇而又带着古色古香。

长子陈庚虞大宅为单层檐廊式入口，檐廊外筑有外墙与

图3-3-12 珠海梅溪陈芳故居花厅（来源：华南理工大学民居研究所 提供）

图3-3-13 珠海梅溪陈庚虞宅邸（来源：华南理工大学民居研究所 提供）

拱窗，与岭南传统柱子通透的檐廊有很大的差异。次子陈席儒大宅靠东面，高二层，花岗石作基础，墙面、楼道、栏杆、扶手都为钢筋混凝土结构（图3-3-13）。

故居建筑群的最东面是花厅，花厅由前厅、后厅、过廊、家庭舞厅、后花园组成，是陈芳和夫人待客、休息的地方，建筑室内到处都做有精美的装修和木雕装饰。花厅四周有庭园，廊柱、门窗等采用英格兰的风格进行装饰，游廊回护又表现出夏威夷的特色。花厅后面的横向长方形舞厅，地面铺着光滑的石地板，每逢周末或亲朋好友聚会时，常在此举办舞会（图3-3-14）。

陈芳喜欢种花木，在檀香山努瓦努街建造花园别墅时就大种花木，绿荫覆盖，花园幽雅。他常说："环境绿化，清新怡人，绿化、美化、香化环境，乃人生之一乐也！绿色乃

为生命色,它能给人以愉悦、舒适、安静的色彩。故多种花木,何乐而不为!"陈芳在梅溪宅邸外开辟有一个大花园,园内植物选择单株、行树、草坪、绿篱等形式有机地组成各种西式的平面图形,花园里栽有各式品种的鲜花,如牡丹、芍药、月季花、山茶花、梅花、水生植物莲花,还有白玉兰、九里香等百年以上珍贵花木,色泽红、粉、白、黄、绿、紫相间,五彩缤纷,清香四溢,使人目不暇接。陈芳还在花园相邻处辟有夏威夷菠萝种植园,种有从檀香山带回的槟榔树、椰子树及菠萝树。

花园莲塘中建有一个长二十多米,宽七米左右的石船舫,里面设有餐室和厨室,供人会宴和赏荷花,船舫是仿照陈芳当年在夏威夷经商时,来往于中国和美国的"中国夹克"号洋轮建造的,所以石舫命名也叫"中国夹克号"。

3. 潮阳林宅

汕头市潮阳区棉城镇是个有1000多年悠久历史的古邑,林宅位于潮阳棉城现平和东学校校园内,由圆亭、假山、幽洞、鱼池、板桥、古井和一座两层的西式楼房建筑组成。园林始建于清光绪年间(1875～1908年),面积约500平方米。园主人林邦杰为棉城人,清末民初任汕头市太古洋行买办起家,曾任汕头市商会长(图3-3-15)。

林宅构筑寓园林与别墅建筑相结合,整座园林坐北面南,四周高墙围护。入口为凹肚门,采用石门框,墙壁嵌饰彩色瓷砖,呈西式图案,富丽华贵。石门额镌金色"林园"二字,笔力苍劲,乃名人题书。进得园门,是一片宽广坦地,绿草如茵,傍四周围墙处,广植竹子树木,苍郁荫翳。楼房及假山便在坦地后面。

林宅主体建筑为二层的外廊式别墅建筑,底层为大厅,左右配厢房。大厅东侧后面有阶梯以登二楼,二楼西侧后面有门可通假山群。楼上构筑堂皇,窗明几净,镜屏、书画、桌椅、家具摆设,气派不俗。凭楼眺望,可近赏假山、凉亭、林木花卉,令人心旷神怡;远眺棉城居民屋宇鳞次栉比,文光宝塔巍然卓立,无限景物,尽收眼底,使人胸怀顿兴一番坦荡。整座楼房四周为走廊,走廊外置护石栏杆,栏杆高约尺许,质朴而雅。大厅内门框及窗棂,皆用坚固高级木材,镶嵌以红、蓝色相间之厚玻璃和装饰图案,呈现出高贵典雅的建筑格调。

大厅前面东侧筑有圆亭,高约3米。亭前植有九里香树,枝繁叶茂,绿荫筛影,掩映成趣,花开时节,清香四溢。园主人常于亭中邀朋谈叙,观赏亭外园景。大厅前面之西侧,

图3-3-14 珠海梅溪陈芳故居花厅过廊(来源:华南理工大学民居研究所 提供)

图3-3-15 潮阳林园西式别墅(来源:华南理工大学民居研究所 提供)

图3-3-16 潮阳林园假山与建筑相接(来源:华南理工大学民居研究所 提供)

亦有高大的九里香树，与东侧亭前之九里香相呼应。旁边更有一棵巨大玉兰树，高大挺立，枝叶参差，终年开花，与九里香竞吐芬芳，花香浓郁。

绕过大树，便是大厅西侧假山群。假山构筑，奇趣横生。或高挺耸立，插天而起；或突兀嵯峨，高低盘屈。假山置有石阶，可循级攀登，或左旋右转，皆有路径可通，每至一处，便是幽洞，进洞小憩，清幽凉爽，乃消暑好去处。循假山向下移步，便见小桥，桥下池水曲折回环，池中小鱼嬉戏其中。假山曲径通幽，别有洞天。依假山盘旋向上，有一凉亭，悬立假山之峰，与东侧的圆亭遥遥相对，树影花香透入亭内，沁人心脾。综观假山气势，或跌石起伏，或玲珑透巧，奇特多姿。不论春夏秋冬，入游假山，浓兴顿增（图3-3-16）。

三、侨乡民居

广东侨乡民居的平面布局，大都遵循传统的宗法观念，平面对称，通过中轴线来强调主次、长幼和尊卑，反映了儒家的中庸之道，凡事要取其中而不偏不倚。所以民居多以两进或三进天井院落式住宅为中心进行组合布局，如汕头澄海区隆都镇前美村陈慈黉故居，梅县白宫镇联芳楼等。

此外，侨居国的建筑文化、西方的建筑艺术等也对侨乡民居产生一定的影响。这些侨乡民居大胆地吸收了外来的建筑形式、细部、装修和建筑材料等，使传统建筑与西方建筑艺术、技术相结合。在立面造型和细部处理上，将西方的一些建筑手法直接加以引用，或者加以变化，形成一种独特的民居建筑形式。侨乡民居大胆地吸取外国建筑文化思想，引进国外先进材料、结构形式和造型艺术，在材料结构上，有砖石、钢筋混凝土等材料和梁板、拱券式结构的运用。同时把东、西方文化寓于一体，在侨乡民居的艺术表现手法中，可以看到既有中国传统的建筑形式、山水人物图案装饰及细部处理，也有西方建筑造型、古典柱式的应用及巴洛克与洛可可的装饰风格等。在侨乡民居中，中西建筑文化得到了充分的发挥，形成了丰富多样而又各具一格的建筑造型。

（一）粤中（广府）

广府侨乡民居建筑形制的最大变化，是实现了由三合天井式，向独立式住宅建筑的演化，由此实现了个体精神的张扬。即在三间两廊平面功能的基础上，竖向拓展空间成为楼式建筑的庐或碉楼，并发展出多种变体。采用平屋顶的形式，露天的天井消失，代之以贯穿内部各楼层的"光井"。建筑形态语言中西并举，西化特征明显。对应三间两廊的前后座部分，建筑空间的竖向拓展，因前后座楼层增加情况不同而出现多种形式：仅前座或后座部分单独增加层数；前、后座同时增加相同或不同的楼层数。此外，有的建筑外围还出现围墙围护的附加院落或花园，形成独门独户的格局，居住独立性、私密性得以加强。空间的拓展使得建筑使用面积增加，缓解了家庭人口增长带来的居住压力。建筑各立面均开窗，比传统民居的窗户数量增加、尺度扩大，充分改善采光和通风条件，内部空间更为宜居舒适（图3-3-17）。

图3-3-17　中西风格相融的别墅（庐）建筑（来源：华南理工大学民居研究所 提供）

1. 开平立园

开平立园，位于塘口镇庚华村，是旅美华侨谢维立先生于二十世纪20年代回国兴建的，是集"庐、碉楼、园林"为一体的大型园林建筑群。立园坐西向东，占地面积约为11900平方米，历时十年，于民国25年（1936年）初步建成。立园既有中国园林的韵味，又吸收欧美建筑的西洋情调，并将其巧妙地糅合在一起，在中国华侨私人建造的园林中堪称一流，也是中国目前发现较为完整的中西结合的名园之一。立园布局大体可分为三部分：别墅区、大花园区、小花园区。三个区用人工河或围墙分隔，又巧妙地用桥亭回廊将三个区连成一体，使人感到园中有园，景中有景，布局幽雅，独具匠心（图3-3-18）。

立园大门正中上方"立园"二字，是书法家吴道熔于民国23年（1934年）书写的，柔中带刚，潇洒圆滑。别墅区是园林的主体，里面有六座风格独特的庐和一座碉楼。其中以"泮文"和"泮立"两座庐最为富丽堂皇，其柱式造型采用古希腊式圆柱和古罗马式的雕柱，窗户取材欧美式，具有浓厚的西洋风味；而屋顶则全是中国宫殿式的风格，绿色的琉璃瓦、壮观的龙脊、飘逸的檐角、栩栩如生的吻兽，中西风格和谐地糅合在一起，呈现出一种独特的建筑艺术之美。室内的装饰装修也沿用此法，地面和楼梯皆水磨彩色意大利石，墙壁设有取暖用的欧美式壁炉，墙上刻有东洋式精美的雕刻天花，屋内摆放着许多很有价值的酸枝、坤甸、柚木家具和屏风。墙壁上以中国古代人物故事"刘备三顾草庐"为题材的岭南传统灰塑艺术和涂金木雕画"六国大封相"，红木雕刻桌椅、吊式西方煤油灯、国外的银器餐具等把整个屋内烘托得高雅精致，古色古香。而每层楼的起居室都配有卫生间，内设浴缸、水箱等先进的卫浴设施，并有自来水管与楼顶外边的水塔相接，有台手动水泵抽地下水，形成自制的自来水。

图3-3-18　开平立园入口（来源：华南理工大学民居研究所 提供）

别墅区与小花园之间建"跨虹桥"连接，"大花园"和别墅区之南，桥上建"晚香亭"一座，晚（晓）香亭是典型的中国传统园林建筑——"桥亭"。亭高两层，四边有飘台，可从不同的角度观赏园景，因早晚都有花香盈室，书法家吴道熔书写亭台时，将"晚"字书写成既可读"晚"又可读"晓"的字样，一字两用，让人难辩，但意境各异：旭日东升时为晓香亭，夕阳西下时为晚香亭。亭顶东西两侧各塑罗马钟一个，分指晓、晚时分，意景相融。小花园布局严谨，构图别致，为"川"字形。园内又以"兀"形运河分隔，东边建"长春"亭；西边建"共乐"亭，这两座桥亭与依水而建的"挹翠亭"相映成趣。三座亭子建造得各具风格，工精秀丽。园中遍种多类果树，又名百果园。

大花园区位于别墅区的西边，它的布局为南北向，即坐北向南，以"立园"牌坊和"本立道生"牌坊为轴心进行布局。牌坊后面是西式布局几何形平面的园圃。东侧建有一组建筑，前面一座形如鸟笼的罗马风格建筑，名曰"鸟巢"，建筑平面呈亚字形，屋顶由五个小巧的罗马穹隆顶组合而成，寓意"五子登科"，是园主人养鸟的地方，有"百鸟归巢"之意（图3-3-19）；稍后一座是白色的西式通花建筑，工艺高超，其顶盖造型据说是仿英女皇冠的式样，称为"花藤亭"。

在大花园的西南角，临水而建有庐——"毓培别墅"，"毓培"为园主的乳名，建筑小巧玲珑，别有风情（图3-3-20）。毓培别墅内有四层，分别采用中国式、日本寝式、意大利藏式和罗马宫式，可见园主构思的别出心裁。每层地面精心选用图案，巧妙地用四个"红心"连在一起，构成的圆形图案独具爱心，据推测那是园主对四位夫人心心相印的情怀。室内古典家具琳琅满目，一应俱全，保存完好。而别墅的外观造型，如外墙、门、窗、柱等为意大利罗马宫式，而楼顶还是用中国重檐式的园林建筑风格，中西合璧，天衣无缝，成为大花园的点睛之作。

图3-3-19 "鸟巢"一角（来源：华南理工大学民居研究所 提供）

图3-3-20 毓培别墅（来源：华南理工大学民居研究所 提供）

2. 开平碉楼——瑞石楼

开平瑞石楼是一座碉楼。开平碉楼源于19世纪末，20世纪初。随着华侨文化的发展而鼎盛于20世纪二三十年代，是融中西建筑艺术于一体的华侨乡土建筑群体。其建筑风格既有中国传统硬山顶式、悬山顶式，也有国外不同时期的建筑形式，如希腊式、罗马式、拜占庭式、巴洛克式等，还有中西合璧式、庭院式等。它的最大特点是按照主人自己的意愿选取不同的外国建筑式样和建筑要素糅合在一起，自成一体，这些不同风格流派的建筑元素在开平碉楼中和谐共处，表现出特有的艺术魅力。

碉楼按其功能来分，一般可以分成三种：众人楼、居楼和更楼。

众人楼是全村或全家族集资兴建，出资者在楼内有自己的房间，主要起防御作用，用于危险来临时大家躲进去避难，如龙安村天兴楼。居楼一般由个人兴建，集居住与防御于一体，居楼的位置有建在村后，也有建在村外的，如"开平第一楼"——瑞石楼。更楼主要用于看更放哨，保四乡安宁，是根据村落或村落之间防卫的需要来进行设置，更楼在当地有"闸楼"和"灯楼"两种形式，如方氏灯楼。

瑞石楼就是一座居楼，人们说它是"开平第一"，这不仅指高度上第一，在外观上也是别的碉楼难以相比的，比例匀称，宏伟端庄。瑞石楼建筑面积550多平方米，共九层，钢筋混凝土结构，是开平现存碉楼中最高的。内部布置以岭南传统样式为主，一层大客厅，旁侧有一卧室；二至六层每层都有厅、两间卧室、卫生间和厨房。瑞石楼整体造型和细部处理非常精致，有浓厚的西方折中主义建筑风格。一层至五层楼体每层都有不同的线脚和柱饰，增加了建筑立面效果，各层的窗裙、窗楣、窗山花的造型和构图也各不相同。五层顶部四角采用别致的托柱，托柱之间为仿罗马拱券，形成向上部悬出的自然过渡，六层则是有爱奥尼克风格的列柱与拱券组成的柱廊。七层平台的四角建有穹隆顶的角亭，南北两面都建有巴洛克风格的山花。八层平台中立有一座平面八角的西式塔亭，上部收束缩小形成第九层罗马穹隆顶的小凉亭。在整体的西方建筑风格中，楼主人没有忘记注入中国传统建筑文化的因素，外墙施加了大量岭南灰塑艺术的装饰，图案有中国传统的福、禄、喜、寿及金钱等内容。

碉楼上部的柱廊采用古典式，柱头为古罗马混合式，即科林斯的两列错叠的毛茛叶和爱奥尼克的卷涡组合在一起，柱间罗马和伊斯兰风格的拱券交替使用，角亭造型具有17世纪意大利建筑中的巴洛克风格，亭的四角为三柱为一组的巨柱组合。外墙和窗楣的灰雕十分讲究，装饰性极强（图3-3-21、图3-3-22）。

3. 台山庐居——翘楼

庐居是五邑侨乡地区民居建筑的一种形式，主要分布在五邑各个乡镇村落。由于华侨受海外生活的影响，在回乡置地造房的过程中，引进了西式别墅式住房。

图3-3-21　开平瑞石楼（来源：华南理工大学民居研究所 提供）

图3-3-22 夕阳中的瑞石楼（来源：华南理工大学民居研究所 提供）

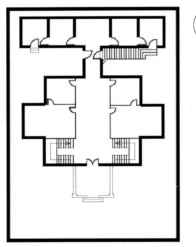

图3-3-23 台城镇官步村翘庐首层平面
（来源：根据孙蕾，《近代台山庐居的建筑文化研究》原图改绘）

庐的平面布局比较灵活自由，但它还是从传统民居形式派生出来的，其平面是以传统的三间两廊为基础，但房间开有窗户。室内通透开敞，通风采光好，甚至连北墙也不受传统观念的限制而增开窗户。至于窗户的形式、平面的布局和组合都有程度不同的变化，如带八角形或凸形窗户的住宅，方型外形中的自由式平面布局住宅，或自由式平面布局住宅等。选址多数在村前后的边缘处，或离村前有一定距离的平坦开阔、环境幽雅的地方。它单独建造，很少以组群的形式出现（图3-3-23）。

翘楼与传统民居相比，继承了传统民居的对称布局，强调建筑的中心空间，强调轴线，强调左右对称，这与西方十字形平面布局有较好的对应关系，客观上为中西融合提供了有利的条件。其屋顶形式选用歇山顶，而屋身的窗户则采用西式竖条窗。

台山近代庐居一方面是对传统民居平面布局的继承；另一方面，吸纳西方外来文化，以改善室内光线及居住条件，取长补短，这也是庐居相较于传统民居的创新之处。

（二）粤东北（潮汕、客家）

潮汕地区，洋化现象少量出现，即从聚落层面来看，建筑体量和形制变异突出的洋楼少见；就单个"侨宅"而言，洋化语言多消解分布于建筑的局部，表现为建筑功能形态的局部演化和装饰语言的片段性运用，在整体传统的建筑形态中，洋化现象较为隐蔽而不突出。

客家地区，个别围屋发生整体功能形态的综合性演变。

在梅县，类似西阳镇白宫新联村的联芳楼这样形态发生显著变化的大型"围屋"，在侨乡村落十分罕见。它虽以客家传统堂横屋为平面格局的蓝本，但天井庭院和室内空间的尺度扩大，室内外空间层次的变化更为丰富。整体采用了平屋顶的形式，外观立面呈西式风格，正面突出的三个门楼成为标志性的建筑造型。另有少数围屋局部形态发生演变。

1. 汕头澄海隆都镇前美村陈慈黉故居

汕头澄海隆都镇前美村陈慈黉故居于清末民初所置建，总占地25400平方米，总建筑面积16530平方米，包括"老向东"郎中第、"新向东"善居室、"新向南"寿康里和"三庐书斋"4个各具特色的建筑聚居组群，共有房413间，厅93间，形成规模宏大、中西结合的建筑群体。陈慈黉（1847~1921年）为旅泰华侨巨商，其家族被誉为泰国华侨"八大财团之首"，有"富甲南洋"之称。

最早建成的"老向东"郎中第，是为纪念曾官拜"郎中"的陈慈黉之父而命名，清宣统二年（1910年）动工，历时10余年始建成。整座建筑物为龙虎门硬山顶"驷马拖车"式，共4进阶，龙虎门内置舍南、舍北书斋各1座；两厢为平房，四周由骑楼、天桥连接。有房126间，厅32间，其平面按潮汕地区驷马拖车民居平面形式进行布局。传统的宗法观念，长幼有序，尊卑有别在这座侨居平面中明显地显示出来，如中轴对称的平面构图，同时又向横向发展，主次轴线分明。宅内南北各设有一书斋。中轴厅堂二进，天井四周为四厅相向平面形式，这种布局很适合南方气候特点。轴线两侧各有一条花巷，是南北短而东西长的狭长天井，有利于接受南风和日照，为了避免天井狭长感而设有隔墙，这样既改观了空间感观，又增加了阴影效果。"老向东"的立面造型与传统建筑差别不大，所不同的是运用了新材料，如外来的马赛克，缸砖铺地面等。这些色彩艳丽的马赛克贴于门框周围，以强调入口，在窗框、栏板、柱、檐部、女儿墙等易于观赏的地方也都大量使用。彩色马赛克的题材用花卉和各种图案来表现，丰富了立面的造型。

寿康里，民国9年（1920年）兴建。格局与郎中第基本相同，与"三庐书斋"成掎角之势。有房95间，厅21间，门窗嵌各色玻璃，闪光透亮，金碧辉煌。

善居室，始建于民国19年（1930年）。建成时间持续20年。为双层4进阶"驷马拖车"式建筑，是4个单元之中最庞大、最壮观的一个。四周及中包为洋楼，厢房仿北京故宫之东西宫建筑，各成若干院落，每院落分设辕门，前后左右天桥相通。善居室既吸收西洋之阳台、敞窗的建筑风格，又运用传统的走廊、行拱、树扉等建筑形式，外观庄严朴素，院落和表门秀丽大方，窗棂斗栱典雅精巧。整个建筑共有房166间，厅36间。

"三庐书斋"别墅，俗称小姐楼、娘仔楼。为二层楼房，有房26间，厅4间，天台交错重叠，临池近野，是消闲休憩的好去处（图3-3-24、图3-3-25）。

图3-3-24 陈慈黉故居西座洋楼（来源：广东省文物局 提供）

图3-3-25 陈慈黉故居三庐书斋西式柱廊及女儿墙（来源：华南理工大学民居研究所 提供）

2. 梅州白宫镇联芳楼

梅州白宫镇联芳楼也是一种典型的侨乡民居。该楼建于20世纪30年代，平面具有传统的民居布局和明显的地方特色，外形则吸收了外来的建筑形式和细部处理，因此有着自己的风格。联芳楼坐落在一个小山坡中，基址趋于平坦，对面是一群山丘，中间小溪流水从北向南，建筑物与后面山体比较靠近，仅留容一人行走的通道，而前面则不用高墙，视野开阔，在禾场周围用约50厘米高的矮墙将地坪划分为内外两部分，禾场前与当地客家民居一样设有半圆形水池，含有"聚财"之意。

联芳楼的平面沿袭当地的传统形式，采用了三堂二横二副杠的对称式平面布局，与当地传统相比，它更加规格化、简洁化。平面既无围屋、亦无枕屋，而是向上发展，采用楼房平屋顶，充分利用了天台屋面。联芳楼首层有七十多间厅房，有机地布置在一起，其通风、采光主要靠天井完成。联芳楼内有大小七个厅堂和八个天井分别散布于卧室之间，几个卧室有一个厅堂与天井直接相通，供居住者休息和公共起居活动等用。厨房、厕所、杂物间都安排在联芳楼两边的副杠中，与主楼厅堂、卧室分隔。厨房、厕所的气体，通过天井或外窗排出，减少对厅堂和卧室的污染，注意了合理的功能使用。

客家民居都有一共同点，即设有厅堂三进制，联芳楼也是前、中、后三堂，即客家传统的"三厅串"。但它与一般客家民居不同的是三个厅堂开间一致，不分大小。它的天井、檐廊处理手法也与一般客家民居不同，中厅是狭长的内天井，二楼绕天井的是周围檐廊，从廊上可以观察到楼下敞厅的一

图3-3-26　联芳楼入口（来源：华南理工大学民居研究所 提供）

切活动。楼上相应的地方同样也是敞厅，同一层对面也是敞厅，这样，上下、内外空间都相互渗透，空间变化丰富，有明有暗，过渡自然，这些做法大多是吸收了西方古典大厅建筑的处理手法。

联芳楼的立面造型也同样吸收了西方的建筑处理手法。整座建筑物处于中部高高的穹顶之下，三个门斗凸出于墙面，其上部有穹顶。中间的穹顶最大，两边次之，加强了中轴线，突出了主入口。同时还采用了西方古典柱式，它的立面有贯穿两层的巨柱，共八根，其上端采用爱奥尼式涡卷柱头。联芳楼细部与装饰，既有传统式的花纹，又有西方古典的装饰。窗楣上有山水、花鸟浮雕，穹顶上的匾额还刻有莲花瓣，四角为奖杯形雕塑，雕塑中的安琪儿仿佛在飞动，人物栩栩如生（图3-3-26、图3-3-27）。

总之，本土主体的外来元素融入式风格因主要体现在商业建筑和住宅中，较其他类型建筑数量大，普及广，是广东地区的主流形式。因此，这也体现了广东地区在与西方文化融合中很好地保持和坚守自身的独特性和文化延续性，另一方面，也客观验证了传统建筑顽强的生命力。本土主体的外来元素融入式中的外来元素融入主要体现在山墙、柱式、线脚、浮雕图案、窗洞、阳台、铸铁栏杆等一系列细节构件中；其风格融汇巴洛克、洛可可、西亚伊斯兰风格，以及岭南风格等。同时，一栋建筑中多种风格元素的多重并用也是常见特征。

第四节 建筑风格与特征

一、近代建筑风格

19世纪末至20世纪初，欧洲古典建筑形式在我国开始传播，使中西建筑形式之间相互发生影响。与此同时，中国的传统建筑形式也发生了局部的变化，到21世纪二三十年代，外国建筑形式继续在我国演变的同时，出现了仿西方古典建筑式样的折中主义的建筑，而中国建筑师也开始探索"民族建筑形式"，相继出现了"宫殿式"、"混合式"等建筑形式。

（一）仿欧洲古典式的建筑

1. 早期仿欧洲古典式建筑

近代早期仿欧洲古典式建筑的传播，主要反映在商埠、租界地和租界中的领事馆、工部局、洋行、银行和教堂等建筑活动上（图3-4-1）。

鸦片战争前，外国商人在广州十三行地方租建商馆（又称洋馆），为外商在中国境内最早建立的商业建筑。商馆的平面成联排式并列布置，前有长方形广场，供装卸货物之用。建筑都为二、三层的坡顶楼房，高低参差。早期（1730年前后）的建筑，主要特点是采用荷重墙承重，立面简单，只在一堵

图3-3-27 联芳楼细部（来源：华南理工大学民居研究所 提供）

图3-4-1 原汇丰银行仿欧洲古典式建筑细部（来源：华南理工大学民居研究所 提供）

墙面上开几个窗洞。到18世纪后半叶，不少商馆重新设计或进行改建，其建筑形式是在欧洲文艺复兴时的建筑式样的基础上，夹杂了殖民地式的建筑风格。1840年后，外商在中国获得了自由贸易的权利，外商的商馆建筑也开始大肆改造和新建，十三夷馆成为欧洲古典建筑风格在中国出现的最初建筑实例。

2. 仿西方古典建筑式样的发展

以后仿西方古典建筑形式有所发展，欧美的建筑潮流中，折中主义建筑占据相当地位。其间，古希腊式、古罗马式、哥特式、文艺复兴式、巴洛克式等历史上的建筑形式被教条地认定为各具某种特定的艺术象征，成为不同建筑类型模仿的形式，往往将其局部样式摘取出来，拼凑组合于一个建筑物上。受此影响，不论外国洋行打样间设计的，还是中国建筑师所设计的建筑，都不同程度地带有折中主义的特点。

20世纪初至20世纪二三十年代，曾一度出现以追随和抄袭西方古典建筑手法的表现为时髦，于是一批西方古典主义、折中主义的建筑形式接踵出现，成为当时颇为流行的一种倾向。其原因：一是外国建筑师的设计直接移植的结果；二是中国建筑师在国外主要受的是学院派的建筑教育，设计思想带有浓厚的仿古典式和折中主义色彩，他们所设计的不少建筑物必然受到这种影响。

（二）"外廊式"布局的建筑特色

外廊式建筑是西方古典主义建筑传入印度及东南亚后，因这些地方高温、多雨，为防日晒、防潮和飘雨等气候特点，于是在建筑外围的一圈或某一段做成外廊，此廊兼交通、起居、观景等殖民者的生活需要，因而也有称之为殖民地样式建筑。这种样式是殖民主义者为抵御东南亚酷暑，在西方建筑的基础上增加了外廊用于纳凉而创造出来的一种新的建筑形式，由于这种外廊能适应亚热带地区多雨、湿热和暴晒的气候特点，所以在东南亚一带被广泛采用。西方建筑文化最早传入中国的地点是广东，带有外廊的殖民地建筑样式是中国近代新型建筑的最早形式，也是中国最早受西方建筑影响的建筑样式。建筑特点是平面功能简单，住宅和办公合用，外观二至三层高度，通常在建筑外围设置单面、二面、三面或四面的外廊，屋面用砖木结构的坡顶。

从18世纪末广州建立十三夷馆起，外廊式建筑在广州发展演变已经得到广泛认同，建筑运用已十分成熟。广州沙面外廊式建筑，在立面构图上有"梁柱式"和"券廊式"两大类。

梁柱式是利用外廊的柱式本身作为主要装饰构件，柱与柱之间用压顶横梁连接，比较端庄稳重；柱的形式由西方古典柱式演化而来，断面多为圆形或方形。柱的组合方式分为单柱式和双柱式，组合起来使立面富有变化，造型生动（图3-4-2）。券廊式建筑是利用外廊柱顶形成连续拱券，外观显得轻盈飘逸，华丽而富有动感。这种形式主要受到英国维多利亚王朝时期建筑风格的影响（图3-4-3）。

（三）以折中主义为主的多元艺术

中国近代文化发展的特殊性是西方多元文化的强制性切入，西方先进的工业文明和中国几千年传统的农业文化相互碰撞、交融，构成了中国近代社会特殊的文化背景。西关是商业的集中地，旧十三行所在地与今光复南路一带是旧广州的金融中心，据说也是广州最早出现"骑楼"的地方。尽管许多旧式店面在平面上仍保持中国式样，但在立面造型方面，不少店铺受西方建筑的影响，外观呈现向西式建筑装饰过渡的倾向（图3-4-4、图3-4-5）。

广州长堤、太平南路一带是高大建筑较为集中的地区，大多在1930年以后建成，有海关大厦、邮电局、银行、旅馆、茶楼、酒家等建筑，在立面外观上较多采用欧洲文艺复兴以来的建筑式样，主要表现在仿古典柱式、塔形钟楼、连续券柱廊、券式窗洞、檐廊山花等方面。也有一些建筑采取西方摩天楼手法，光秃秃的墙面，加上玻璃窗子，设置垂直和水平线脚，这种以西方建筑折中主义为主的多元艺术代替了中国原有的传统建筑式样。

（四）中国固有形式的建筑

外国建筑师在中国的近代建筑活动中，除了采用欧美建筑形式外，还有意识地在一些重要的文教建筑中运用中国传统的建筑手法，采用了"中国式"的建筑形式，最初出现在教会的学校、医院和教堂建筑上。有的照搬中国古建筑形式；有的是在新建筑上生硬地拼凑大屋顶和其他古建部件。

图3-4-2　沙面梁柱式建筑（来源：华南理工大学民居研究所 提供）

图3-4-3　沙面券廊式建筑（来源：华南理工大学民居研究所 提供）

图3-4-4　东山沿街建筑（来源：华南理工大学民居研究所 提供）

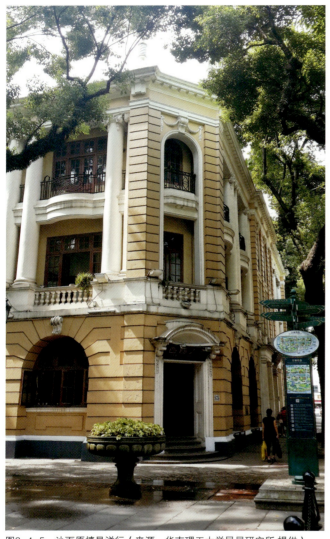

图3-4-5 沙面原慎昌洋行（来源：华南理工大学民居研究所 提供）

20世纪二三十年代，我国的一些建筑师出于爱国主义和民族自尊心，以及在复杂历史背景和意识形态的影响下，国内建筑界掀起了一阵探索中国"民族形式"的建筑热潮，努力探求和吸取民族形式传统手法，注意运用近代新建筑材料和新功能，吸收并反映我国民族的传统特色。与此同时，国民党政府在规模较大的公共建筑中也提倡所谓的"中国固有形式"的建筑，于是相继出现了被称为"宫殿式"和"混合式"的建筑形式。

1. "宫殿式"建筑

广州中山纪念堂是"宫殿式"建筑的杰作，在中国近代建筑中具有重要的意义。为营造一个兼具纪念性和开放性的城市空间，吕彦直发展了自南京中山陵以来借鉴东、西方建筑布局模式的空间思想。筹委会为这种空间观念的进一步展开提供了优良的选址，粤秀山作为广州形势的屏障，为山脚这块曾经作为清季抚标箭道、督练公所以及民国督军衙署和国民政府旧总统府的用地提供了绝佳的背景，使山脚的纪念堂和山顶的纪念碑很自然地达到了相对独立、而又有精神上联系的设计要求。

吕彦直采用了将尺度巨大的纪念堂紧靠山体的做法；虽然没有实施，场地东、西、南三边采用柱廊围合；纪念堂位于场地的北端，前面留出宏大的广场，广场的中心为孙中山纪念雕像（图3-4-6）。该布局或者借鉴了古希腊、古代罗马的广场形式。在西方古典建筑体系中，该布局一方面使背景环境更为单纯，雕像、纪念堂成为空间的主体，以强化空间的纪念性；另一方面则使外部空间具有公共性和开放性，人们通过集会、瞻仰等活动，使纪念中山成为全民精神与生活的需要。为营造纪念堂前开放的空间，筹备委员会不惜拆除大量民房，以致民怨沸腾。[①]纪念堂主体位于有基座的大平台上，平台与外侧地面保持了一定程度的高差，并与周边回廊组成亚字形平面。其布局形式渗透了传统殿堂的布局精神及型制特征，并通过这种具有宗教性的布局形式营造主体建筑的尊贵性（图3-4-7）。[②]

原国民党中央与广州市府合署建筑，也是采用中国传统古典建筑式样。林克明设计的市府合署方案根据中国式图样及合署精神设计，既能连成一体，利于联络；又便于独立门户，解决拥挤之忧，在大楼内办公的每个政府部门

---

① 卢杰峰. 广州中山纪念堂钩沉[M]. 广州：广东人民出版社，2003：82-83.
② 彭长歆. 现代性·地方性——岭南城市与建筑的近代转型[M]. 上海：同济大学出版社，2012：225.

图3-4-6 中山纪念堂现貌（来源：华南理工大学民居研究所 提供）

图3-4-7 吕彦直中山纪念堂设计图（来源：《广州中山纪念堂设计经过》）

都有独立的电梯和楼梯，极为方便。合署坐北向南，为钢筋混凝土结构，黄琉璃瓦绿脊，红柱黄墙白花岗石基座，蔚为壮观。主楼内分5层，重檐歇山顶，高33.3米。两角楼内分5层，四角重檐攒尖顶。侧翼东西两楼内分5层，重檐十字脊顶。余为两坡顶红圆柱明廊，内分4层。首层作基座处理，用花岗石砌成，之上为批荡假石。月台及石阶两侧栏杆望柱头，均刻有云纹、松鹤图案，外观显得色调和谐、古雅。内部装修也极为讲究，柚木门框，窗户配用中国式图案特制钢窗，梁枋及内外斗栱均仿古式彩绘，地面采用朱红色水磨石米批荡，正中央大厅为小方块云石铺地，显得高雅华丽。

这时期"宫殿式"建筑在一些大型重要的公共建筑设计上得到扩展，成为一时风尚，这批建筑的共同特点是：注重平面布置的功能要求，用钢结构或钢筋混凝土结构或砖石承重的混合结构，外观保留宫殿式，即企图以新功能要求下采用新结构、新材料，在新建筑体量上，突出大屋顶的手法来表现中国民族风格。

2."混合式"建筑

在探索中国"民族形式"建筑的同时，"混合式"建筑相继出现，即有意识地将西方建筑形式与中国建筑形式结合在一起。其处理手法大体有下面几种方式：1）立面重点部位集中模仿中国古典建筑形式略加以古典建筑装饰，其余采用平屋顶的"混合式"建筑（图3-4-8）。2）立面基本上采用新建筑构图，不用大屋顶，只在重点部位局部施以中国古典建筑装饰，如采用某些中国式的纹样、小构件、线脚等，以取得建筑的民族格调，当时称为"现代式的中国建筑"（图3-4-9）。

（五）近代"国际式"的建筑

20世纪20年代末到30年代，新建筑运动在西方已经成为风靡世界范围的"国际式"风格，强调建筑的使用功能，反对装饰，追求建筑风格简捷明快和几何美学。我国一些大城市的建筑活动中也开始出现"现代建筑"的趋势。这期间，钢和钢筋混凝土结构较多运用。高层建筑在城市中不断出现，由折中主义脱胎而来的近代形式被普遍采用，并有逐渐向接近于现代某些资本主义国家流派建筑形式方向演变的趋势。广州的许多高层、多层建筑亦采用"国际式"的建筑，如广州爱群大厦（图3-4-10）、沙面北街73号的国民党广播事业局等。

爱群大厦由陈荣枝、李炳垣设计，1934年10月1日动工兴建，1937年4月落成，7月开幕，是广州第一幢钢框架结构的仿美国摩天式的高层建筑，占地800多平方米，平面为三角形，高15层64米，沿街沿街周边布置的方式。首层沿街以骑楼建筑形式跨建人行道上，内设门厅、餐厅、商场，二楼以上中间通天，周边设立客房和写字楼，设有电梯和步行梯上落，在第十层楼的平台上建尖平顶塔楼，尖平顶上塑"爱群"两字。建筑外墙原刷白色水洗石米饰面，开

图3-4-8 原广州中山大学体育馆（来源：华南理工大学民居研究所 提供）

图3-4-9 中山大学学生宿舍（来源：华南理工大学民居研究所 提供）

图3-4-10 广州爱群大厦（来源：贾超 摄）

长方形钢窗，抗日战争初期为避免敌机目标涂成黑色，1964年重新粉刷。鉴美国创摩天大厦新风格的纽约伍尔沃期大厦（WoolworthBuilding）的设计手法，又在哥特式复兴风格中渗入岭南建筑风格。为了创造竖线条，所有窗都采用上下对齐的竖向长窗，并且在各个立面的窗两旁都布置了上下贯通的凸壁柱（或称"倚柱"），这样在阳光下既形成竖向阴影，又使窗口得到侧向遮阳。

总之，广东近代建筑在西方文化影响下，建筑形式和风格呈现了异彩纷呈的变化。

二、近代建筑特征

近代建筑所处时期，由于社会的发展、变化，封建社会制度逐渐消亡，近代资本主义社会兴起，中国的近代成为一个半封建半殖民地社会。表现在城市类型上，有帝国主义侵占下的殖民地城市，也有帝国主义独占的城市，侵占部分土地的租界城区和封建社会统治城区共同组成的城市，更多的是大量的仍掌握在中国政府手里的封建或近代城市。在租界城市中，国外建筑的新的类型、材料、技术、结构以及新的设计思潮、形式、方法不断侵入，城市中仍保留传统的建筑，但又受外来文化影响。广东因地属东南沿海，受地理的方便，对外交往起源较早，与外界接触较多，对外来文化的包容程度较深。其主要体现的特征如下：

1. 关注本质、适应气候

广东近代出现许多新的建筑类型，均是根据生活生产需要而设置，如广东商业店铺，沿街店面多为小吃店、药材店、凉茶店、水果店、杂货店、水产店等。茶楼满足饮茶、交流以及谈生意需求等。水泥厂，电厂满足工业化大生产需求。学校，教会等满足教育、医疗以及文化传播等。这些建筑关注其功能本质。在原有建筑和现有功能有冲突时都自主调整，以满足和适用其功用。广东的骑楼是岭南近代建筑的一大突出特色。原沿街住宅根据市政需要而新建骑楼便是对新体系的适应。广东气候炎热又多雨，经常骤然下起阵雨，骑楼既能更好地满足商业上的需要，保护沿街橱窗内的陈列商品，更好地招揽顾客，又能避热、遮阳、防雨，适应气候。

2. 合理务实、强调功用

所有广东建筑都有一个共同点，即建筑的功能都是实用的，如商业用房大多考虑顾客的需要，骑楼的设置便是很好的例证；又如住宅，内部的使用，包括房间的大小、交通的联系，天井庭院的设置都是比较合用，不会浪费面积。对住宅外貌也是朴实为主，不追求表面华丽，因此，广东近代住宅，都比较平淡，特别在近代建筑中，包括内部都没有刻意去追求装饰装修效果，这是民间建筑务实性的一种表现。

3. 自然演进、科学发展

近代建筑充分结合自然，反映出建筑的开放性与创造性。岭南传统民居中的三间两廊和三进天井院落密集式住宅到了近代发生了较明显的变化。首先发生在城镇中，因城镇土地地价昂贵，多开间、浅进深的传统居住平面形式无法适应新的城市布局，因而产生了近代新的住宅模式，如竹筒屋、并联式住宅（两户竹筒式住宅并联，中间用楼梯间相连）、骑楼住宅、庐园、碉楼等，上述的近代住宅类型都从传统民居变化而来，它结合自然，改变了封闭的布局，并开始出现开敞、开放的特点，也说明了岭南近代建筑的创新。

4. 兼容并蓄、开放多元

因特殊的地理位置，西方建筑设计思想、设计方法较早传入广东。另一方面，广东侨乡地区因与侨居国的关系，侨胞回乡建房子多带来了侨居国建筑和国外建筑式样的图纸，以及带来了新材料、新技术以及建造的各种设计思想和理念，包括对国外建筑的形式、细部、柱范和设计方法的吸收和运用。而在对外的吸收的过程中又因方式和程度不同而体现为外来形式主导下的本土元素融入式以及本土主体的外来元素融入式的特征。但总体而言，广东对外来文化优秀的技术手段和建造理念兼容并蓄，皆为我用。无论是材料、结构、施工技术以及设计思想、设计方法都能批判吸收，这是岭南近代建筑最大的特点。

广东地区因其位于大陆南端，毗邻港澳，又有西江、东江、北江联系贯穿联系的水网，便捷的海运条件使其在历史上就拥有对外贸易的绝好条件。又因此地文化上的包容性和开放性，与外来文化的交流频繁，吸纳和接受程度也相对较高。但真正从较广范围和较深层次产生影响的时期还是自鸦片战争之后。帝国主义国家在军事、政治、经济上不断扩大影响的同时，在建筑上也渗入了其建造思想与建造方式，加速了广东地区近代化的历程。建筑因功能需要的变化而类型开始细化和增多，出现了教堂、领事馆、银行洋行、办公、文教、商业、公寓酒店、交通和工厂建筑以及住宅等多种类型。丰富了社会文化生活，加速了城市综合职能的转变。

广东地区外来与本土结合的建筑形式，依据融合方式，主要体现为外来形式主导下的本土元素融入式风格以及本土主体的外来元素融入式风格。外来形式主导下的本土元素融入式风格主要体现在教堂教会建筑、洋行买办建筑以及外国建筑师在粤设计的一些建筑项目中，而本土主体的外来元素融入式风格则多体现在商业骑楼、城市别墅洋楼和侨乡民居建筑中。这些不同的建筑从其立面特征又可提炼为五种风格，包括：仿欧洲古典式的建筑、"外廊式"布局的建筑特色、以折中主义为主的多元艺术、中国固有形式的建筑以及近代"国际式"的建筑。

总之，广东地区的近代建筑在质的层面上主要体现了四大特征：（1）关注本质、适应气候。（2）合理务实、强调功用。（3）自然演进、科学发展。（4）兼容并蓄、开放多元。

第四章　传统建筑风格的形成与传承要素

广东地区受独特的自然条件与人文因素的影响，形成了特征鲜明的岭南文化，这是岭南建筑风格形成的必备条件与需要挖掘传承的深远内涵。广东传统建筑对这些条件的适应机制以生态性、和谐性、文化性和技术性为主。其中生态性具体表现在建筑适应地理自然条件的通风、遮阳隔热、环境降温、防灾处理、结合地形等内容；和谐性表现在追求建筑与环境的融合、追求单体与群体的协调、追求室内与室外共生的诉求；文化性体现在水文化、重商务实、兼容并蓄等地域文化相适应的建筑设计思路；技术性则反映在空间组织、材料结构与装饰装修方面，在建筑中生动地诠释了精巧、精细、精确、精美的特点。这四大特性是根植于本土背景的"道"，是广东传统建筑中应被挖掘传承的要素。

第一节　传统建筑风格的形成

一、建筑风格的本质

建筑风格就是在一定历史条件下，各种不同用途、不同类型的建筑物在社会思想意识、科学技术创作方法等各方面特征的总的集中表现。对广东而言，传统建筑既包含越汉融合、源远流长的古代建筑，也包含中西交融、飞速发展的近代建筑。其建筑风格反映了一个时代的社会思想、生活和文化方面的主要精神面貌和典型的特征。

风格形成是相对的，而风格的变化和发展是绝对的。一个时期的建筑风格具有相对稳定性，一般称它为时代特征。建筑的产生都有它的社会经济、时代背景、人文习俗以及气候、地理、材料等自然条件因素，因此，在同一时期内所造成的建筑物一般都会反映出它的共同特征，如文化、艺术、民族爱好、美学等，它融合后就成为时代特征。当然，时代特征也不是固定的，它也在不断变化。但是这些变化是缓慢的、渐变的，一旦到了某个阶段，如时代的突出变化，那新的特征就会逐步呈现并走向成熟，变成又一个新的时代特征。

建筑风格的载体就是各种具体的建筑物。只要是建筑物，都有形象、外貌，也有内部空间、细部以及环境，因此，建筑风格除在整体中得到反映外，也同时可以在各个具体部位、构件中得到反映。有了具体部位、构件上的反映，那在整体建筑上的反映就更加突出和鲜明了。

风格寓于载体建筑物的外形，称为建筑形象，也称为建筑物的形式。一般来说，建筑的形式和形象在人们的感觉上、含义上是一样的。但严格来说是有区别的，形式属于哲学范畴，而形象则是艺术范畴。

形式是内容的反映，是内容的外在形状或体形。形象作为艺术，是当形式含有思想、文化、艺术等内容后，经过加工就成为形象。形式与形象两者是一致的，但又有区别。过去有的人把有形象的称为建筑物，没有艺术形象的称为构筑物。因此建筑风格是以视觉上能够感知的外在形象为"器"，以建筑对地域自然、经济、社会、文化环境的适应性为"道"，以"器"载"道"，以"道"运"器"，"道"、"器"结合的二元统一体。

二、地方建筑风格形成的因素

任何一种成熟的建筑风格形成，总离不开四项主要因素的制约，即自然因素、经济因素、社会因素和文化因素。

（一）自然因素

自然因素包括气候、地理、地貌和材料等方面。

我国的地域，从地势来看西高东低，景象万千，有高山、有低山、有丘陵、也有平地。东南沿海，海岸线特别长。我国的气候自北至南，跨寒、热两大气候带，自东而西又包含有从润湿到干旱的不同的干湿地区，再加上多种地形的不同影响，形成了全国气候复杂多样的特点。再加上各地区的不同地形和环境，就是在一个地区内也因山水地貌的不同而导致了多样的微小气候的产生和变化。气候、地形、地貌等自然条件是形成各地建筑物不同的外貌和风格的主要因素之一。

至于材料，如沙、土、木、石，虽资源丰厚，但地域分布也有差异，不同地区的同种材料的各项性能存在差别，这些都从建筑营造的基础物质条件上就决定了建筑整体的地域差别。就是在同样的这些物质条件下，在北方的寒冷、干燥和南方的炎热、潮湿，地形中的高山、丘陵、平原和沿海等异制环境中，材料的构造组合方式也不尽相同，这更使我国建筑形象呈现出丰富多样的面貌。

（二）经济因素

这仍属于建筑形成的物质条件，经济技术水平的高低直接影响到建筑所采用的材料、构造、设备、结构方式和施工条件等，这些基本材料和基础设施的实施保证建筑物能够建成，也使建筑的外貌、形象、风格得以产生和形成。

在古代，由于科学技术不发达，人们建造房屋还处于利用土、木、沙、石等原始材料以及简单的构造方式和施工设施，当然，这时所建成的建筑也是比较简朴的。随着砖、瓦玻璃、钢铁、铝合金的材料的发展以及各种新型、轻质、高强材料的出现，在结构方面，钢筋混凝土结构的出现，预应力钢筋混凝土结构、空间薄壁壳体结构的发展，导致建筑形象上原来的笨重体型逐步变成轻盈，这不能不归功于材料、结构等物质条件的变化，说明建筑技术、经济因素还是起了很大作用。

对建筑风格的创造来说，建筑技术、经济条件同样也起到重要作用，过去运用原材料所形成的肥梁胖柱等形成的厚重体型，由于轻质高强新颖材料导致建筑体型变成轻巧，其风格也是在变化。但这仅仅是一个方面，因为，同样的材料，结构可以导致不同的建筑形象和外貌，因为建筑创作并不完全由材料结构等科学技术来决定，还由当时的社会需求，人们对建筑的理解，使用以及思想文化对建筑的要求来确定的。材料、结构方式为建筑创作提供了建筑实施的可能性和经济性，是必要条件，但不是决定条件。

一些经济水平高发达地区由于资金充足，无疑地它能为建筑创造出优秀的建筑作品。经济不发达地区只要在一定的经济条件下，发挥人的主观能动性，也能创造出优秀的有地方特色的建筑作品，这在历史上也是常见的现象。

（三）社会因素

社会因素主要是指独立的个人如何通过建构起各类社会联系以形成社群。自古以来，人们就赋予建筑以社会文化的意义，人类的社会文化观念均在一定意义上以建筑来表达。传统中国社会认为住宅是"阴阳之枢纽，人伦之轨模"，直接反映了建筑是承托社会人伦关系的现实舞台。

社群的规模有大有小，其内部组织方式多种多样。国家是大的社群，在传统社会国家是通过阶级统治来维持其运作。因此古代传统社会的建筑，首先是受封建制度所约束，以帝皇为中心的正宗统一思想等级制，以及儒家思想是中国封建社会衡量事物的总主宰，广东所在的岭南地区也逃脱不了封建制度的影响，反映在其建筑的类型、布局、规模、规格，以及形象、文化、风格的方方面面。在封建社会制度统治下，各个时期还有具体不同的表现，不管是整个社会或者分期表现，这些就构成了时代社会特征。

我国是多民族国家，国家有自己国家的建筑风格，民族也有自己民族的建筑风格。民族之下还有进一步的民系分支，也会形成一些具体的风格特色。国家由民族组成，代表国家的建筑风格也包含了民族风格，自然也反映了各地的地方特色。

汉族是一个很特殊的民族，他们重视祖先，并以血缘关系为纽带发展建立起基层社会的重要组织形态——宗族，同一宗族以宗族祠堂为中心形成聚居，因聚居而产生村落、围寨、墟镇和街巷和社区，不同的聚落、社区又连结成城市和地域。而在一个特定地域之内生活的族人，由于他们的生产方式、风俗习惯、语言（方言）、教育、宗教信仰以及审美观念等文化因素都大致雷同，加上所居住的区域，山水河流、气候地理以及材料等自然条件相近，导致区域内部的建筑形象、建筑风格也大致雷同，形成了鲜明的地方建筑风格。因此，社会因素中人是本质的因素，社会由人组成，而人不是抽象的，是人的信念、素质决定了人的思想行为。

（四）文化因素

广义的文化包含在漫长的历史进程中人类创造的一切物质文明成果和精神文明成果。而为了区别上述提到的"经济因素"，这里所指的文化因素是属于意识形态方面的、非物质技术方面的内容，如风俗习惯、宗教信仰、文化素养、审美观念等。文化因素所囊括的内容非常复杂，但针对建筑类别来说，则多着重在制度、习俗、审美观以及艺术处理方面，也比较实际一些。

文化因素具有时代性、民族性和地域性，因此总是活跃发展而具体的，没有僵化的文化。所以建筑中的文化表达也是与时代要求和地域特点、民族观念紧密结合的。

从物质、技术条件来看，构成一座建筑物是容易的，要使这一座建筑物具有美观悦目的形象也不难，我们只要按美的法则对建筑外貌和内部空间进行一定的规则处理也就能达到。但是这只能说是一座美观的建筑，它符合建筑美的基本规律，如匀称、和谐，有较好的比例感觉。但是，如果要深入一步去看，如何使这座建筑物反映出时代的面貌，或者说建筑有一定的思想面貌，要赋予文化内涵，这在建筑形式中是较高的要求，即要有文化因素。

上述自然、经济、社会和文化四个方面因素，都对建筑物的内外空间布局产生影响，当然也对建筑的面貌、风格产生影响。作为地方建筑风格，虽然同样存在四种因素的影响，但是，孰重孰轻就要具体分析。

四种因素中主要分为物质技术因素和社会人文因素两类。前者包括经济和自然条件因素，经济是基础，不管是北方、南方，在那里建造都需要具备经济条件。而气候地理自然条件对地方建筑来说影响很大。它不但对建筑的布局、朝向、内部布置以及建筑的外貌甚至环境都会产生影响。例如北方寒冷天气，建筑物的墙体厚实，导致其外貌就会呈现出厚重的感觉；南方气候炎热潮湿，建筑多喜爱用柱廊、檐廊，空间要开敞通透，空气流通使人体感到凉爽。

建筑是为人的生产生活服务的，而建筑又是由人进行设计和建造的，建筑的形成离不开人，人是建筑的主宰，人是社会的人，人的生存离不开社会，也离不开地区。人是有思想、文化、性格的，人的思想、文化、性格都是靠人在成长过程中逐渐培养形成的，是经过学习、教育、工作、交往、磨炼、甚至经受挫折、失败、成功而达到成熟的。因此，在社会人文因素中，人是最主要的因素，人的文化素质不同、性格不同都会导致建筑的布局、空间、环境、形象产生不同的反映，建筑风格更是如此。

建筑风格的形成，四项因素都是必备的条件，但是地区不同、民族不同、它们存在的条件不同，就会导致建筑风貌、风格的不同。在广东，就要抓住岭南特点，关键有两个，一个是岭南的人文因素，另一个是岭南的自然条件。

三、岭南建筑风格成熟的条件

导致地方建筑风格的发展成熟，应需要具备三方面：明显的地域条件；成熟的社会条件；比较齐备的传统地方文化条件。

（一）明显的地域条件

任何建筑物都是在一定的地点建造起来的，如建在哪个城市、哪条路、街、巷，一直到某个点。每个地方都有它的具体地形，周围环境，所在地又有具体气候特征，建筑物是不能离开这些具体气候、地形、地貌等特征去做设计的，因此，任何实际具体的建筑物都有地域条件。一座优秀的建筑物，特别是地方建筑一定要有明显的地域特征，地域特征明显就能使建筑充分呈现出它的地方风貌和风格。以岭南地区来说，闷热日照长、潮湿多雨、夏秋多台风暴雨，这是气候特征。内陆北部多山，南部多丘陵、沿海平原多河流，纵横，这是地形地貌特征，它们构成了岭南地区明显的地域特征。

有了明显的地域特征，反映在建筑上就会产生一种建筑与大自然和谐结合的内在或外观的象征，例如一些柱廊、檐廊建筑，还有空廊、连廊、支柱层建筑，甚至落地窗、凹廊阳台、大玻璃使用等都充分显示了岭南建筑明显的地域特征，这些特征为岭南建筑风格的创造提供了借鉴作用。

（二）成熟的社会条件

社会因素中一个重要因素是人口组成，人口组成的定型常常意味着社会和文化的定型。自秦代以来，本来作为古越族生活区域的广东，由于战乱等原因，不断地接受着从北方南迁的汉族移民，在不同的历史时段移民的来源地和迁入地各有集中，移民与土著之间经历复杂的冲突和融合，逐步分化形成了广府、潮汕、客家和雷琼四大民系。宋元之后，广东本地人口逐渐饱和，没有再接纳大规模的外来移民，民系格局在明清两代500年的历程中基本稳定，社会文化的发展趋向于较为独立的本地化进程，社会结构、社会组织的地域化特征也日益鲜明。

明清时期，宗族组织的民众化是广东社会的突出特征。为了在农田水利建设中协作共赢，为了在中央政府难以实施深入控制的边缘社会聚族自保，更为了在地方利益争夺中依赖宗族力量而获取先机，宗族的作用和地位不断强化。同时广东作为较长时期内中国唯一进行对外贸易的口岸，走私活动促成宗族上层与官吏的勾结，大量经商致富的宗族成员买官捐爵，不断扩大了平民宗族在地方行政事务上的干预能力。为了壮大力量，广府民系中同姓不同宗者，有采取"虚立名号，联宗通谱，建立共同的宗祧关系"的做法；更甚者，一些居住相邻近的"寒姓单家，也以抽签、占卜方式来确定共同的姓氏，并且虚拟共同的祖先，合同组成一宗族"，反映出广东基层社会普遍的宗族化趋势。[①]

宗族结构对广东传统建筑风格产生了一系列突出的影响，包括在强大的宗族经济实力和族权的支撑下，聚落内部祠堂大量涌现，公共环境的建设质量普遍较好，聚落规划的目标明确统一、实施管理有所保障，聚落形态趋于规整等。

（三）比较齐备的传统文化条件

在建筑中的文化有两类：一类是比较偏重于文学艺术等直观型门类，如绘画，雕饰、彩塑、装饰、装修、图案以及匾额、楹联等；另一类是侧重于文化内涵，即情景意境等美感方面。后者比前者更深一步，但难度更大更高。

1. 齐备的相关艺术门类

建筑有艺术的一面，可以归属于艺术门类。它的表现主要是形象表现，但它也离不开材料、构造等物质技术条件。在古代，由于建筑用的是土、木、沙、石等原始材料，建筑物的表现比较单纯，一些功能比较复杂，规模比较巨大的古代建筑物不得不借助于其他门类的艺术来表现，如利用雕饰、绘画来说明建筑物的使用是属于儒家、佛寺或道观，利用建筑小品来说明建筑物的类别，看到石麒麟、石马、石人就是陵墓，看到斗升旗杆就是衙署，看到石狮子就见到豪宅府第，见到牌匾、楹联就是厅堂馆轩等。这些艺术门类既帮助了建筑物增加它的形象表现，同时也增加了建筑的文化内涵，呈现了更丰富的感染力。

明清至近代，广东地区在文学、绘画、音乐、戏曲等艺术门类上均已形成卓著的岭南风格，其中"岭南诗派"、"岭南画派"和粤剧在全国享有盛名，其艺术风格也因浓郁的地域特点而独树一帜。艺术门类间具有共通性，这些姐妹艺术对建筑艺术的影响也是不可忽视的。这一时期，广东在各类工艺美术品的加工创作上也达到了历史上的最高境界：表现在其一是品类的极端丰富，雕刻、陶瓷、染织绣、编织、漆器、民间绘画、金属工艺、剪纸无不涵盖其中，单是雕刻就可针对木、石、砖、骨、牙、角、竹、贝、椰、缅茄、玉、榄核、藤、瓜果等不同材质进行；其二是其鲜明的地域特色，反映在其承传岭南原始造物文化，以巧夺天工的工艺表达深刻的岭南民俗意蕴和乡土文化，且具备兼容、创造的美学品格。这些工艺美术类别有的直接运用和服务于建筑，如三雕三塑、彩绘嵌瓷等，有的则在题材选取、构图形态、美学追求上对建筑艺术产生间接的影响。[②]

2. 已可总结的地域文化性格

地域文化性格包含两方面内容，一是人文品格，另一是文化特征，如果说，当地人民在一定历史条件下形成的本地共同性格特征已经认真地总结出来，同时它的共同文化特征也已经总结出来，那么说，本地区的人文条件基本成熟了，这就为创造本地区的建筑风格奠定了人文基础，赋予了文化内涵。在这里，我们可以再深入一步加以说明，譬如说，建筑物是由建筑师设计的，建筑物又是当地人民使用的。你不了解当地人的使用要求、风土人情、性格特征，你就无从设计。就算设计出来，也不是一座实用美观且具有特色的建筑物，可能只是一座建筑物，最多是一座功能较好的建筑物。

在长期的历史进程中，岭南土著文化和外来文化不断融合发展，特别是在宋元之后以四大民系为基础的长期稳定的人口构成提供了地域文化进一步趋向成熟的创造者，形成了以"重商、开放、兼容、多元、创新、务实、享乐、直观"为基本特征的岭南文化，其本质是一种原生性、多元性、感性化、非正统的世俗文化。而在这样的文化氛围中孕育生长

---

① 叶显恩. 徽州和珠三角宗法制比较研究. 徽州与粤海论稿，2004，12.
② 李权时. 李明华，韩强. 岭南文化. 广州：广东人民出版社，2010，1.

的岭南人也具有丰富而特异的观念文化，他们以重商为处理现实事物的重要视角，以务实为主要价值支柱，崇尚开放的生活方式，具备多元兼容的文化品格，有强烈的求变意识和创新精神。岭南人格和岭南文化的鲜明特征，正是岭南建筑背后蕴藏的深远的文化内涵。

第二节　传统建筑发展传承要素

综上所述，传统建筑风格可被传承的部分并非单纯的外在表象——"器"，失去地域适应性的合理基础，任何表象都没有存在的意义。同时必须注意到，地域的自然、经济、社会、文化条件在一定时间段内可能较为稳定，但始终都存在运动和变化，所以有价值的传承实际上是传承一种适应性机制。针对广东的具体条件，我们把这种机制概括为生态性、和谐性、文化性和技术性。

一、生态性

"生态性"作为建筑特点而言，是指建筑在营建、使用，直至消亡的过程中，通过合理的安排组织，使之具备低能耗、宜居并且可持续发展的特性。这一特点从生态平衡出发，提倡在人、建筑、环境三方面形成相对均衡的关系，是当代建筑设计的重要发展方向。

其实，对生态平衡的考虑，古已有之，《皇帝宅经》开篇即有"夫宅者，乃是阴阳之枢纽，人伦之轨模"之语。从生态角度来说，即是认为建筑是生态系统中人与环境的枢纽，具有重要的生态作用。在这种文化的影响下，传统建筑具有"生态性"特征便顺理成章，且多通过被动性手段，以就地取材、合理的平面布局等"低技"方式实施，具有投入小、成本低、好掌握、易实施等诸多优点。广东传统建筑在潮湿多雨、气候炎热的自然环境影响下，创造了以除湿通风、隔热降温为主要目的一系列建造手段，涉及平面布局、空间组织和立面造型等多个方面，并且兼顾考虑了台风灾害、地形变化所带来的影响。古今对比，虽然气候环境和地理环境也在变化，但改变程度不大，传统建筑的生态适应性模式在今天仍有较大的参考价值。

（一）建筑通风

"生态性"强调适宜的人居环境，人们要在室内工作和生活好，就需要有一个舒适的环境，温度适当，空气新鲜。对建筑来说，就是既要自然通风好，把室内多余的热量尽快地排出室外，又要隔热好，不使外界高温热传入室内。实际上在广东这样的湿热地区，通风往往比遮阳更重要。

在传统建筑中，要取得良好的自然通风效果，首先要有良好的朝向，以便取得引风条件，总体布局的好坏也是非常重要的一环。在朝向、引风条件和总体布局都获得良好条件的前提下，建筑内部通风效果将取决于平面布置。因此，生态性在建筑通风方面的表达方式也是多种多样的。

1. 总体布局通风

根据原理，通风是利用风压和热压来进行空气交换的。风压的利用是通过空间尺度的变化，造成空气密度的不均匀，产生空气压力差，从而形成相邻空间的空气交换。因此，相邻的空间差异是构成空气压力差的主要原因。热压的利用则是通过温度差的变化，造成空气密度的不均匀来形成冷热空气的交换，从而达到通风换气的目的。因此，它同样也是通过空间组合变化这种被动式手段来完成的。

广东传统聚落总体布局中，主要是梳式布局和密集式布局两大主要形式，其中天井和巷道在通风系统中起很大作用。它既是进风口，又是出风口，在一定条件下可以转换。根据气温的变化，它有时是风压起作用，有时又是热压起作用，都很好地满足了通风换气的需求。

2. 天井通风

在广东传统建筑通风系统中，天井、厅堂、廊道三者互相联系，起着密切配合的作用。但在三者之中，天井（图4-2-1）是起着组织和纽带的作用。

图 4-2-1 天井通风（来源：华南理工大学民居建筑研究所 提供）

图 4-2-2 楼井通风（来源：华南理工大学民居建筑研究所 提供）

从气候角度来说，天井的形状以南北向纵长方形为好，优点是进风量大而快，但通常是，天井两旁还布置有其他房屋，也需要通风。而广东天气中，夏季多东南风或东北风，故南北纵长形的天井就不利于天井东西两侧房屋的通风。在梳式和密集式民居总体布局中，对通风的流速和强弱起直接作用的是天井的进深，综合考虑，广东传统建筑的天井常采用方形或横长方形（东西向长）的平面形状，以便达到更均衡的生态效应。

3. 楼井通风

在城镇中，由于人口多、密度大，很多传统建筑做成楼房形式。楼房通风属垂直通风，分两类：一类是天井露天者，通风方式也有单天井通风和多天井通风。房屋的通风主要靠前天井进风和后天井出风，但后天井做成狭长形。

另一类是天井上空有屋盖者，也称为楼井（图4-2-2）。楼房住宅中，因土地紧张，有的屋前有天井，就可以有引风条件。但屋后没有空地，无法做后天井，于是在建筑物内设楼井，以取得出风口。楼井不但可以通风，还可以采光、换气，起着多功能的作用。楼井的顶盖有的是可活动的，随晴雨而启闭，有的在屋盖下部设高侧窗，同样能够换气，根据实际的需求可灵活选择。

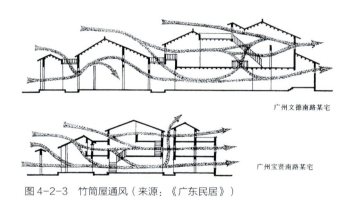

图 4-2-3 竹筒屋通风（来源：《广东民居》）

4. 楼层高差通风

利用地形高差和不同楼层进行通风，也是垂直通风的一种方式。它主要利用地形或建筑的高低不等，形成空气压力差而创造良好的通风条件。一般有三种情况：

前低后高通风方式。在农村，常在坡地建屋，根据地势形成了前低后高的建筑布局。

利用不同楼层通风方式。这是在城镇民居中常用的通风方式之一。它利用不同楼层造成空气压力差，也利用门窗屋顶的不同部位造成气流温度差，不管在常风或炎热无风的状态下，都能达到一定的通风要求。这种通风方式的典型例子是竹筒屋建筑（图4-2-3）。

带楼井的不同层高通风，其原理也同上述一样。由于增加了楼井，因此，从底层到二层的通风线路更显得通畅，这种措施在城镇建筑中也较多采用。

5. 其他通风形式

通风形式还包括屋面通风、厅堂通风（图4-2-4）、门窗和室内隔断通风。细部和构件的通风，也是具体措施之一。

（二）建筑遮阳隔热

广东传统建筑的降温措施，除通风外，防止热传入室内也是重要措施之一。太阳辐射热传入房屋一般通过下列途径：一是直接传入，它通过开着的门、窗，透进太阳辐射热和热空气；二是间接传入，主要是通过屋面和外墙渗透传入，特别是西墙。因此，对门窗采取遮阳措施，对屋面、墙体进行防晒隔热处理，都能达到降温目的。

1. 遮阳

遮阳的目的，除遮挡直射阳光，降低室内温度外，还可遮阴墙面和减少辐射热。同时遮盖墙面开口部分，造成空气压力差，加速室内空气流通，以增强通风换气效果。

广东民居遮阳处理，有很多手法，除平面采用密集布局方式，用缩小建筑间距，造成阴影而达到遮阳效果外，还有下列各种手法：

凹门遮阳，将进门做成凹入形式，称为凹斗门或称外凹肚。凹门做法除遮阳避雨外还有显示门第作用。

小阳台式遮阳。在城镇中较多采用，它利用二楼飘出的阳台来遮阳避雨。

檐、廊遮阳。屋顶出檐既可防雨，又可遮阳。一般有廊檐、腰檐等。柱廊主要作交通用，同时兼有遮阳避雨之功能。根据柱廊部位不同，有檐廊、回廊、凹廊、跑马廊等。

门窗遮阳。门窗飘檐常见的有：砖挑人字檐、砖挑波纹檐、砖挑折线檐和砖砌叠涩出檐等。门窗除了砖砌飘板遮阳外，也有利用木板飘蓬构件进行遮阳的，它简单又方便，有固定式、活动式。也有用蚝壳作为飘蓬材料的，其优点是在飘蓬下比较明亮。近世纪来，由于国外建筑的影响，产生了木百叶窗，

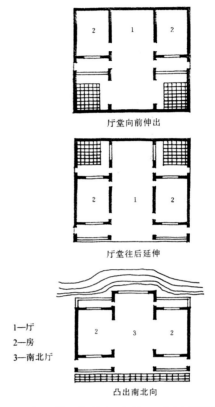

图4-2-4 利用厅堂延伸来通风（来源：《广东民居》）

一般都在近代城市中才见到用。

2. 防晒隔热

常见的防晒方法有：1）良好的朝向。选择良好朝向可避免过多的阳光辐射，故建筑布置多为坐北朝南。2）密集的平面。它利用建筑物的排列、间距、高低和廊檐设置等方法，直接或间接遮挡阳光来达到减少辐射热的目的。3）减少地面蓄热。太阳长时间照在地面上，地面温度升高。热气上升后，很易传入室内。因此，减少地面对阳光的热吸收，也是很重要的一项措施。首先是材料选择，庭院天井地面材料多采用麻石或其他石材。由于石质坚硬平滑，不易吸收辐射热，它有吸热少，散热快的优点，对降温有效。4）花墙遮影。当庭院天井较大时，用花墙漏窗来间隔，利用花墙的阴影，减少阳光对地面的直射。当民居的从屋巷、厝巷为狭长形时，用

漏窗花墙间隔，不但防晒和减少地面反射热，而且丰富了空间层次。

隔热方法主要是加强屋面和墙壁的隔热性能，以保证室内的热量不再增高。广东传统建筑隔热方法有：1）双层瓦屋面隔热。但双层瓦屋面在风大时，容易把瓦吹翻，因此在沿海地区多结合台风暴雨的特点，在檐口部位的双层瓦屋面上用几层条砖压住瓦面，这样既隔热，又防风。2）外墙隔热。外墙隔热一般采用热惰性较大的材料作为墙体的结构，如砖墙、石墙、泥墙、夯土墙等。沿海地区还有用三砂土墙。粤中地区则多用空斗墙，也有用实墙与空斗墙混在一起砌筑的。

（三）建筑环境降温

绿化与水面降温都属于建筑环境降温的组成内容，对建筑与环境构建生态平衡关系有直接的帮助，是室外调整微小气候的有效措施。

1. 绿化降温

在庭院天井或其他空地中种植树木，既结合生产，美化环境，又具有降温作用。

庭院绿化在大中型传统建筑中较多采用，有院内建成庭园者，一般规模较小，内部布置，疏竹假山，小桥流水。也有在住宅的邻侧另辟地点，筑成小型园林者，一般规模稍大一些，三五亩不等，在粤中粤东都有。还有的以书斋小院绿化出现（图 4-2-5、图 4-2-6）。这些庭园，既能达到自赏景色之用，又能产生降温效果。在小院天井内较多采用盆景绿化，如缸植荷花大盆景、小盆绿化等。

庭院巷道绿化有盆植、也有栽植。农村住宅中，则结合生产种植果树或经济植物树种，如蕉树、木瓜树、白兰花树、鸡蛋花树等。还有棚架绿化，如种植葫芦瓜或其他植物等。也有用攀延性植物作绿化遮阳降温者，这在乡村民居中运用较多。

2. 水面降温

广东地区河流纵横，水塘密布，用水方便。居民选址多靠近水源，在村落周围设水塘，既有蓄水、养鱼等功能，对调节村内微小气候也具有较明显的效果。在炎热地区，任何

图 4-2-5 粤东书斋庭园平面图（来源：《广东民居》）

图 4-2-6 庭园绿化（来源：华南理工大学民居建筑研究所 提供）

形式的流动水面都会带来舒适感和降温效果，使人们在生理或心理上都得到较好的满足。

很多传统建筑都充分利用水面，以获取舒适的生活环境。建筑结合水面有三个优点：一是向空间要地，如建筑向水面延伸或跨于水面之上，可扩大使用面积，又不增加陆上用地；二是取得良好的通风条件，特别是朝向较差的厅堂、由于伸出水面，风从水上来，可达到降温目的；三是内外空间沟通，把院外丰富的水面景色借入院内，使内外空间融合成为一个整体。

在传统建筑具体实践中，建筑常利用河涌，在水面上伸出厅堂或水榭，这样既扩大屋内空间，又达到降温目的。传统建筑的外墙过去多做成封闭状，而建筑物直接面临河水者，则多开窗户，如槛窗、木格窗、漏窗等，同时常向外伸出挑台，有二楼者则伸出阳台，目的是通过水面来达到通风降温。厅堂延伸水面的做法有：厅堂向前延伸水面、厅堂向后延伸水面、南北厅延伸水面等，还有厅堂延伸水面时，在两旁加平台者，目的与上面一样，主要是使延伸部分获得良好的通风条件。此外，还有不少沿河建筑做成开敞方式，如开敞的阳台、柱廊、后院、檐廊等，既美化了环境，更满足了南方气候的要求。

还有将房屋跨水而建，利用水面做成水上建筑，或引水入院，靠流动之水将热量带走，达到降温目的。而庭院凿池形成水庭（图4-2-7），依靠水面的温度差，造成空气对流而达到降温目的。凿池按庭院位置分，有前庭凿池、中庭凿池和后庭凿池；也有前、后庭同时凿池和侧庭凿池。

图4-2-7　清晖园水庭（来源：华南理工大学民居建筑研究所 提供）

（四）建筑防灾处理

1. 排水

广东地区雨水多，防止水灾非常传统村镇聚落采用前低后高的布局方式，低处都开挖有水塘，或有河涌经过。每户人家天井内院有排水沟通向纵向巷道的渠沟，纵向巷道与水塘、河涌呈丁字状布置，便于这些明沟暗渠的水快速通向水塘河涌，以形成统一的有组织排水系统，最终达到"聚水归塘"的效果（图4-2-8）。这种规律性的整体排水处理，既可以减少水土冲刷流失，又有利于生活生产，水塘、河涌对村落的微气候进行了有利调整，也有利于万一建筑失火扑救取水的便利。

雨水多利用坡屋面、椽头与檩头出挑来排出。广东传统民居多采用前后直坡顶的形式，坡度一般在30度左右，使屋面雨水快速地流下，并防止雨水倒灌漏水。为防止墙体受到雨水侵蚀，通常通过椽条直接出挑屋檐，雨水排出屋面后，直接落入花岗石铺砌的天井小院流走。

屋面排水过程中还通过瓦件搭接的不同形式来顺利组织，如采用多层瓦面，增加搭接密度等方式来减少漏雨的可能性。此外，广府地区多采用筒瓦，使雨水可以沿着明显的直线瓦通快速排走。在一些特殊的部位如天沟、泛水，也会使用一些特殊材料或依靠灰浆等填充封边，以隔离雨水。

2. 防潮

房屋内的潮湿，如不注意，长期居住下来，对人体有很大的危害。古人对此也极为重视，如晋嵇康在《摄生论》中曾写道："居必爽垲，所以避湿毒之害"。可见建筑防湿防潮十分重要。

建筑防潮措施有：建筑修建于高处，利于排水和减低地下水位，使建筑地面常处干燥之环境。平地建屋时，挖塘挖井，常在村前挖水塘，或在屋内挖水井，使地下水位降低。建筑采用坡屋面并用阳脊明沟，使屋面排水畅通，不致渗漏。此外，屋面出檐深远，可保护墙面和地面，减少积水。加强建筑穿堂风，通过"过白"增加室内日照辐射，也可带走部分潮湿空气。

图 4-2-8 聚落排水（来源：华南理工大学民居建筑研究所 提供）

此外，在墙体、门窗的细部构造中，都通过特殊做法来隔绝空气中的湿气。裙墙、基础、地面也常使用砖石硬木等密实型材料，或采用独特的夯实砌筑手段，来实现减少地下水上升渗透的目标。

3. 防台风

在多台风地区，除了考虑良好的通风条件外，还要注意防台风。其措施除防风林外，在建筑方面有：建筑布局上通过密集式布局，依靠建筑物之间互相毗邻，可增加抗风力。多进式布局，其朝向可与台风风向相同。

据调查，广东台风登陆多在汕头、海南与雷州半岛。台风登陆时风向为北向，登陆后风向转南，因此，建筑南北方向都受到台风的严重袭击。而广东临海地区的传统建筑布局朝向采取南北向，它与台风主要风向所形成的角度很小，因此，由院落、围墙所组成的多进式民居布局对风的阻挡是非常有利的。

（五）建筑结合地形

1. 利用台地建造

广东丘陵地区较多，地势起伏大，因此很多传统建筑是依坡而建，建筑物随着地形地势变化而灵活布置。将建筑用地分置成若干层台地，具体手法有两种：纵向台地利用法，即沿等高线布置建筑物。这种建筑布置与等高线平行。丘陵坡地的许多寺庙道观常采用这种方式，如广东新兴的国恩寺，广州三元宫（图4-2-9），广州萝岗玉岩书院等。横向台地利用法（图4-2-10），即台地作"分级"处理。这种做法

图 4-2-9 广州三元宫纵剖面图（来源：《岭南历史建筑测绘图集选》）

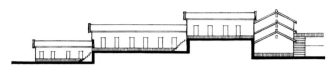

图 4-2-10　横向台地分级处理（来源：《广东民居》）

图 4-2-11　客家围垅屋民居依坡法（来源：《广东民居》）

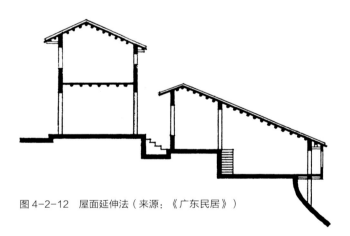

图 4-2-12　屋面延伸法（来源：《广东民居》）

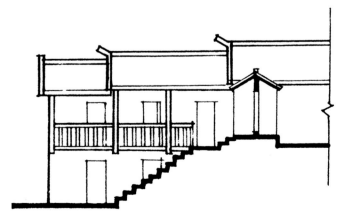

图 4-2-13　沿坡建筑屋面分级处理（来源：《广东民居》）

常因为屋前道路坡度较大所致，建筑房屋之间随着道路起伏而高低错落。如台地分级高差不大者，基地分级，屋面不分级（即天平地不平），如台地分级高差较大者，基地分级，屋面也要分级处理。

2. 利用坡地建造

依坡法，当坡度较小时，可顺坡而建，称"依坡法"。例如客家围垅后部的围屋（图4-2-11）。这种前低后高的做法，在丘陵坡地甚至在平地都广泛采用，它的优点是利于通风、采光和排水。

屋面延伸法（图4-2-12），当坡度较大时，建筑基地室内可采取分级处理法，而屋面则沿着山坡披梭而下，称为"披梭法"，也称"屋面延伸法"。这时，在长坡屋上通常用气窗、天井和明瓦来解决通风和采光。

沿坡分层筑台法（图4-2-13），当坡度很大时才采用，也称"叠级法"。建筑结合地形，外观处理十分自然。还有的地形坡度大，除基地作迭级处理外，建筑屋面也作分级处理。

自由法，有些山地坡地很不规则，无法在同一方向作叠级处理，因而，只能因地制宜，就地布局。

二、和谐性

和谐既包括适应外部环境的变化，也包括系统内部构成要素的相互协调。和谐性是指建筑作为一个高度复杂的人工——自然系统，它对外部的自然地理环境和社会人文环境的适应是一种系统化的适应，既包含有系统内部各组成要素的单个适应演化过程，也包含元素之间相互影响推动产生关联化运动的过程，而且这些复杂的过程与系统的结构组成模式相关，最终导致整个系统的演化升级。

在极具特点的地理气候条件下，广东传统生活极为关注"天人关系"，由当地人对时令饮食、喝汤进补、中医调理等事务的热衷程度可见一斑，在建筑上当然也有其突出的反映。同时，明清以来商业社会环境中也特别强调人与人之间的交往和联系，宗族管理下紧密的血缘纽带强化着人伦意识。

因此广东传统建筑中的人居和谐观念，其根本在于顺应天时地利人和，讲究"天人合一"，在综合考虑建筑与环境的关系下，层层推进，将个群关系、内外关系也与之统一起来，共同阐释这种和谐性。

（一）追求建筑与环境的融合

广东丘陵广布、水网纵横、暖湿气候本来就有利于花木生长，山、水、植物资源的丰富性，让这一地区已经具备了先天的优良自然环境，使得人工环境的塑造容易得自然之惠。懂得生活享受的岭南人没有辜负这里的青山绿水，在长期的生活实践中形成了一套协调自然环境的适应性做法，形成极具"岭南乡愁情节"的地域特色景观（图4-2-14）。

广东的传统聚落的最外围是人工改造程度最小的自然山野，丘陵起伏，河道纵横，各类岭南乡土植物茂密生长（图4-2-15）。

其内层是与灌溉体系紧密结合的基塘、果林、稻田等农业景观，作为自然环境到人工环境之间的过渡。在这一层次，因种植内容和种植方式的特点而与其他地区有显著的景观差异，尤其在种植热带经济作物、实现立体化农业生产的广府水乡，当你看到丰收季节满载着荔枝、龙眼、香蕉的小船在基塘间狭窄的河涌内繁忙穿梭的场景，地域特色已经一目了然了。

在农业景观的包绕下，秩序井然的村落建筑群依山而建，建筑群前侧有人工开挖的水塘，塘泥已作为建筑材料在聚落建设中使用。塘侧是几棵参天巨榕，盘根错节，遮阴蔽日，树下形成聚人的休憩空间。因为榕树是典型的热带树种，其形态体量又特别突出，导致榕荫广场成为是广东村落标识化的入口，其后往往直接联系着横阔的宗祠前广场，这里是村落公共活动开展的中心（图4-2-16）。祠堂之后是密集而条理化排布的民居，平行的巷道导向聚居地后部的山丘，巷道底部往往以对景化的树木作为视线的收束，而这些树木其实是后山风水林的组成部分。

从山野景观——农业景观——建筑景观的逐层过渡，是自然化逐渐淡化，人工化渐次加强的过程，农业景观层以植

图 4-2-14　依山而建的桥溪村（来源：华南理工大学民居建筑研究所 提供）

图 4-2-15　珠江三角洲松杉水道（来源：华南理工大学民居建筑研究所 提供）

图 4-2-16　村落榕荫广场（来源：华南理工大学民居建筑研究所 提供）

物为主的内容与山野景观在要素上呼应，建筑景观层则以工整化的排布形态与农业种植的规整性应和。再加上水系在各个层级的沟通承接，各类景观向聚居地开放空间的视线渗透，整个聚落完美的联系成一体。

（二）追求单体与群体的协调

广东传统建筑虽然也存在空间精巧装饰富丽的优秀的单体建筑，但更注重建筑的整体价值。即在处理建筑单体和建筑群体之间矛盾关系时，强调单体对整体的服从。这一特点尤其在传统聚落的规划中有鲜明的体现，其根源于广东发达的宗族制度。宗族社会强调族权的至高无上，族众服从族长，以形成统一的意志和行为来面对外界。因此无论是广府、潮汕还是客家聚落，都追求整体布局的规范化和有序化，并且为了达到这个目的一定程度上牺牲了单体民宅的自由度和舒适度。[1]

广府聚落的梳式布局（图4-2-17）将面临水塘的整个前界面让位给宗祠建筑，使宗祠拥有最好的视野和景观，而民居建筑全部尾随其后且形制高度统一，没有个性可言。潮汕密集式聚落和客家围团式聚落，则将祠堂至于建筑群中轴，两侧横屋或从厝上的单体建筑牺牲了最佳朝向才得以面朝中轴呈拱卫之势。尤其是在一些多层的围团式布局的客家围楼中，各家居住单元毗邻，居住拥挤，私密性程度很低。然而，正是由于单体的服从性，才使广东传统聚落能够最大限度地整合周边资源，高效利用土地，获得整体美感和气势。[2]

单体和群体的协调，还表现在传统聚落在发展过程中，从规模较小的建筑单体出发，在其建设初期通过预留发展用地等方式，都充分考虑了形成组群并进一步扩展的可发展性。最明显的例子是客家民居的堂横屋（图4-2-18），以最简单的两堂两横为起点，到三堂、四堂多至七堂，到四横、六横多至八横，随着厅堂和横屋数量的扩大，建筑内所容纳的人口也由家庭发展至家族，可谓动态的社会发展过程在动态的建造过程的生动投射。

另外，单体建筑的处理手法，又在一定程度上影响到整体的空间布局。在广东城镇中，从单体出发的底层架空和外廊式制式，串联之后与使用功能相结合，形成了岭南地区的

图4-2-17　广府三水大旗头村梳式布局（来源：华南理工大学民居建筑研究所 提供）

---

[1] 潘莹，施瑛. 湘赣民系、广府民系传统聚落形态比较研究. 南方建筑，2008（5）.
[2] 潘莹，卓晓岚. 广府传统聚落与潮汕传统聚落形态比较研究. 南方建筑，2014年第3期.

图 4-2-18　客家堂横屋（来源：华南理工大学民居建筑研究所 提供）

图 4-2-19　岭南骑楼（来源：华南理工大学民居建筑研究所 提供）

图 4-2-20　天井（来源：华南理工大学民居建筑研究所 提供）

图 4-2-21　宅院（来源：华南理工大学民居建筑研究所 提供）

骑楼建筑群（图4-2-19）。这种在协调单体与群体关系时，既强调整体性与连续性，又注重功能实用的反馈，是广东建筑多元文化影响下融会贯通的结果。

（三）追求室内与室外的共生

中国传统文化中认为，世间万物分阴阳，有清有浊，有动有静，但同时，又认为"有无相生，难易相成，长短相形，高下相盈，音声相和，前后相随，恒也"。从建筑的角度来理解，室内空间与室外空间就是共存相生的，内部空间依靠外部空间而存在，反之亦然。

广东建筑对室内与室外的共生关系，有其独特的地域性阐释。在建筑布局中，多以天井或庭院为中心，通过檐廊、拜亭、园桥等穿插连接，使各类厅房与天井庭院等室内外空间相互渗透。这种渗透打破了原本硬邦邦的内外界限，使内外空间产生交流。一些经济条件比较优越的人家，喜于天井庭院内掇山理水，广栽花木，使人工化的生活空间与自然美景相互渗透（图4-2-20、图4-2-21）。即便居住在拥挤的市井，居住空间十分有限的人家，也要在书斋前的天井内种几棵果树，置几块山石成天然之趣。自然植物、光影清风与虚实相间的边界有机结合起来，形成了独特的空间感受。

为了加强这种渗透性，常采用漏窗、洞门、洞窗等来间隔。门窗的开合，洞口的大小，不同的构件具有不同程度的围合作用，可以调节室内外空间的渗透关系这些布置既保持了建筑布局的灵活性，形成了有层次的空间序列，同时也能很好的调节微气候。除此之外，厅与天井之间也有不设墙、全开敞的做法，因为日照时间长等气候条件，无隔断的室内外空间能起到更好的通风作用，而庭院中又常配置枝叶繁茂的地域性植物，形成了动态变化的树影效果，也更好地满足了室内外视线引导的要求。

再加上天井、庭院本身就存在着尺度、繁简等变化，室内外的共生关系也更加多样化。这种多样化是基于人对个体生活空间的不同需求产生的，不拘于模式，在处理手法上多有地域创新，在更多层面上，体现出了广东建筑的和谐特征。

三、文化性

文化的内涵十分丰富，风俗习惯、宗教信仰、文化素养、审美观念等都属于文化范畴。文化对建筑的影响往往是最直接也是最广泛的，特别是人的性格与思想、行为融合在一起，更是与文化形影不离。有什么样的文化就有什么样的性格，有什么样的性格就会造什么样的建筑。我们从一个地方的建筑就可以推断出当地人的文化审美和素养。

建筑的"文化性"是指建筑的一切有关要素，包括外观形象、建造手法、材料使用等所传递出来的对当地历史文化的适应性机制。文化适应的模式有多种，可能是具象的再现，如地方庙宇中的偶像崇拜；也可能是抽象的表征，如建筑外形中的一些有文化意义的符号；还有可能是一种意韵的蕴含，经常表达为一种综合性的美学诉求，如江南仕人追求儒雅秀丽和岭南商家追求的浮华夸张都是文化意韵在建筑上的表达。在广东传统建筑的文化适应机制中，因河涌纵横及临海而产生的"水文化"传统由于地理景观的维持而持续，因重商而产生的"务实"价值观由于现代商业发展而更加凸显，因对外交流区位而产生的"兼容并蓄"思想也在改革开放后进一步深化，因此传统建筑风格中已经存在的"建筑亲水敬水"、"设计创新变通"、"多元文化共存"等表达在今后的传承发展中仍会存留贯彻。

（一）根植于水文化的"建筑亲水敬水"

广东是沿海地区，水文化（包括海洋文化）的彰显，是岭南文化在建筑中最普遍的[①]。水是生活的必需品，日常

图 4-2-22 大江浦村建筑群前水塘（来源：江埔村村委 提供）

---

① 陆元鼎. 岭南人文·性格·建筑[M]. 北京：中国建筑工业出版社，2005.

图 4-2-23 建筑群前水塘（来源：华南理工大学民居建筑研究所 提供）

饮用、灌溉农田、出海打鱼、船只交通来往等都离不开水，位于沿海的岭南地区更是如此。但是水也有不利的一面，水能载舟，亦能覆舟，如水灾、洪涝等。因此水、海洋成为沿海人民既喜欢却又害怕的对象。人们敬畏水，需要水神、海神的保护，供奉水神、祭祀水神就是水文化的一种比较直接而具体表现。在岭南地区几乎每镇每村都有水神庙，如佛山祖庙，西江龙母庙，广州南海神庙，肇庆水月宫，各地天后宫，澳门妈祖阁庙等，岭南地区的佛寺道观不如水神庙多。从另外一方面看，广东的传统聚落选址布局都非常讲究亲水性，从大的地理格局看普遍近溪临河，从小的建成环境看，则是喜欢在建筑群前方开挖人工水塘，尤其在广府传统聚落中，一个建筑组群面对一个水塘（图4-2-22、图4-2-23），全村水塘总数可达十余个。而每所民宅内部，有条件的人家都习惯于自掘水井，水井就设在天井内，这与广东人每天都要洗澡冲凉的生活习俗又密

图 4-2-24 龙舟脊（来源：华南理工大学民居建筑研究所 提供）

切相关。可见，建筑亲水也是一种水文化的直接体现。再者，广东传统建筑外形上存在诸多与水文化相关的符号，如龙舟脊（图4-2-24）、镬耳墙（形态来源于鳌鱼）、水形山墙等。这是一种较为抽象的文化表达。

（二）体现重商务实理念的"设计创新变通"

明清至近代，随着广东地区积极的对外贸易、商品经济的快速发展，商人的地位越来越高，从商的人员越来越多，作为使用上的主体，必然会对所拥有的建筑提出主观上的商业要求，从而不可避免地使得主流建筑风格具有浓重得商业色彩。同时通过商人参与建造活动的示范作用，这种带有商业倾向的审美标准获得了广泛的认同。"重商"思想具有趋利性，在追求利益的过程中高效、务实的作风是被人们宣扬的，这就意味着建筑要以实际需求为中心，并且适时的回馈生活内容的变化而进行调整、改变和创新。

设计创新变通首先反映在功能上，明、清以来，广东以珠江三角洲地区为代表的家庭生产、经营方式发生了巨大转变，受价值规律影响不少家庭甚至整个村、整个县改种收益更大的经济作物，商品性农业的兴起促进了城乡商品市场的形成。为适应手工业生产和商业经营活动，村镇和城市居住建筑开始逐步向着功能性和实用性转化，出现各类前作坊后仓库、前店后坊、下店上居等形式的商业化住宅。广东地区的许多城镇中，在寸土杯金的商业地段，各家各户多采用竹筒屋或明字屋的单元平面形式面向街道沿街形成"线型"布局，竹筒屋或明字屋的狭窄的面宽和较大的进深使得长度有限的街道能够容纳较大数量的商铺，解决了"人多地少"的矛盾，大进深的平面结合敞厅、天井、窄巷的分布能够适应岭南气候，满足通风、隔热、遮阳等技术要求；同时，为了给过路行人创造好的购物环境，招揽顾客，"骑楼"式的街屋立面成为广东市镇的一大特色。

设计创新变通也反映在建筑类型上，近代商品经济的发展对于商业建筑、市政建筑也产生了新的功能要求：银行、洋行、宾馆、百货大厦等新型商业建筑成为广东近代建筑的主要类型；而为管理和服务于商业贸易活动的行政办公建筑：海关、领事馆、邮局、政府大楼、财政厅等等也在广东"登陆"。同时随着洋务运动的发展和华侨在广东投资办厂，出现了国内首批近代工业建筑。强烈的重商思想和商品意识直接导致

图4-2-25　酒家园林（来源：华南理工大学民居建筑研究所 提供）

广东的建筑类型的多样化，使得岭南建筑具有了更为广泛的外延。

设计创新变通还体现在具体的设计手段上，产生于清末的广东传统建筑中所独有的建筑类型——茶楼酒家园林（图4-2-25），把园林艺术运用于餐饮建筑，让餐饮过程融入对园林景观的欣赏，不仅满足人们消遣娱乐用餐的需要，也是人们进行生意洽谈、会客应酬的社交场所，独到的反映了"重商务实"理念下的享受型的建筑观。由此看来，新中国成立后以白天鹅宾馆"故乡水"为代表的现代酒店、宾馆的中庭创作之所以在广东首先出现并在全国引起震动，也与这种文化特质密不可分。[1]当然，设计手段上的灵活变通手法不能随心所欲，要有一定的依据和约束。其依据是不能脱离地域文化特征表现，其手法可以多种多样，但要以满足建筑功能和形象上的特色表现为准。

（三）反映兼容并蓄思想的"多元文化共存"

广东背倚五岭，下临南海，对外贸易发达，历来就是中外文化交流的窗口。"重商"的岭南文化对外来（其他地区、其他国家）文化始终采取较为宽容的态度，岭南长期处于对外界交往的最边缘，外来文化一旦在广东登陆，便迅速被消化、接受，变成自身文化的一部分，也使得岭南文化带有敢为天

---

[1]　潘莹."重商"思想与岭南派建筑.华中建筑，2009（1）.

下先的勇气和风姿，标新立异、独领风骚。而且最为可贵的是，岭南文化对外来文化的吸收不是简单的抄袭，而是结合时代需要和自身地域特点有选择的吸纳，融入了大量智慧的创造。在这个意义上讲，从"得风气之先"到"开风气之先"不是一件易事。

广东建筑的文化性就具有多元融合、中西合璧的特征。不同的文化在碰撞的过程中，总是具有一定的势差，这种差异虽不能作为判别文化优劣的标志，但毕竟导致了文化的传播和融合的方式。明清以后，中西文化交流中"东学西渐"之势转向"西学东渐"，"岭南派"建筑也开始了对西方的学习，这种学习经历了从"被动输入"到"主动借鉴、创造"的过程。

早期出现的十三行（1840年以前）、旧城中心区的大型公建群、沙面建筑群和教会建筑（1840～1927年），虽然是"岭南派"建筑获取西方建筑信息的最初摹本，但由于多是由外国建筑师设计建造的，基本照搬了当时流行的西方建筑式样，缺乏"岭南派"建筑自身的文化品格。1928以后出国留学的建筑师学成归来开始在岭南地区的独立创作。这些建筑师大多既熟练掌握中国传统建筑之精髓，又受到西方建筑文化的影响。当时反殖情绪高涨，国民政府以"中国固有形式"为创作要求，建筑师以振兴本国文化为己任，将西方先进建筑材料和技术以及系统化的设计理念与中国"大屋顶"建筑形式在具体的功能要求下结合起来，这些探索为中国传统建筑形式注入了新的生命力。如由吕彦直设计，林克明监督施工的中山纪念堂（图4-2-26），八角平面，四面门廊，中间有一统摄性的八角攒尖顶，采用钢筋混凝土架和钢梁结构，内可容纳5千观众，"是在大空间上采用中国传统形式的大胆而成功的作品。"又如由杨锡宗、林克明、

图4-2-26 中山纪念堂（来源：华南理工大学民居建筑研究所 提供）

郑校之等人参与设计的原国立中山大学建筑群，多为红砖墙、钢窗配中国式大屋顶的仿古建筑，特别是文学院（今华南理工大学5号楼）因引入变体的西方柱式（塔司干柱式与中国传统梭柱的结合）被称作"中西合璧的另一种尝试"。以这批建筑已不是照抄、照搬外国建筑，而是对中外文化的融会贯通，它们真正体现了广东建筑的创造力。

与其他沿海、沿江城市相比，广东近代中西结合式建筑不仅出现在城市公建中，也出现在城市、乡镇的民居、宅园中，广东建筑向西方的学习是贯穿粤西、粤中、粤东的普遍行为。特别是岭南侨乡建筑，不同于大连、天津、上海等地在殖民重压下被动输入的西式建筑，它们没有外国设计人员参与，也不是在"西方文化直接侵略和高压下发生，是广大华侨自觉自愿建造的。"在世界各地的人们通过水路来到广东的同时，广东商人也随船到世界各地去做生意，普通老百姓们远渡重洋，外出劳工，积极地投入贸易活动。他乡奋斗的经历开阔了他们的眼界，富裕之后的侨民以大量的侨汇投入家乡的建设，他们不仅出钱出资，而且也凭借获得的建筑新观念指导他们的宅居设计。从西关大屋到开平碉楼，从中山先生故居到台城老街……在这些设计中体现了他们对中西方建筑的理解、感悟，反映了广东民间文化的深刻内涵——海纳百川的包容力和灵活变通的改造力，来自民间的智慧是广东建筑独放异彩的创作源泉。

在民间创作的"中西合璧"式建筑中，可以看到对中西建筑要素更具想象力的抽取和组合：有的建筑采用中式平面与西式立面相结合的手法，如梅州客家民居联芳楼，沿用客家民居传统三堂四横平面布局的同时，使用了西式穹顶和多立克石柱门廊；有的在中式建筑主体中运用一些新的材料技术和局部西式装饰片段，如三进三路的陈家祠各进庭院的侧廊均使用纤细朴素的铸铁柱（图4-2-27），很大程度上增强了空间的通透性，突出了广东建筑空灵通达的空间性格；还有的地区受西式影响更深，如台山端芬的梅家大院（实为一水乡圩市，由同族梅姓人经营），不仅所有街屋的立面造

图4-2-27　陈家祠铸铁廊（来源：华南理工大学民居建筑研究所 提供）

型选择运用了西式元素，而且街屋整齐的围合成一长方形广场，广场有一长边濒临且平行于一条河道（即有一长排街屋为"前市后河"型），并于此长边的一角开口通向水边码头，极其类似于圣马可广场等西方临水城市广场的空间格局。①

四、技术性

传统社会的建筑技术广义的可包含在建筑设计、施工、维护过程中所运用的各种技艺和手段。广东传统建筑的技术性是指那些与地域适应性密切相关的技术，主要涉及空间组织、材料构造、结构构架、装饰装修四方面。从传承角度而言，精巧的空间组织面对现代日益紧缺的土地资源仍不失为一种

---

① 潘莹."重商"思想与岭南派建筑.华中建筑，2009(1).

"精明发展"策略；精细的本土化材料构造技术因其低成本和可持续的价值在广阔的乡村建设中仍有用武之地；传统结构构架技术本身未必能够传承，但其合理的结构逻辑却能给我们以启示；精美的装饰装修技艺不仅作为珍贵的物质文化遗产应当受到保护，而且其阐发的审美理念和地域特点也将成为现代建筑创作的参照。

（一）精巧的空间组织技法

明清以后，人口的不断增长使得原本平原和可耕地数量就不充裕的广东"人地矛盾"愈加突出，为了谋求生存人们开始向海要沙田、向山垦梯田，由此广东建筑用地的规模也受到限制，越来越向小型化、集约化发展。在有限的空间内合理的组织安排各类空间要素，最大程度提高空间使用效率并兼顾舒适度，是广东传统建筑长期致力解决的课题，因而产生了一系列精巧的空间组织技法。

一方面表现为集约化的聚落布局（图4-2-28），即通过提高聚落组成要素的模块化程度，以高度规整的交通体系减少不必要的交通辅助空间，使聚落向高集成高密度方向发展。无论是在广府占主体地位的梳式布局，还是在潮汕占主体地位的密集式布局都具有这样的特点，以大量重复性的三间两廊或下山虎、四点金为基本家庭住宅单元，其间以规律性强、层级少、宽度小的巷道组合串接成紧凑的块状聚居地，单元模块内部再通过敞厅、敞廊、建筑高低错层等方式综合解决通风、遮阳、隔热、防热辐射等问题。

另一方面表现为小巧的岭南庭院布局。与北方宅园和江南宅园相比，广东庭园（图4-2-29）的平均占地规模最小，建筑面积所占比例则较大。因此广东造园因地制宜，空间处理以清空平远为主，起伏不大，掇山不追求体量宏大，叠石造山以观赏性为主，吸取天然山景中峰峦、洞壑、涧谷、峭壁之形，概括提炼而成。常用的"峰山"式叠石挺拔突兀，占地少；而"壁型假山"贴附庭院园墙或建筑墙体筑山叠石，更是节约空间的举措。岭南园林的水主要采用几何规则形水池和驳石池岸，既考虑了直立池壁可以节约用地，在水面不大的情况下可显水域宽敞，又兼顾了驳石筑岸有利于护土防洪，理水疏浚。广东庭园组景喜欢运用花木灌丛和散石，并相当注意庭园外边界空间和建筑群空间的安排，惯用"连房广厦"提高边角空间利用率并加强交通可达性。更为有趣的是在园林植物的选择上，岭南人偏爱果树，因为它不仅形态美观，而且还能食用，在有限的用地内出产其实用价值。

图4-2-28 密集式布局村落（来源：华南理工大学民居建筑研究所 提供）

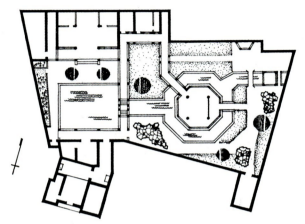

图4-2-29 广东宅居庭园余荫山房平面图
（来源：《广东民居》）

图4-2-30 潮汕地区蚝壳墙（来源：华南理工大学民居建筑研究所 提供）

（二）精细的材料构造技术

广东传统建筑的材料和构造技术首先是立足于本地资源，就地取材。充分发掘地方材料的优势，不仅经济，还能起到一些意想不到的效果。广东地区传统建筑材料除常规的木、竹、石、砖、瓦等，还有一些特殊的地方材料，其一是贝灰，其二为蚝壳，都因近海而得，且都有妙用。贝灰是由用贝壳烧制的壳灰（蚌壳灰或灰）代替石灰，其优点是可以防海风的酸性侵蚀。蚝壳本是捕食海产之后的"副产品"，广东人却能变废为宝用它做墙体材料，潮汕地区、湛江等地区都多见蚝壳墙（图4-2-30），粤中新会的蚝壳墙用铜丝穿过蚝壳使成为整体后再进行砌筑，其他地区将蚝壳逐个切筑而成，砌时用蚝壳灰泥浆砌结。这种坚固的墙体不仅具有较好的抗台风和防潮性能，而且遮阳效果好，墙内因含不流动空气层隔热效果也好。

其次，是利用一些日常生活中唾手可得的物质作为添加料，通过一些廉价简单的配方改善原材料性能，典型反映在广东的夯土技术上。夯土工艺起源于中原，传到岭南后，潮湿多雨的天气对夯土墙体提出了更高的要求，而边缘社会安全防卫的需要又使夯土技术进一步升级。广东夯土墙成分跟内陆地区不同，除黏土、砂、石灰（或以贝灰替代）、水等惯常材料外，还加入稻草、纤维进行混合提高拉接强度，有的地区还加入"秘方"——红糖水或糯米水少许一起拌合，有机物和无机物混合后发生复杂的物理化学反映，使墙体的坚固性和耐久性大大增强。潮汕一带这种称为"三砂土"墙体的建筑物，有的已经三四百年的历史，但仍不倒塌，甚至连钉子也打不进去。

再者，是通过多种材料在同一构件的不同部位使用，形成复合型构造，主要反映在墙体构造上。广东地区除了比较常见的在墙体的不同高度使用不同材料外，如在勒脚采用石材，墙身使用青砖外，还有墙身内外采用多层次构造的大量做法。如在粤中地区，外墙有用一种名叫"夹心墙"的，即两面各用半砖厚的砖砌墙体作墙面，中间填充沙土碎石作为墙心，这种墙外皮被破坏后，上层的沙土会源源不断地流下，因此对防盗有奇效。还有一种混合墙体的内皮用砂土夯实，外皮用砖砌，每隔一定距离丁字顺砌，

图4-2-31 金包银墙（来源：《走进古村落（粤北卷）》）

图4-2-32 潮州开元寺叠斗（来源：《潮州开元寺天王殿大木构架建构特点分析之一》）

与夯实的砂土墙连接，称为金包银墙（图4-2-31），防御和防潮性能都很好。

（三）合理的结构构架技术

广东传统建筑的结构形制是在对地理气候和历史文化的综合适应中发展成熟的，其合理性在于其综合应对地域环境特点的能力，而不仅仅在于其力学特性。

其地理气候适应性表现在：为了通风、防雨、防虫害，广东传统建筑多用檐廊、石檐柱和高柱础，防止雨水冲刷和木构件霉烂。由于夏热冬暖，广东传统建筑屋面轻薄自重小，承托其的木构架用料断面小，空间颇为开敞通透。为了抵抗台风破坏，广东传统建筑多使用刚度较好的穿斗式构架或山墙承重，屋面坡度平缓，建筑高度相对低矮。在地震活动比较频繁的潮汕地区，斗栱采用叠斗式，将若干个座斗垒叠在一起（图4-2-32），其间与凤栱、枋栱等互相连接，形成一个建筑局部成组构件的钩接中枢。当叠斗用于柱头上时，实际上形成了一根柔性大的"软柱"，仿若人体的脊柱，具有良好的抗震效果。

其历史人文适应性表现在：与民系文化相应的结构体系分布，广东大式建筑构架可划分为五类，其中等级最高、形制较古的大式斗栱式梁架分布在广府的中心地带，因为这里一直是广东封建统治的核心区。小式瓜柱筒柱梁架等级较低，工艺简单，则广泛分布于各民系所在区域。插栱襻间斗栱梁架的中部为较规范的厅堂梁架，挑檐部分使用插栱，等级介于前两类之间，主要分布于广府系和客家系。束枋叠斗式梁架以大量小断面用料连结成整体性很强的构架，兼有穿斗、干阑甚至井干构架的特征，为潮汕系所独有。另外，体现岭南文化自由兼容特点的混合式构架主要分布于广府和潮汕系。由此可见广东地区多文化的交汇，多民系的影响，让其建筑结构体系也呈现出变化多端、异彩纷呈的格局。此外，广东传统建筑的结构技术还具有非正统性的特征，并不像中原地区的结构那么讲求对称严谨，而是从具体情况出发灵活解决结构构架中出现的问题，从而衍生出许多不规则的结构方式。[①]

（四）精美的装饰装修技艺

精美的装饰装修体现了广东传统建筑较高层次的艺术追求，明清以来发达的商品经济为其提供雄厚的财力支撑，频繁的文化交流则向其提供多元的学习摹本。

商品标新立异的外部形象、光鲜夺目的包装往往是在商业竞争中立于不败的保证。"重商"思想作用下的广东建筑审美倾向个性张扬、突出自我，同时容易受时尚文化和流行要素的影响，这在广东传统建筑的形象和装饰中体现鲜明。早期的传统建筑装饰以"浓艳明丽、精致繁盛"来展示经济实力，精美的装饰艺术反映出广东人的炫富心理。对应于广东两个比较富庶的区域，装饰手法的齐备以广府见长，技艺的细腻程度则以潮汕为甚。广州陈家祠作为广府传统建筑的代表，集中了广东民间建筑装饰艺术之大成（图4-2-33），巧妙运用木雕、砖雕、石雕、灰塑、陶塑、铜铁铸和彩绘等装饰艺术。其题材广泛、造型生动、色彩丰富、技艺精湛，正可谓是一座民间装饰艺术的璀璨殿堂。而作为潮汕建筑装饰最高水平代表的丛熙公祠，以其构图饱满、虚实有致、精雕细刻、形神兼备的木雕（图4-2-34）、石雕（图

---

① 程建军．岭南古代殿堂建筑构架研究．北京：中国建筑工业出版社，2002.

图 4-2-33 陈家祠各类装饰（来源：华南理工大学民居建筑研究所 提供）

图 4-2-34 木雕（来源：华南理工大学民居建筑研究所 提供）

图 4-2-35 石雕（来源：华南理工大学民居建筑研究所 提供）

4-2-35）工艺令人慨叹。在一幅幅尺度不大的雕塑作品内，所创造的层次、元素、细节的数目都十分惊人。其凹肚门楼内四幅精美石雕，分别以仕农工商、渔樵耕读、花鸟虫鱼为题材，很好地运用了"之"字形的构图，将不同时空的人、事、物集中在同一画面上，表现最富戏剧性的瞬间。其中《渔樵耕读》屏80×120厘米大小，竟然以透雕和浮雕形式塑造了26各古朴生动的人物，撒网的渔夫、担柴的樵夫、进城赶考的士子、下棋着子的学翁……各自有符合身份的衣着打扮、神情风度，直白地体现了各阶层潮人的生活习俗。那渔夫撒开的渔网网线细得惊人，网目收缩有致，褶纹疏密自然，精巧纤细。另一幅《仕农工商》，石屏大小与《渔樵耕读》一致，以山川河流、楼台亭阁分隔贯穿了24个人物，包括骑马的官爷、开道的门子、伐木的工人等，还有一个带着船长帽、趾高气扬的洋人，各类场景都直接取材于现实生活。其中牧童拉紧的牛绳长10厘米，直径仅4毫米，如同火柴梗、镂空雕刻，绳上股数清晰可辨，穿过牛鼻的牛索弯曲自如，与上一幅的"渔网"珠联璧合。而潮州己略黄公祠的木雕、石雕同样光彩照人（图4-2-36、图4-2-37）。

近代以后，随着外来文化的输入，广东建筑的装饰要素和装饰技法更是博采众长，多元杂糅。西方各个时期主流建筑风格的柱式、檐口、线脚、屋顶山花、窗台、栏杆等，被作为新奇的装饰片段肆无忌惮地出现在广东建筑中（图4-2-38、图4-2-39）。随着时代的发展，简洁、实用的国际式现代主义也曾成为广东地区建筑装饰设计的普遍手法。随后的后现代主义怀旧情结以及最近国际流行的新现代主义的简约风格都以最快的时间被建筑师们学习运用到设计中。

图4-2-36 潮州己略黄公祠木雕装饰（来源：华南理工大学民居建筑研究所 提供）

图 4-2-37 潮州己略黄公祠石雕装饰（来源：华南理工大学民居建筑研究所 提供）

图 4-2-38 中西合璧的陈慈黉故居（来源：《走进古村落（粤东卷）》）

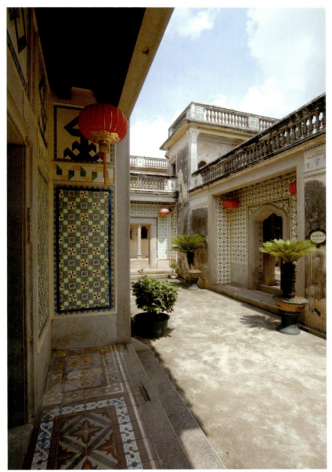

图4-2-39 陈慈黉故居西式装饰（来源：华南理工大学民居建筑研究所提供）

事实上，传统社会广东建筑精湛的装饰装修技艺为现代广东建筑的室内外装修事业的发展打下了良好的基础，改革开放后广东室内设计作品以领头羊姿态在国内外大赛中频频获奖也与此相关。

传统建筑作为历史长河中一颗璀璨的明珠，其建筑风格以建筑物本身为载体，受不同时期自然因素、经济因素、社会因素、文化因素的影响，最终形成相对稳定的建筑形式。这种形式是"道"、"器"结合的产物，对影响因素的适应性成为了"道"，与建筑外观可视的"器"相辅相成、合二为一。因各地外部综合因素的差异，便形成了千差万别的地方建筑风格。

广东地区，受自然条件与人文因素的关键影响，形成了成熟的岭南建筑风格。尤其是其具有典型的气候、地形地貌特征，拥有明显的地域条件；又因历史原因拥有成熟的社会条件，以严谨的宗族结构构成社会关系，并形成了广府、潮汕、客家和雷琼四大民系；再加上其在文学、绘画等相通的艺术领域都已形成旗帜鲜明的岭南风格，在工艺美术方面与建筑也有许多相辅相成的运用；更由于它在多元民系、多元文化的碰撞中不断融合发展，于是形成了特征鲜明的岭南文化。这些，都是岭南建筑风格形成的必备条件与需要挖掘传承的深远内涵。

广东传统建筑对这些条件的适应机制以生态性、和谐性、文化性和技术性为主。其中生态性具体表现在建筑适应地理自然条件的通风、遮阳隔热、环境降温、防灾处理、结合地形等内容；和谐性则表现在追求建筑与环境的融合、追求单体与群体的协调、追求室内与室外的共生的诉求；文化性则体现在与水文化、重商务实、兼容并蓄等地域文化相适应的建筑设计思路；技术性则反映在空间组织、材料结构与装饰装修方面，在建筑中生动地诠释了精巧、精细、精确、精美的特点。这四大特性即是根植于本土背景的"道"，是广东传统建筑中被挖掘传承的要素。

下篇：广东现代建筑传承研究

第五章　建筑传承原则与策略

　　广东建筑在改革发展的大潮中保持旺盛活力，有其深刻的自然地理和历史人文积淀。通过对广东地区传统建筑的梳理以及对于传承要素即生态性、和谐性、文化性、技术性等特性的抽象继承与发展，归纳总结出广东地区独特的自然、社会、人文环境的传统建筑传承与创新的五个原则，即简朴自然的绿色生态原则、以人为本的和谐统一原则、尊重传统的地方建筑文脉传承原则、传统建造技术与现代科技相结合的原则、多元文化融合创新原则，并进一步在五大原则的指导下梳理出对应的具体设计策略。

第一节　简朴自然的绿色生态原则

广东传统建筑具有朴实的生态思想和内涵，包括"天人合一"、"因势利导"的朴素自然观。建筑顺应自然地形而建，背山面水，自然环境、气候特点决定建筑形式。广东传统建筑结合地理环境，因地制宜，呈不规则的自由式布局。街道、建筑依河流、山丘走向自然有机地扩展，曲直相宜，形成依山傍水的城镇及水乡景观。广东传统建筑在有限的空间里充分利用自然条件，灵活多变，流畅飘逸，建筑与自然山林相互融合，体现了与自然环境和平共处的设计思想。山丘和水体都是自然的元素，它们不仅具有各自的形态和刚柔属性，而且具有观赏性与精神性，表达自然山水文化也是广东传统建筑文化的一个重要内容。基于自然山水和朴素生态观的广东传统建筑与现代生态建筑学的诸多理念不谋而合，处处体现出与环境和谐、共生的自然主义建筑理想。

简朴自然的绿色生态原则基于朴素的自然观和环保观，以自然人性、地方技术与节能省耗为目标，传承与发展传统建筑技术与经验，应用简朴的适宜技术和绿色科技手段，结合传统建筑经验与手法，驾驭自然环境，弘扬传统建筑精粹，推动基于广东地方传统的建筑创作，形成顺应自然的生态规划布局，组织灵活通透的建筑空间，构筑相融共生的室内外建筑环境。

一、顺应自然的生态规划布局

传统建筑蕴含着丰富且朴素的绿色设计理念，总体设计体现了自然、生态与环保的设计指导思想，涵盖了合乎人性和顺应自然的设计策略，倡导可再生资源的利用，充分利用场地地形地貌，保护生态环境，实现建筑与自然的和谐发展。建筑布局尊重原始地形，利用南北朝向，形成结合自然地形和局域气候的建筑生态布局。南坡建筑沿山势呈阶梯状，北高南低，夏季可形成良好的通风，避免阳光直射，减少辐射热；冬季可阻挡寒冷的北风，获得更多日照，冬暖夏凉，节能降耗。[1]

顺应自然的传统建筑组织以环境大局为重，强调人工环境和自然环境和谐统一。遵循与自然环境为友的设计原则，从自然生态的角度来分析群体、建筑、园林之间的内在联系，采用自然材料和生态措施，融入地方自然怀抱。建筑内、外空间营造渗透自然元素，结构技术和材料建构、审美要素也积极体现建筑与自然、现有环境共生共荣理念。

（一）山水环抱

建筑设计充分结合基地的自然山体、坡地、绿化植被，巧妙利用河流、小溪和水体景观，让建筑倚靠自然山丘，渗入山川河流，构成建筑山水一体化景观。建筑空间也呼应自然山川，反映炎热而潮湿的热带气候，空间组织对山水环境开放开敞，选择朝向，注重遮阳，优雅山水洲城景观引入室内，屋顶呼应山丘进行植被绿化，减少热量吸收，营造建筑环境小气候。

广州白云国际会议中心（图5-1-1）通过"将自然景观和城市编织交融"的设计理念，在视觉景观联系、交通联系以及城市隐喻三个层面秉承尊重自然的原则，挖掘基地所处的特殊位置的潜力。[2]利用现代的设计理念，诠释山景与城市的对话，将历史景观与城市未来编织交融，把巨大的都市机器结合到一个位于未来城市和白云山公园之间的巨大的开放的整体系统之中。白云国际会议中心依山就势，大体量空间分解为五栋坡体状建筑单体，化整为零，楔入白云山层峦叠嶂之中，建筑形态与山体呼应，相互依存，形成群山环抱的自然化建筑景观。

北京师范大学珠海分校（图5-1-2）坐落于风景秀丽的珠海市唐家湾凤凰岭和青龙山之间，学校占地30余公

---

[1] 冒亚龙,何镜堂.适应地方生态气候的建筑设计[J].工业建筑2010,40(8):49-53.
[2] 陈海津.广州白云国际会议中心[J].建筑创作,2007（01）:12-13.

顷，西临百年会同古村落，三面环山，校园沿着宽约几百米的山谷呈带状分布，整体规划依山就势，山水交融。空间规划布局采取"点——线——面"相结合的方式将教学及生活组团、带状中心景观轴以及向周边山谷渗透的视线景观通廊有机融合，形成错落有致、主次分明的空间布局体系，让建筑组团在湖光山色之间完成了与自然的对话与交流。

（二）依山就势

广东传统民居依山而建，无不感怀山野之美，那起伏的山形，掩映的树木，潺潺的溪流，令人神往。清代性灵诗派的倡导者袁牧阐明了顺应自然山势的传统生态审美思维："造屋不嫌小，开池不嫌多；屋小不遮山，池多不妨荷。"这启示建筑师在山地建造现代城市，要利用山形之美，虽受困于山形之变，但也得益于山形之困。建筑设计依山就势，显山露水，错落有致，但也不可避免地会与原生山体产生交融和碰撞，会出现顺山形的台地与山体的切坡等。

广东丘陵地区传统村镇往往依山而建，房屋层叠，错落有致；石板道纵横交错，主次分明。而夏昌世先生在20世纪50年代初期的作品鼎湖山教工疗养所（图5-1-3）依山而建，成梯级状铺排，依山傍寺，并结合场地上原有建筑庆云寺的朴素风格，因地制宜加以处理。房屋结合地形划分为五段，有三层、五层的，从坡下至寺旁共计为九层梯级的大楼。屋内有宽敞的休息露廊，屋外有平台、花架和凉亭等，辅以天然的绿化。[①]

佛山时代依云小镇（图5-1-4）充分利用自然地形，小体量的建筑被安排在高低变化的不同台地上，空间形态丰富多样，自然合理。在建筑上通过精心处理环境，建立不同私密层次空间之间的良好关系，每户独立住宅中心设空中花园，形成的开口三合院融入山水景色，通过建筑与自然的和

图5-1-1　广州白云国际会议中心依山面水、山水环抱（来源：《广州白云国际会议中心》）

图5-1-2　北京师范大学珠海分校鸟瞰（来源：北京师范大学珠海分校官方网站）

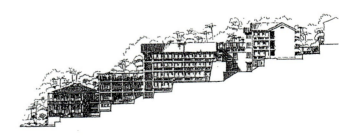

图5-1-3　鼎湖山教工疗养所剖面依山就势（来源：《鼎湖山教工休养所建筑纪要》）

---

① 夏昌世. 鼎湖山教工休养所建筑纪要[J]. 建筑学报，1956，9：45-50.

谐来追求生活的品质与深度。

罗浮山水博物馆（图5-1-5）是一私人藏品博物馆兼带私人聚会、招待功能。项目位处广东省著名风景区罗浮山，临博罗县湖镇显岗水库，属国家级罗浮山风景名胜区管辖范围。所处地域自然景观资源丰富，环境得天独厚。设计用地由大大小小的山丘和山坡穿插组合而成，并产生优美连绵的山地线条。水绿山青，偶尔凉风拂来，风过叶摇水声潺潺，颇有一番空山寂寂唯我在的水墨意境。建筑群在占地约6.67公顷的若干临水山坡上以不同组合形式依山而建、亲水而筑。主体建筑"博艺庭园"位于项目用地西侧山坡上，依山势而建，设计有效发掘了现有地形特色，采用故事式的空间叙述手法，营造出一系列丰富多变、柳暗花明的空间穿越。

（三）疏密有致

广东传统建筑群落公共、半公共的广场、院落或天井与建筑空间交错辉映，穿插渗透，错落有序，既有群落结构中心空间，又有从属散落空间，体现空间等级，具体表现在中心空间通常建筑密布，边缘空间随着距离的增加，建筑密度则越稀疏，表现出疏密有致的自然规律，体现得淋漓尽致。广府传统民居布局往往结合村落地形地貌布置房屋，疏密有序，形成井井有条的梳式布局。而万科第五园（图5-1-6）将这种疏密有致的布局模式运用在设计之中，并进行了现代化创新。万科第五园采用村落式规划：一个大村由四个小村构成。整个社区是由边界清晰的、不同形式的住宅所组成的一个大的"村落"。北侧有池塘，联排住宅形成了两个方向略有不同的主要村落。[①]考虑到院落是广东传统民居的基本特征，万科第五园规划借鉴传统院落的基本模式，去实现现代城市住区的总体设想。这种新的排屋村落格局，反映人们居住行为的各个层面，使人们享受现代大都市繁华和便利，同时也能拥有昔日的邻里亲和性。这个设计规划在居住区规划领域用现代理念和方式及空间组织方式准确表达广东传统居住模式，把城市中心已基本被消灭的传统街区的肌理和氛围在现代小区中建立起来。

（四）灵活错落

广东传统建筑师法自然，与地形地貌有机吻合，针对复杂地形环境，建筑布局灵活，错落有致，灵活消解地形之

图5-1-4 佛山时代依云小镇（来源：广州瀚华建筑设计有限公司 提供）

图5-1-5 罗浮山水博物馆依山而建（来源：ADARC思为建筑）

---

① 王戈,赵晓东. 万科第五园,深圳,中国[J]. 世界建筑,2006（3）:50-61.

中的陡坎、急坡和沟壑，针对坡地和山地建筑空间、交通、结构和视线受限的各种不利条件与约束，传统建筑沿山体曲线组织空间序列，利用悬挑拓展使用空间，通过设置台阶、爬坡廊组织人行便捷步道，车道则沿山体等高线布置，规划设计避开滑坡、沟槽等结构不利地段，巧妙利用山体隔阻作为对景，并借用山丘取景和框景。建筑灵活布局，错落设计消解这些约束，化不利为特色。灵活链接景观元素，设置挡墙，修复切坡，设置缓坡、台地，建筑与山体错落有致，让空间丰富而灵动起来。此外，灵活巧妙地应用场地现有植物，依势造园，情景交融，保证景观与自然与亲和贴近。

在深圳蛇口的美伦公寓（图5-1-7）的设计中，典型的山丘地形激发了"山外山，园中园"的设计意向。美伦公寓的设计借鉴传统岭南村落、园林布局中通常使用的"山—水"和"园—林"空间模式与现代生活图景相结合表达一种对生活的理解和对自然的向往。设计之中依地势和空间的围合要求，盘旋而出一段山形般波折起伏的建筑形体，把基地环抱其中，实现"山外青山楼外楼"的空间意境。

二、围合通透的建筑空间组织

广东传统建筑选址和总体空间组织与自然相协调，充分利用特定的自然因素，使建筑设计在满足功能要求的同时，美化原有的自然特色景观，以形成适应地方气候特点的建筑空间。与北方紧凑封闭的建筑布局相比较，广东传统建筑分散开敞的空间组织模式有利于通风散热，映射湿热多雨的热带气候。

利用简朴灵活多变的空间布局实现夏季自然通风、遮阳挡雨，建筑空间营造阁台、风巷、天井等空间模式，群体空间组合结合地形条件和气候因素，因地制宜，因势造景，体现湿热气候的适度尺度，并进一步运用连廊、花架、冷巷、骑楼、通透墙和天窗等手法组织空间，形成围合通透的空间结构。

（一）院落、庭园

建筑原型是一个遮风避雨、驱虫避兽的场所，原始人用自然界中最常见的材料树枝、树叶、石块或泥土，使用最简单的工具来围合成为可使用空间，如凿地为穴或搭木为巢，形成避风雨、御寒暑、防野兽的生存场所。从原始洞穴和巢居建筑到当今钢构与钢筋混凝土建筑，随着时代发展，建筑

图5-1-7 深圳蛇口美伦公寓顺应地形高低盘旋（来源：URBANUS都市实践）

图5-1-6 深圳万科第五园整体布局疏密有致（来源：《万科第五园》）

技术、材料更新，广东现代建筑形式发生了巨大的变化，建筑空间组织的方式也发生了很大变革，但无论怎样变革，空间的围合都基于满足人们对空间的使用要求，并结合湿热的地方气候和复杂地理条件，延续既围合又通透的反映岭南特色的建筑空间组织。建筑选址与总体空间布置与自然地形相协调，充分考虑岭南特定的湿热气候因素，以形成适应广东气候特点的建筑空间，使建筑设计满足功能要求，同时美化原有的自然景观，与北方紧凑封闭的建筑布局相比较，广东传统建筑分散开敞的建筑布局有利于通风散热，缓解湿热多雨的热带气候引发的炎热湿闷感。

建筑空间组织形成内部空间的层次变化，同时又形成建筑外部的视觉映像。围合的院落解决了防风雨、御虫害等最基本的建筑功能问题，又起到了隔热、隔音和维护等建筑热物理要求，以及满足广东建筑除湿驱热的设计目标。而天井式庭院空间即可有效控制阳光射入，又有拔风功效，吻合广东的气候条件。广东传统庭院空间灵巧通透，天井、窄庭或巷院隔热、遮阳和通风效果明显。与气候比较寒冷的北方建筑相比较，岭南地区气候温暖潮湿，所以建筑空间庭院比北方庭院要狭小，穿插灵活，既利于内部空间通风，又利于防台风，适合广东地区气候环境。

广东传统建筑利用简朴灵活多变的空间布局实现夏季自然通风、遮阳挡雨，建筑空间形式组合结合地形条件和气候因素，采用体现湿热气候的狭窄院落或庭园，运用天井、冷巷等院落空间形成建筑群落，手法丰富，变化万千。

广东地区气候温和、植物生长茂盛，对于建筑结合庭院处理极为有利。白云宾馆（图5-1-8）公共部分建筑根据不同功能的空间分成独立的建筑体量，结合自然环境，突出功能性格，并按照功能的需要组织起来，建筑与庭园相互渗透，构成统一而又有变化的丰富多彩的群体轮廓以及建筑空间。

何镜堂工作室（图5-1-9）在改造的过程中将原场地中央被各户分割的绿地整合改造，保留了原有高大的乔木，精心布置了亭、台、廊、榭以及汀步、步石等建筑元素并与果树、花卉结合，成为整个建筑群的核心共享空间。[①]以"园"为底、以建筑为图，将原来孤立的各单体建筑整合为完整园林空间。建筑布置与庭园景观紧密结合，相互映衬。

图5-1-8　白云宾馆内庭园（来源：《莫伯治集》）

---

① 何镜堂，郭卫宏，郑少鹏，黄沛宁.一组岭南历史建筑的更新改造[J].建筑学报,2012（8）:56-57.

图5-1-9　何镜堂工作室院落（来源：华南理工大学建筑设计研究院何镜堂工作室 提供）

图5-1-10　广州博物馆某竞标方空间围绕庭院（来源：广州瀚华建筑设计有限公司 提供）

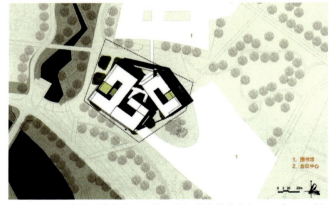

图5-1-11　南方科技大学办公楼天井组成院落群（来源：《不再"行政"的行政办公楼——深圳南方科技大学行政办公楼设计回顾》）

外围建筑成为庭园的基本围合界面，限定空间；在庭园内部加建的小体量建筑点缀其间，分隔庭园，增加空间层次，通透的连廊成为庭园隔而不断的空间连接与过渡。

广州博物馆某竞标方案（图5-1-10）以院为题，通过建筑的围合，形成尺度丰富、空间流动、处于不同标高平面的多层次复合化立体院落空间，屋中见院、院中藏屋，很好地展现了广东传统建筑以院为核心空间布局模式的特点。

南方科技大学行政办公楼（图5-1-11）以三个围合的天井式小院落办公空间簇拥成团。利用建筑体量之间窄小的间距形成拔风的烟囱效应，内部庭院尺度适中大部分时间处在阴影之中，通过架空的底层则导风入室，有效地降低了室内的温度，形成了良好的微气候。

广东画院某竞标方案（图5-1-12、图5-1-13）在平面节奏重复叠加下，自然形成的留白与建筑形成虚实相生的图底关系，"虚"为院，"实"为体。你中有我，小中见大，时透时遮，形成层次丰富的庭院空间。画室各自发展的同时又拥有共同的基因，互相关联，缺一不可。轮廓保证画室独特的个性，各自形成独立的空间院落。抛弃主体建筑观，以群落形态形成主题建筑，共生共荣。

广州时代玫瑰园（图5-1-14）通过人性化的建筑设计创造性地将传统电梯间改造成独特的C形平面，并通过对两层单元走廊的合并处理，形成约50平方米的空中花园庭院；同时阳光电梯间能最大限度地将室外风景纳入室内，开放的空间令每户均能享受"穿堂风"，同时使得每个单元至少有两到三个采光面。

（二）连廊

广东传统建筑院落、天井、厅堂和屋面等通过廊道互相联系，空间融通。廊道不仅是建筑室内外联系的过渡空间，也是建筑之间的交通空间，还具有遮阳避雨、组织通风及控制采光的功能。广东近代城镇骑楼底下的廊道式人行空间，集遮阳、避雨与交通联系于一体，有利于人行道和沿街店铺通风、散热和除湿，在静风闷热的日子更显优越性。连廊承担水平甚至垂直交通运输枢纽作用，是整个空间序列的组织者，也是疏散系统的重要组成部分，引导建筑交通，衬托空间造型艺术。

白云山庄旅舍建筑群是由单一功能、小体量的建筑组

图5-1-12　广东画院某竞标方案建筑与院落交错（来源：广州瀚华建筑设计有限公司 提供）

图5-1-13　广东画院某竞标方案（来源：广州瀚华建筑设计有限公司 提供）

图5-1-14　广州时代玫瑰园空中庭院（来源：广州瀚华建筑设计有限公司 提供）

图5-1-15　白云山庄旅舍蛇廊（来源：《莫伯治集》）

织起来的。各个建筑之间以蛇廊（图5-1-15）进行连接，蜿蜒舒展，曲径通幽，建筑与园林空间交相辉映，并使各建筑单体既相互独立，又具有一定的联系。

赛时管理中心（制证/制服中心）（图5-1-16）位于广州大学城，明朗、开敞的建筑与庭院相映成趣，绿树庭院与建筑廊、桥、梯、厅的有机融合，丰富了空间环境意象，体验路径起承转合，纤秀阵列的圆柱和横向展开的大窗有意识地构成了观赏周边自然环境的景框，建筑与自然景观浑然天成。

（三）敞厅

广东地处岭南亚热带地区，夏热冬暖，炎热多雨。针对这种湿、热、风、雨的气候特点，先民发展了一系列以遮阳、隔热、通风和理水为主要特征的气候适应性空间，形成适应岭南气候的半开敞空间；同时，传统建筑受到技术、材料和自然条件的制约，具有适应自然环境，尤其是适应地域气候的特性，这也是地方建筑与环境建立关联的最主要方式之一，由此形成的建筑环境构成传统居住生活的重要特征，并造就了相应的岭南建筑开放空间——敞厅。敞厅有屋顶，面向天井或庭院部分无外墙且可多功能使用的起居活动空间，一种适应岭南湿热气候的厅堂空间形式。广东敞厅正面一般未置墙体或门窗，其内部一览无遗，成为可与中庭空间连为一体的半室内半室外空间。广东传统建筑中通常出现在殿堂大厅，或合院的正厅，与庭院和其他公共空间形成空间序列，形成二厅相连或四厅相向，使庭院空间显得开朗大气。

广州市气象监测预警中心（图5-1-17）建筑以平和的方式植入环境之中，西端与山体相接，使得建筑几乎没有西立面而呈南北向布置，避免了西晒的不良影响。利用上山的露天直跑楼梯和通风采光带形成冷巷空间，各功能用房顺势排列，按需要设置天井，向西的一面以一系列敞厅相连。从山地草坡到每一个建筑空间近乎一气呵成，其间没有明显的界限。建筑空间内外交融，草坡自然延伸至绿化屋面，使建筑成为山地环境的一部分，山地又反过来成为建筑的庭院空间。

（四）冷巷

为了适应湿热气候环境，广东传统建筑总体布局结合建筑形态，形成街巷风、水陆风、庭院风等，以此进行通风换气、散热除湿，改善居住环境的微气候。主要街巷顺应夏季

图5-1-16 广州大学城赛时管理中心建筑与廊、桥融合（来源：《广州大学城赛时管理中心》）

图5-1-17 广州市气象监测预警中心入口敞厅（来源：广州珠江外资建筑设计院 提供）

主导风向，形成冷热空气的自然流动，加快了聚落和建筑空间的自然通风。

广东传统建筑中的冷巷（图5-1-18）作为通风冷热源之间的风道，与天井或庭院共同构成建筑自然通风系统。广东传统聚落中，窄巷应用非常普遍，窄巷成为岭南建筑空间的典型特征之一。

东莞西城文化中心在设计中，结合岭南气候特点组织三个开敞的核心交通空间和五条沿主导风向设置的交通廊——冷巷（图5-1-19）。这种布局不但使文化中心大楼各开敞交通通道与广场及古城门在视线上连通，而且通过冷巷风调节微气候，大大节省空调用电等能源费用。

（五）骑楼、架空

广东地区温热气候在一年之中"热长、冷短、风大、雨多"，所以建筑的隔热、遮阳、通风、避湿、防台风的要求和处理，就形成了其建筑的特点。广东骑楼是由竹筒屋根据岭南地区气候无常，建筑需要避雨防晒，结合商业经营需要发展而来。骑楼这种广东地区较常见的商住建筑一般为两至三层，第一层正面为柱廊，所有建筑用柱廊串联起来，就构成了公共的人行交通通道。骑楼的下面为商铺，上面为住宅，住宅向外突出，跨越人行步道，为顾客遮阳避雨，收到"暑行不汗身，雨行不濡履"的效果。建筑的通风、采光、给排水、交通依靠天井、厅堂和廊道解决。架空与骑楼使交通空间处于建筑阴影内，深幽的架空空间有良好的抽风作用，开敞的骑楼也有利于通风除湿。骑楼虽然增加了建筑密度，看似不佳，实际上对于当地气候具有很强的适应性。

深圳万科中心（图5-1-20）建筑架空在开阔的场地之上，架空的建筑底部形成对流通风良好的微气候，吸引着人们炎炎夏日在此驻足休憩，成为独特的场所体验；混凝土核心筒外附的一层可透灯光的磨砂玻璃，与上部结构在材质上的对比，无疑使"漂浮"效应更为强化。建筑形态的弯转起落与零乱多变的周边环境形成戏剧性的互动，均由建筑架空空间的灵动与渗透而产生，也为使用者提供了进一步延伸场所体验的多种可能性。

图5-1-18　广东传统建筑冷巷（来源：陈思翰 摄）

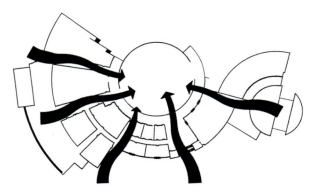

图5-1-19　东莞西城文化中心冷巷通风设计（来源：《何镜堂建筑创作》）

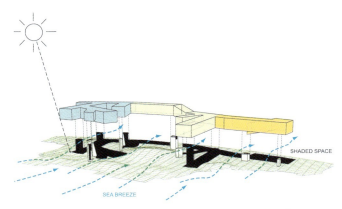

图5-1-20　万科中心架空示意（来源：万科企业股份有限公司 提供）

广州矿泉旅舍建筑（图5-1-21）单体围绕规整的内庭布置，并巧妙运用架空底层与引入水庭的手法打破方整呆板的格局（图5-1-22）：内庭园以水池为主体，建筑紧贴着池岸布置，水池从东绕到南面6号楼首层架空休息平台的南面，形成了宜人的休憩场所。休息平台东端由悬挑楼梯进入二层，构图优美、构思巧妙，因楼梯轻盈的造型而又被称为"飞梯"（图5-1-23）。[①]内庭东侧由廊道跨越水面连接北面的5号楼，水面隔而不断，在有限的空间内为住客提供了大面积散步、休憩和半室外聚会的场地。池中配置水生植物、景石和喷泉。5号楼底层客房和内庭走廊通道之间，以小院相隔，使客房更为安静，不受打扰。

（六）通透墙、花架

广东传统建筑中的通透墙与花架主要供人歇足休息、

图5-1-21 广州矿泉旅舍底层架空形成室内外空间的交融与渗透a（来源：《莫伯治集》）

图5-1-22 广州矿泉旅舍底层架空形成室内外空间的交融与渗透b（来源：《莫伯治集》）

图5-1-23 广州矿泉旅舍底层架空形成室内外空间的交融与渗透c（来源：《莫伯治集》）

---

① 曾昭奋.莫伯治集.广州，华南理工大学出版社，1994.

欣赏风景之功用，通透墙还有设计取景，花架还具备攀援植物生长的条件。因此二者是最接近于自然的建筑小品了。广东通透墙与花架都较为通透开敞，除了作支承的墙、柱，没有实体围墙门窗，平面也并不一定要对称和相似，可以自由伸缩，相互引申，使通透墙与花架置身于园林之内，融汇于自然之中，往往物简而意深，起到画龙点睛的作用，创造室内室外，建筑与自然相互渗透、浑然一体的效果。通透墙与花架体型不宜太大，做得轻巧。荫蔽而显空旷，接近自然。

广东通透墙与花架具有自身的风格艺术特点，感觉亲切，尺度宜人。廊架、凉棚也如此，灵巧空透，与环境相协调，并以廊架的纵深延展、棚架的开阔壮观来体现。通透墙与花架往往表现在线条、轮廓、空间组合变化方面，变幻莫测，融汇于建筑与自然环境之中。广东花架的造型不刻意求奇，配景通透墙受各种条件的制约，在功能上要满足休憩和观赏周围景色，在艺术效果上要衬托主景，强调主景与环境的过渡。通透墙和花架的位置多临水而建，其色彩、线条、轮廓变化丰富。

双溪别墅（图5-1-24）设计继承发展了通透墙和花架艺术。广州双溪别墅乙座门厅左侧有一水池，顶上开一小天井，往左是敞厅，敞厅为矩形，占两个柱跨，第一跨靠山坡一侧设矩形小天井，朝东一面采用博古架（图5-1-25）隔断，透过隔断可观赏山景。第二跨是角部悬挑的阳台，东南角取消角柱，采用通透的栏杆，视野开阔，凭栏远眺，南面山景尽入眼底。

（七）天井、天窗

广东传统建筑注重骑楼、天井或天窗的设计。天井与天窗有利于遮阳避雨，吸收阳光，加速通气可以净化空气，吸纳好的气体，还可以取得一线阳光，特别是如果有火灾，天井处往往可以蓄水灭火，躲避逃生。岭南天井与天窗使建筑达到冬暖夏凉的效果，还具有防震、防灾的意识。广东传统建筑甚至一些房间内部都设有天井，以采纳阳光、杀菌、净化空气，制造通风气流，避开恶风，冬暖夏凉，坐北向南的房子，北边不开窗，北边的寒风不会吹进来。还有天窗的过白处理，在屋子里可以看到天空，以利于观景与享受阳光和星空。

图5-1-24　广州双溪别墅通透花墙a（来源：《莫伯治集》）

图5-1-25　广州双溪别墅通透花墙b（来源：《莫伯治集》）

图5-1-26　深圳大芬美术馆天窗（来源：URBANUS都市实践 提供）

深圳大芬美术馆（图5-1-26）近8000平方米的展厅按一条顺时针由西向东逐级上升的螺旋线展开，一系列的交通核、采光天井，有天光的独立展厅以及由屋顶垂下的采光盒子分隔，组合了大小不等、明暗交替、高低变化的展示空间。置入建筑体量的一系列大小不一的体块包含了尺度不一的各式天井，天井又与交通核连接贯通，既给展厅提供了各种明暗变化的光影效果，又通过自然拔风改善展厅室内的热环境。

万科第五园（图5-1-27~图5-1-29）作为潮湿炎热地区的中式建筑，设计中吸收了富有广东地区特色的竹筒屋和冷巷的传统做法，通过天井、廊架、挑檐、高墙、花窗、孔洞、缝隙、窄巷等，试图给阳光一把梳子，给微风一个过道，使房屋在梳理阳光的同时呼吸微风，让居住者能充分享受到一片荫凉，在提高了住宅的舒适度的同时有效地降低了能耗。

（八）遮阳隔热

针对广东地区炎热潮湿的气候特点，传统建筑往往采用底层架空的形式来解决潮湿的问题。对于炎热气候，则采用各种遮阳措施控制阳光摄入量以及降低辐射热，譬如采用围合式布局来增加遮阴面，设骑楼、入口雨棚、开敞凉廊等遮阳，防止直射阳光照入室内，减少太阳辐射，采用透窗、老虎窗、阁楼、天井等措施既通风，又遮阳。广东传统建筑实践积累了大量的遮阳经验，通过一定的技术手段和设计方

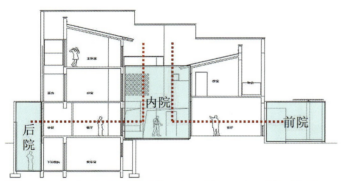

图5-1-27 深圳万科第五园天井剖面（来源：万科企业股份有限公司 提供）

图5-1-28 深圳万科第五园天井a（来源：万科企业股份有限公司 提供）

图5-1-29 深圳万科第五园天井b（来源：万科企业股份有限公司 提供）

法，有效地组织和调节日照对建筑室内的影响。借鉴传统民居的遮阳理论和策略，并在现代建筑设计中发扬光大，使建筑遮阳成为建筑功能与艺术及技术的结合体，从而完美体现出现代高技术和精致美学的境界。

20世纪50年代，留学德国的华南工学院（现华南理工大学）建筑系教授夏昌世先生通过对岭南地区新建筑防热的各种问题系统地归纳与研究，提出采取屋顶隔热和立面窗口遮阳等方式以应对广东地区湿热气候，并在广州中山医学院和华南理工大学教学楼及图书馆等现代岭南建筑的创作上率先采用付诸实践，既充分满足了功能的需求，为使用者营造了舒适的微气候，整体形象又大气典雅，轻巧通透，具有浓厚的亚热带地区建筑特色形象，故人们亲切地将夏先生提出的这样遮阳方式称为"夏氏遮阳"。

中山医学院第一附属医院（图5-1-30、图5-1-31）的设计是夏昌世对亚热带建筑理论的重大探索和力作。中山医学院第一附属医院从门诊到入院处至新建的住院大楼及内科病院、临床课室，以至通往营养厨房均用连廊贯通，连成一个有机的整体。所有建筑物都依地势，在东西轴线上有较大的起落，南北方向房屋顺地形安排呈梯级状分布，因此每幢建筑的标高不同，使每栋房屋都能获得良好的通风。为了应对岭南地区湿热气候，夏教授用百页遮阳板包括垂直遮阳、水平遮阳、综合遮阳等以及隔热层来处理，以遮阳设计作为建筑立面的主要外在表现手段既传承了广东地区传统建筑中对遮阳技术的重视，满足了隔热、降温的需求同时还形成了独具特色、风格鲜明的建筑形象。

鹤山十里方圆会馆（图5-1-32）一期销售中心建筑以大胆的水面处理、舒展的水平线条、飘逸的出檐和精致的细节设计给人留下了深刻的南方印象，虽然功能简单，建筑师却能通过对景观、材料、光线等更多因素的理解而赋予其丰富的空间意象。大幅度的屋顶出挑既形成了水平舒展的建筑形象又为建筑提供了很好的遮阳效果，降低了建筑的立面辐射。

三、相融共生的室内外建筑环境

传统建筑重视室内与室外空间的融通渗透关系，与环境融为一体，尊重现有场地自然地形与生态植被。广东传统

图5-1-31　中山医学院第一附属医院屋顶隔热（来源：《亚热带建筑的降温问题——遮阳·隔热·通风》）

图5-1-30　中山医学院第一附属医院立面遮阳（来源：《亚热带建筑的降温问题——遮阳·隔热·通风》）

图5-1-32　鹤山十里方圆会馆（来源：筑博设计股份有限公司 提供）

建筑亦如此，建筑室内外环境最大限度地吸收、借鉴中国古园林空间手法，移植到建筑与城市设计中，从而产生出鲜明的特色；同时，广东建筑在室内设计上利用传统手法，如灰塑、陶塑、砖雕、木雕、洞门景窗、空花博古、贴地铺地、彩色玻璃、镶拼壁画、盆景几架、特色家具、匾名对联等等，使室内景观琳琅满目，美不胜收。

广东建筑室内外空间融会贯通，建筑与自然环境相融合，利用水景、绿化、山石等营造良好的生活环境，达到室内外环境的和谐共生。建筑结合夏热冬暖的气候条件，融合现代景园特色，在门厅、中庭、休息廊、餐厅、走道、卧室之中布置园林花木，赋予室内建筑环境以大自然的情趣，将中国园林的精神与现代建筑的格调浑然融合为一个统一整体。

白天鹅宾馆裙房内柱网扭转45°，既与客房标准层平面呼应，又使室内空间导向江畔，南墙面设通透、开阔的大面积玻璃幕墙，隔而不断，在室内可尽览白鹅潭烟雨茫苍的一江珠水。中庭以三层通高的立体园林空间沟通宾馆各公共活动部分，高30多米，餐厅、休息厅围绕中庭布置，水石庭是其中最核心的组景，享誉国际的"故乡水"（图5-1-33）主题由林西副市长提出，用山石瀑布做标志，寓意"高山流水"，意境深远。

泮溪酒家（图5-1-34）改建设计结合基地所处的地理位置、地形、建筑规模等客观条件，以岭南庭院布局中水石庭方式组织建筑群与园林的空间，构筑叠山，叠石下筑庭挖潭，壁上造阁。设计糅合了中国园林组织手法，并翻新利用民间传统建筑旧料，富有岭南风格，其建成环境成为荔湾湖风景线的有机组成部分。酒家室内空间、庭园空间与荔湾湖融为一体，互相资借。

南园酒家（图5-1-35）在设计时平地造园，凿池列石、推土成坡。门厅、餐厅及其配套用房散落于用地之内，临水布置，由长廊串联，划分出大小不一、疏密有致的庭院空间。空间设计上，设计者注重运用建筑进出参差、高低错落、虚实相间的处理手法，围绕水面，灵活布局亭、榭、厅、堂、游廊等不同的建筑单体，只见小桥流水，绿树红花掩映之下，绿瓦白墙，若隐若现，亭台楼阁，婉转上下，引人入胜。南园酒家的设计既满足了在布局上现代餐饮空间的功能要求，又创造了富有层次感的岭南庭院空间，内外交融，主次有序，清新明快。

图5-1-33　白天鹅宾馆故乡水（来源：《莫伯治集》）

图5-1-34　泮溪酒家庭园空间（来源：《莫伯治集》）

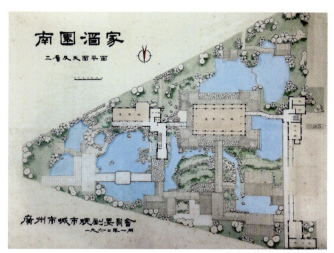

图5-1-35 南园酒家庭园与建筑相互渗透（来源：《莫伯治集》）

第二节 以人为本的和谐统一原则

广东传统建筑布局超越建筑与自然的对峙状态，既不以自然遮蔽或压抑建筑，更不以建筑役使或剥夺自然；既不拘泥于自然本位论，更不执着于人类中心论，从而真正消解建筑与自然、人与世界的二元对立模式，将建筑与自然的关系彻底还原为人类生活的本原性、整体性。[①]"有此未必然，无此必不然"，广东传统建筑遵循以人为本的和谐统一原则，建筑结合自然和谐共生，建筑以人为中心，从心理环境、自然环境以及安全环境等方面进行人性化空间设计，促进建筑环境、文化氛围与居者的文化结构、知识背景相一致，让居者感到舒适、健康，有归属感。

广东传统建筑尊重自然因素和人文环境，赋予浓郁的地域人文色彩。现代岭南建筑继承发展了传统建筑和谐统一思想，空间规划层次分明，空间布局有机融合岭南地域文化，弘扬场所精神，建筑应体现人的中心价值，并满足不同人群不同要求。当代广东建筑空间与形态丰富多变，创新发展了传统人性化和谐建筑思想，由此衍生出精致细腻的场所空间，产生认同感，建筑空间与心理空间和谐统一。

一、层次分明的空间规划

传统建筑往往紧密结合自然环境，规划设计充分结合原始自然坡地，依山就势、因地制宜，呈阶梯状布局，层次分明，视野开阔，极具自然地域特色。传统公共建筑往往采用中轴对称布局的手法来表现纪念主题，或表达居中为尊的儒家文化，吸取地形曲线，高低错落，形象庄重而朴实，且富于变化，并与环境协调。传统居住建筑则讲求与自然地形的融合，不求整齐划一，不强求左右对称，因地制宜，相宜布置，按照山川形势、地理环境和自然的条件等灵活布局，总是迎江背山而建，并根据山势地形层层上筑。

广东现代建筑发展了传统建筑规划层次分明的成功经验，并融汇当代规划设计理念，贯彻以人为本的设计思想，既满足规划的功能和舒适要求，又追求空间规划的审美境界。当代广东建筑分明的空间层次并与湿热气候紧密结合，体现了建筑自然性和舒适性的人本主义精神，通过递进的空间组织和设计手法有效地组织各个建筑空间，结合日照和气候因素，利用建筑围合以形成岭南风格的建筑庭院，以此为基础，利用庭院组合成大院落，大院落围绕聚群中心组织构成建筑群落，空间规划层次分明，结构清晰，并产生韵律美、层次感与光影效果。

（一）对称严整

受到儒家文化深刻的影响，中华传统就有深厚的空间意识和文化观念，十分强调建筑组群的中轴序列和对称空间组织，小到住宅、大到宫殿或整个城市规划，建筑的平面布局总是设以中轴线，这种中轴线往往由道路、建筑物、庭院、广场等组成，不仅中轴线上的主要建筑物左右均布的对称，而且轴线两边对列的厢房或辅助建筑，也被用来突出中轴线的对称。以中轴线为基准，比较重要的建筑物总要放在中轴线上，次要的房子放在它前面两侧对峙

[①] 冒亚龙.高层建筑的美学价值与艺术表现[M].南京：东南大学出版社，2008：194-195.

的地方，然后向纵深方向布置若干庭院，组成有层次、有深度的建筑空间。这种有组织、有秩序地在平面上展开的建筑群体以中轴线为基准，主次分明，均衡对称；层次清楚，循序渐进；由低到高，相互呼应，蕴涵深刻的中国古代儒道伦理文化（图5-2-1）。

在广东传统建筑中，建筑空间的对称布局是一种常见手法，这类建筑空间形态特点是有一条明显的中轴线，在中轴线上布置主要的建筑物，在中轴线的两旁布置陪衬的建筑物。这种布局讲求主从，左右对称，表达庄重严整和尊卑秩序。衙署、宅第厅堂、宗教的寺院以及祠堂、会馆等等，大都是采取这种形式。中轴线上最前有影壁或牌楼，然后是大门，再依次布置各组主体建筑，往往随着进深递增建筑等级与规格越高。在中轴线的两旁布置陪衬的建筑，整齐划一，两相对称。

广州金融城起步区规划（图5-2-2、图5-2-3）强调中轴对称，方整庄重，地块呈480米×480米方正布局，按照中国传统九宫格模式划分16个地块，东、西、南、北四个方向分别设置迎金门、西水关、永金门、撷金门，外部水体环绕，寓意"城墙、城门、护城河"进一步梳理现状河涌水系，借鉴传统园林造园术和风水环境营造理念，重现岭南自然水网和沙洲特色景观，形成规整端庄的建筑空间和自由流畅的自然园林布局相融合一的城市形态。

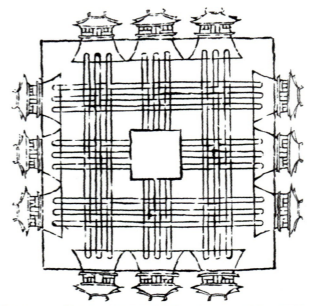

图5-2-1 中国传统城市典型布局平面（来源：《中国古代城市规划史》）

图5-2-2 广州金融城起步区规划方正严整（来源：华南理工大学建筑设计研究院何镜堂工作室 提供）

图5-2-3 广州金融城起步区规划鸟瞰（来源：华南理工大学建筑设计研究院何镜堂工作室 提供）

（二）自由灵活

建筑形态可展现出城市独特的山水格局，展现城市融入自然的和谐之美，自然和谐的建筑设计理念演绎出因地制宜、随意而自然的自由布局建筑形态，体现在建筑布局依山就势、建筑空间灵活多变。由于建筑基地的高差起伏特性，决定了其顺应地形的布局形态，尽可能地减少建设对原始地形的人为改变，通过建筑自身的挑出、掉层、错层、架空、多级入口等变化方式来适应地形，消化地形高差，同时也有利于形成不同功能、不同形态的室内外空间环境。建筑顺应山势的布置方式促成建筑组群的空间整体形态层次跌落，前后、远近层次清晰，建筑的体态大小与高低错落变化与山脊轮廓线形成对比和呼应关系，建筑与地形浑然一体，展现出起伏变化的建筑天际线。

广州一馆一园国际竞赛中标方案"岭南园·源岭南"（图5-2-4）的设计灵感来自婆娑的榕树和密集的水网。规划概念沿北往南贯穿海珠湖，也将东西向的生态旅游动线连接在一起，让生态与文化交织，将岭南的文化底蕴重新激活城市中轴。建筑群如海珠石般散落在湖边，庭院与建筑共生，园中有园的优美布局。建筑设计充分尊重岭南文化特质，由"水街"和"迴廊"作为主线串起各院落，维持了聚落之间的整体性。布局自由灵活，空间丰富多变。

（三）向心发散

广东传统建筑向心发散式布局往往以中央公共建筑或公共广场为中心，建筑群空间层层向外扩展。传统城镇或村落中心因为人群汇聚而导致建筑和道路密度较大，公共与商业空间发达，而离中心距离越大，建筑与道路密度就越低，人工环境减少，自然环境演变为空间主体。传统村落中心公共建筑或广场通常因为功能因素和传统文化影响而讲求方正规整，居中为尊，表达秩序，提高空间效率，并塑造端庄礼仪的空间氛围；而外围建筑因地制宜，因借自然，从而极大地维护了自然环境，有序地组织了城镇群体空间秩序，体现中心边缘的向心发散规律，阐释疏密有致的聚落空间结构属性。

广州大学城（图5-2-5）的规划结构可概括为"心、带"结构。小谷围岛的特殊地理条件以及大学城对资源共享的较高要求形成了小谷围岛的向心趋势。核心部分商业服务功能与学术功能的不同以及开发时序的安排形成了两个"心"，一个商业中心和一个大学中心，小谷围岛南部对岸地区的发展采用带状向心结构[①]。其带状的发展符合南岸地区沿江展开的特点。大学城规划结构具有清晰的向心发散的城市空间发展逻辑，组团及分区单元在结构骨架

图5-2-4　广州一馆一园国际竞赛中标方案"岭南园·源岭南"总体布局自由灵活（来源：华南理工大学建筑设计研究院 提供）

图5-2-5　广州大学城向心发散的规划结构（来源：《广州大学城规划的新理念与城市建设新技术》）

上生长，保证了整体结构的完整，但每个组团及分区又有自己的相对独立性，只是随着与"商业中心"和"大学中心"距离加大，建筑密度和规模逐步降低，大学城边缘与自然环境逐渐趋近。

二、丰富多变的空间结构

广东传统建筑布局构建灵活多变的空间结构，如表示仪式空间的对称布局，表示居中为尊的中心式布局，沿江河、道路延伸的轴线布局，以及结合自然地形地貌的自由灵活布

---

① 朱文一.广州大学城(小谷围岛)组团三——广东工业大学和广州美术学院[J]城市环境设计，2004（2）：103—108.

局，展现丰富多彩的空间结构形态，映射出岭南建筑经世致用之智慧。丰富多变的建筑空间设计理念之核心是人，人类行为离不开公共活动与私密活动，因而岭南建筑根据人的需求，营造适合人类生活的公共空间与半公共、半私密及私密空间。当代广东建筑空间设计针对这些因素，结合现代科技创造提升。

以人性化空间设计为例，公共空间不仅满足人们聚集活动，传承岭南空间特点，更重要的是融入当代科技与思想创新。半私人空间在满足人们休息以及健身等活动的同时，更突出内部空间和景观设计，让空间环境更加舒适。私有空间不仅要营建符合功能要求的内部环境，也要让私有空间更加人性化。这些空间设计过程中要考虑满足不同人群的功能需求，通过不同尺度灵活自由的空间围合以及不同空间之间的相互渗透、融合形成丰富多变的形态结构，以适应人们多样化的活动功能需求，并保证居住空间的舒适度，让人产生一种归属感。

（一）和而不同的整体环境

整体环境是建筑存在的背景，建筑又是构成整体环境的组成部分。整体环境作为孕育建筑的土壤，它形成了建筑创作的"前因"与条件。建筑与周边环境的"和而不同"，既需要两者相互协调、融合、共生，同时又必须承认差异、包容差异、尊重差异，共同构成丰富的包含多样性的整体环境。

深圳观澜版画美术馆以一种开放和大胆的姿态，紧紧抓住西北部观澜高尔夫球场山丘和东南部街坊的高差以及古村落呈现的线性轴线，将一个巨大而集中的折板体量牢牢嵌固在纷乱复杂的场所之中。既有"立"，也有"破"，干脆利落，一气呵成，既保持集中式的体量，又与场地本身有着深入的关联。[①]从场所关系上看，建筑师的这个设计方案包含了两条重要的轴线，一条是由现有村落（一条客家古街和一组旧厂房）向内延伸，形成一条贯穿基地南北的"时光轴"，以彰显历史文脉的留存，旧建筑前的月牙形水塘正代表了客家文化的特征。另一条是与基地上两座山丘制高点连线垂直的"景观轴"，遥望高尔夫球场。美术馆主体被抬高架设于两个山丘之间，美术馆形体折起，形成虚空的体量，让出"时光轴"，使之延续并和山体相连。建筑主体的折起，为南方气候下的场所提供了一个有阴影的覆盖，与"时光轴"垂直相交，成为汇集展览、工坊、咖啡厅等多种功能活动的、多元的公共开放空间。主入口广场选择靠近古碉楼与水塘的地方，成为旧建筑与新建筑戏剧性碰撞的交点。时光轴与景观轴的介入将建筑与周边自然、人工环境紧紧融合在一起。

（二）变幻交错的空间层次

广东传统建筑因应气候、融入环境，运用建筑形体之间穿插交错、层叠出挑，形成轻巧通透、明丽淡雅的建筑形象以及变幻交错的空间层次。建筑空间水平方向往垂直围护结构交错配置，演绎出空间形态的穿插渗透，左右逢源；建筑空间垂直方向打破上下对位，创造犬牙交错动态空间，消解界面。广东传统建筑变换交错的空间层次构成不同空间之间的链接交融，你中有我，我中有你，流动空间富于变化。

深圳大学师范学院教学实验楼（图5-2-6、图5-2-7）在建筑处理上利用了架空层、中庭和自然叠落的屋顶平台，为教师与学生在每一楼层上，提供了一系列的变化丰富的公共活动场所。这些镶嵌在各个楼层中的室内和室外的大尺度的活动空间，与连接着教室的线型走廊交相重叠，产生了十分丰富的视觉感受和空间效果。与人的活动构成互动，形成极具活力的动态空间节点。设计上打破了内部空间与外部空间之间的界限，使内外空间相互渗透，在建筑内部又以通高的中庭和庭院从竖向将这些不同标高的流动空间连成一体，形成一种上下、内外贯通的开放空间系统。

[①] 艾侠. 破立之间 深圳中国版画博物馆设计[J]. 时代建筑,2015,3:152-157.

图5-2-6 深圳大学师范学院教学实验楼空间交错、灵活多变a（来源：《深圳大学师范学院教学实验楼》）

图5-2-7 深圳大学师范学院教学实验楼空间交错、灵活多变b（来源：《深圳大学师范学院教学实验楼》）

图5-2-8 佛山北滘文化中心空间层次丰富（来源：Gravity Partnership Limited）

北滘文化中心（图5-2-8）位于广东省佛山市，包括剧院、展览厅、图书馆、青少年活动及文化相关零售业等功能。设计中在规划上北滘文化中心打破场地四周边界，直接将公共空间与城市连接起来，并进一步设置开放的建筑组团，吸引市民从多方向进入，打破传统博物馆的封闭式布局。建筑群围合出中央广场供户外表演和休憩，将传统乡土小镇的广场、庭院、街道和小巷重新用现代手法进行演绎。露天的廊道连接和浸润着每一栋建筑，空间虚实错落有序；大小不一的绿色空间与建筑相互咬合渗透，把大自然引入活动空间；建筑体量尺度宜人；开敞通透的片墙既增加了空间的层次又带来灵活的流动感。

明丰东江府在得天独厚的优美环境中，通过南向庭院将江景引入室内，以及一梯两户错位跃层式的户型、方便老人锻炼的外围走廊等，营造出结合了岭南环境和生活方式的居住空间，同时结合连廊形成简洁大方、特色鲜明的造型，探索了岭南居住建筑新的一种模式。

（三）自由流动的空间体验

人们对空间的感知源于体验，广东地区传统建筑常采用开敞的平面以及通透的空间营造出丰富的空间体验，而现当代的创作更是结合新的理念、技术强化了传统建筑的这一特质。在设计中往往通过体型、色调、质感、图案及空间氛围的协调而实现不同空间的相互融合，此外经由形体的引导、空间尺度的对比、空间的渗透等设计手法营造自由流动的空间体验。

文化公园水产馆采用同心圆平面（图5-2-9）布局灵活巧妙，充分满足展览空间的功能要求，空间流动灵活而优美，步移景异，隔而不断，层层渗透。立面处理活泼明快，细小的圆柱，檐口轻薄飘逸。

广州大剧院设计也体现了广东湿热气候的流动空间特点，建筑师借助大面积的玻璃与室外景观内外交融，延续建筑外观轻巧灵动流畅的设计风格，室内以充满张力的手法处理墙面与廊道，构成功能交织、景观渗透的动态空间。室内空间自由流动、相互渗透、层层递进，形成丰富、细腻、精致的空间体验。

三、精致细腻的场所空间

广东传统建筑在人居空间中纳入地域人文精神，是居住空间之所以能成为场所的主要原因，是广东地方文化内涵赋予空间以意义，使空间情感化，建筑空间不再单单是实体形式的某种表现，而是空间精神与场所特质。精致细腻的传统空间使人产生方向感，通过体验把握自己与环境的关系，产生安全感，而对传统建筑特质的把握产生认同感，形成归属感。

广东传统建筑精粹在于赋有表情的建筑空间组织，宛如一幅美丽的风景长卷，有起有伏，跌宕有致。设计手法上则有收有放，高潮迭起，造成空间的不断变化。空间连续而有层次性的整体动态感受，赋予空间感染力，空间的过渡和引导使空间系列符合人们的心理和行为模式。自然生态与人文精神相融合，体现自然与人和谐共生的文化精神。

（一）场所氛围

场所就是由人造环境和自然环境结合而成的有意义的整体，具有清晰特性和形状的空间，是人类的生活世界，而建筑的作用就是使场所成为具体直观的空间，运用各种材料和结构方法把一个空间与外部环境分隔开，其目的就是形成一个场所。建筑师能运用建筑语言巧妙融合人造环境和自然环境，使这个场所表现出其应有的场所精神并为人们所认同，那么这就是一个成功的建筑，而这个场所也将具有持久的生命力。

建筑最初的目的是为了居住，当原始人类的生产力发展到一定水平以后，他们不再满足于居住在阴暗潮湿的山洞里，而是希望建造一个更适宜居住的地方，建筑就这样出现了，随着人类社会的进步，建筑空间被赋予了更多情感上的意义，它不仅是一个挡风遮雨的地方，更是人们生活中所有故事和回忆产生的场所，于是人们自然而然与之建立了某种深刻的联系，这时候场所最根本的意义就已经不在于它的功能了，而在于这个场所能够带给我们安定的感觉，或者是对这一场所的认同感。艺术作品的概念应该是生活情境的具体展现。岭南传统建筑空间非常注重空间特征的营造，并突出空间文化与居者的知识背景一致或接近，满足人类基本居住需求，更重视体验富有意义的生活情境。当代岭南建筑创作基于传统建筑朴实的场所理念，结合岭南地域气候与文化演绎发展。

图5-2-9　广州文化公园水产馆室内空间自由流动（来源：建筑历史文化研究中心东方建筑文化研究所 提供）

图5-2-10　万科土楼公舍向心的空间结构（来源：URBANUS 都市实践 提供）

万科土楼公舍（图5-2-10）将传统客家围楼的居住文化与低收入住宅结合在一起，土楼公舍不仅创建了亲切温馨的居住环境，而且内聚性以及层叠错落交织的平台营造出触发交流的空间氛围，人们居住其中产生向心和安全归属感，建立了与传统土楼形态和场所感的关联，万科土楼公舍中庭空间意义就已经不仅仅在于其功能和景观，而在于能够带给居民安定的归属感和认同感。

万科棠樾（图5-2-11）整组建筑呈五进院落串联在对位于小区主入口的轴线之上。第一进为"礼仪"性前庭院，可为来访人、车提供简单停留。第二进为由景观水池环绕的400平方米的大堂。再向上半层进入第三进，为与第五进院落形制相似的过渡性旁院。序列的高潮出现在第四进的"院中院"。形制为传统建筑的"老房子"比"第五园"中的老房子规模更大，并与第二进院落的胶合梁"新式"坡屋面形成很好的对比与呼应，创新并引发了人们对于广东传统"老房子"的场所体验和无限遐想。

广州市越秀区解放中路旧城改造（图5-2-12）在复杂而敏感的广州老城中心，设计不仅保留了三栋民国时期的建筑，而且延续原有历史街巷肌理和岭南建筑文化特征，使新旧建筑巧妙地融合成一个有机的整体。在低标准建设条件下，以其合理而紧凑的平面布局满足了大多数回迁居民对住宅的要求，营造了恰如其分的建筑空间尺度，述说场地故事。新建建筑底部的架空和镂空加强了风的流动和视线的交流，与原有建筑和街巷产生了良好的对话与融合，适应岭南气候环境。整个建筑群以亲切的空间感受维系了邻里之间的亲密氛围，具有浓郁的岭南生活气息和人文情怀，创造了宜人宜居的老城居住场所空间环境。

广州TIT设计师工作群（图5-2-13）通过采用一种"微观激活"的介入手段从微观的层面发掘、整合场地内琐碎细致的特色资源，如伴随一代人记忆的豆奶品牌、场地内

图5-2-11　万科棠樾空间体验（来源：万科企业股份有限公司 提供）

图5-2-12　广州解放中路旧城改造（来源：《何镜堂建筑创作》）

众多的树木等等，并进一步将其转译、编织进入整体的规划设计操作，从而激发游客及租户强烈的场所感与认同感。

（二）室内空间

广东传统建筑空间将岭南园林引入室内是比较常见的一种手法，如餐厅、宾馆、酒店等适当地把传统园林的空间要素引入到建筑空间之中，营造出极具热带气候特色的现代室内空间环境。岭南建筑创作在继承传统园林的基础上，不断融汇西方现代建筑空间理念和手法，形成了现代岭南室内空间，平面自然灵活，空间形式多样。流动的室内外空间组合发展了传统园林空间特色，并吸纳了现代建筑渐进式空间序列的变化，利用现代技术实现建筑与园林空间的共荣共生。

花园酒店（图5-2-14）室内装修雍容华贵、富丽堂皇，酒店大堂主要用意大利麻石、黑白大理石及柚木作为装修材料。酒店大堂空间气势恢宏，咖啡厅、观瀑廊和旋转餐厅等空间均采用现代装饰风格，强调室内空间与绿色植被和流动水体等自然环境要素的交汇融通，色调、质地配合大胆协调，同时利用盆景、绿化和小品进行空间的分割与限定，达到室内环境表象的象征作用，整个空间精致典雅。

文华东方酒店（广州）（图5-2-15、图5-2-16）设计糅合了广东传统建筑元素和"新中式"的现代特色，传承了文华东方酒店品牌精致典雅的经典风格。古老的、东方的、精致的、低调奢华的内涵形成了文华东方的独特气质。

图5-2-13　万科棠樾场所体验（来源：《微观激活、集合景观、多样建造广州TIT设计师工作室群设计》）

图5-2-15　文华东方酒店a（广州）（来源：文华东方酒店官网）

图5-2-14　广州花园酒店大堂室内装修（来源：《岭南近现代优秀建筑1949-1990卷》）

图5-2-16　文华东方酒店b（广州）（来源：文华东方酒店官网）

（三）景观环境

广东庭园将观赏与休闲融为一体，讲求人与自然、建筑与景观、生活与生态之间相互和谐，建筑将岭南庭园与现代居住景观环境设计结合起来，从而创造一种宁静舒适、开敞方便、视觉优美并且具有岭南特点的居住景观环境。广东地域环境属南方丘陵水乡，有丰富的水资源，而岭南人又十分讲究与自然环境的亲近，住宅往往依水畔水。岭南住区环境中理水自古就有多种格局：潭水、瀑布、泉水、湖景、水湾等形式多种多样，而水的美的体现关键在于理水。造园家陈从周在《说园》中说："水曲因岸，水隔因堤"，"大园重贴水，而最美关键在于水位之高低"，"园林用水，以静为主"，充分说明了园林理水的原则，十分重要。水聚则旷，有汪洋之感；水散则奥，有不尽之意。[①]

美的总部大楼景观设计（图5-2-17、图5-2-18）通过现代景观语言回应中国岭南大地景观"桑基鱼塘"。在高速城市化的当下回归乡土美感意境，用栈桥、道路，水景与庭院等实际功能体块勾勒出"桑基鱼塘"的网状肌理，让人体验到的不仅是其生动丰富的功能联系，还有亲切舒缓的肌理带给人的仿佛当年人对土地的归属感与亲切感。

第三节　尊重传统的地方建筑文脉传承原则

建筑承载了人类历史文化，延续了城市文脉，保存了人类文明记忆，也是人类文化可持续发展的历史必然。社会文明程度越高，地方传统建筑和文化就显得价值越高。从建筑文化角度审视，建筑是地方民族长期形成的物质文明和精神文明的载体，毁之不可再生，摧之不可再建。保护好建筑文化遗产，让旧建筑在城市中延续发展，形成一幅幅完整的人类文明画卷，正是人类文化传承发展的需要。此外，建筑循环更新与再利用可以防止全球文化与地域特色的趋同，避免城市陷入人文匮乏、文脉断裂、环境恶化的危险境地，符合当今世界建筑文化多样性和持续发展的趋势。

改革开放以来，中国普遍引进了西方建筑的设计思想和工程技术，也引进了西方的建筑形式和风格。大量民用性建筑由于可以工业化、高效率地生产，曾经一度风靡中国，广东也在20世纪80～90年代大量兴建了这种建筑，这与广东经济高速发展和城市化进程密切相关。在广东快速城市化的背景下，住宅工业化和建筑现代化是广东建筑界的首要责任。工业文明导致大量性民用建筑走向标准化，广东一些城镇和建筑逐渐失去特色，面对轰轰烈烈时代大潮的挑战，我们必须传承岭南传统建筑文化的精髓，同时将其与现代建筑先进的理念与技术相结合创作出兼具岭南特色与时代风貌的新建筑与城镇。

广东建筑也经历了20世纪30年代的"中国固有形式"、50年代的"民族形式"的设计思潮，因为与政治运动相关，缺乏深入的思考与研究，大多停留在建筑风格与形式之上，广东建筑文化发展更多地表现在形式上的简单模仿和岭南建筑符号的拼贴。广东传统建筑和新技术的结合一直

图5-2-17　美的总部大楼景观设计再现广东地区特色地景桑迹鱼塘a
（来源：《美的总部大楼景观设计》）

图5-2-18　美的总部大楼景观设计再现广东地区特色地景桑迹鱼塘b
（来源：《美的总部大楼景观设计》）

[①] 陈从周.说园[M].济南：山东画报出版社，同济大学出版社，2002：1-34.

在困惑中前行，广东建筑理论既需深入探索也需要更多实践作品佐证。

20世纪70年代以来，广东建筑师以创新的思维设计了北园酒家、白云山庄、白云宾馆、白天鹅宾馆和花园酒店等等，无一不开全国风气之先河。可20世纪末岭南新建筑风光没有那么强劲，沉默中的岭南建筑同京派、海派建筑一样似乎已被淡忘，原因在于中国传统建筑的近代发展出现了问题，岭南建筑文化同样在现代西方文明的冲击中走向趋同，自身特色没有得到很好传承与发展。

20世纪末以来，广东建筑也兴起了一股强劲的"欧陆风"，欧式、美式洋房、东亚风情和地中海式设计纷纷登陆广东，大有席卷广东楼市之势。这使得复兴岭南建筑的任务更加漫长和艰辛，发展岭南地域建筑需要建筑师和广东全社会各界的共同努力，步调一致，因为建筑是属于社会的。梁思成先生曾说过："非得社会对于建筑和建筑师有了认识，建筑不会得到最高的发达……如社会破除（对建筑的）误解，然后才能有真正的建设，然后才能发挥你们的创造力。"

综上所述，广东建筑应更加坚定地走岭南特色的创作道路，基于岭南地域环境和热带气候条件，坚持修旧如旧、新旧共生的建筑保护原则，活化利用，焕发新活力；岭南传统建筑精髓与现代的建筑理念结合，鉴古立新，形成具有岭南传统地域特色的形神兼备的建筑设计思想，构建广东地方建筑文化与现代审美相结合的文化意向。

一、修旧如旧、新旧共生的建筑保护与活化利用

将旧建筑经过整修更新以及完善功能，不但能重新焕发活力，在延续建筑地域风貌等方面还具有新建建筑无法比拟的优势。循环更新建筑创作可以延伸建筑物的生命期，合理发挥材料的使用极限，将有利于城市生态环境和建筑文化的可持续发展。依据国家历史文化建筑保护法规，充分尊重历史建筑的原貌，在保护为主的前提下加以活化利用，植入符合当代的新功能，以保护促进发展，同时通过发展支撑保护，使旧建筑重新焕发新的生机。

建筑经济成本的多数属于材料费，建筑循环更新再利用可以大大降低建筑业对能源和自然资源的消耗，减少建设过程中资源与能量投入。如果旧建筑在原有设计思想、技术条件下没能达到节能要求，可以通过技术更新，以及利用新材料、新工艺得以解决。循环再利用的建筑消耗要远远比新建筑小，更有利于保持自然环境和生态平衡。

广东传统建筑的更新与发展及新旧建筑的共生是新时期建筑师普遍面临的共同课题，传统建筑的再利用、新旧元素融合与创新发展，本质上都是运用当代建筑科技对传统建筑的改进与再利用，体现岭南传统建筑的可持续发展。岭南传统建筑也是不断演进的，因此应该将时间维度引入实践中，建筑师需更加关注城市文脉的延续性与人性化。处理好广东传统建筑改扩建设新旧关系，运用建筑改造更新、可持续发展、协调共生的相关理论，吸收国内外优秀的旧建筑改扩建成功经验，遵循新旧共生的设计原则和设计策略，探讨广东传统建筑的创新发展之路。

广州红砖厂（图5-3-1）经过功能置换及更新改造后的工业遗产建筑，得到有效保护并延续了生命力，开始了建筑生命周期的新起点。在旧建筑的更新改造中，旧建筑与新增部分通过互相对比而表达出自身的含义，不同的历史层次之间互相关联。均质的整体被双层或多层模式所代替，这种

图5-3-1　广州红砖厂工业遗产再利用（来源：红砖厂官方网站）

策略中空间是由不同片断组成的，而这些片断只是清晰表达出由它们交互作用而形成的一个新整体。新元素是一个明显的附加物，在形象上清晰可辨，与旧有元素存在根本性的不同。差异性被创造出来，到这种差异并非不协调。这种策略的主题在于产生于不同空间和形象层次间的空间张力。差异性如何演绎和新系统如何置入，新旧两部分通常都被平等对待，两者都得到同样的强化处理。

荔枝湾（图5-3-2、图5-3-3）在改造过程中对岭南旧城的水乡形态及商住共享的传统街区格局，提出"古为今用，推陈出新"的设计理念，通过对旧城街区现状的梳理与分析，改造规划拟采用循序渐进的"再造"手段，对不同性质的建筑进行区分。针对文保建筑类的建筑，除了采取以"修旧如旧"手段加以保护外，还要"古为今用"，增加其现代功能，针对一般保护类的建筑与街巷，采取"推陈出新"的手法，通过新的材料、工艺以及新空间组织，恢复岭南文化的"旧貌"；针对被评价为"濒危"、"无用"的建筑，采取"疏通"、"以旧换新"的方法，改变原有功能，如将旧仓库开发为日杂仓库、创意产业、古玩城等。

在佛山岭南天地（图5-3-4）项目中，规划者看到了文化的价值、传统与现代结合的可能性以及利益的存在。保护更新方案十分重视佛山岭南建筑独特的建筑学价值。一方面，对传统岭南建筑和受南洋风格特征影响的建筑，方案予以保留；另一方面，并没有因循守旧，而是对文化价值不高的建筑进行了二次改造，简化了多余的建筑语言，并增加了新的元素。岭南传统建筑封闭性较强，小门小窗，通透性不够。由于商业建筑的需要，方案将一些沿街首层立面墙体以玻璃替代，加以岭南风格的门窗。这样，既满足了商业建筑展示性的需求，又与传统的建筑语言相统一，符合现代人的审美情趣。这种对传统建筑恰当的改造，用新材料进行局部的更新，不但没有对岭南传统建筑学的价值造成影响，反倒增加了古建筑的吸引力和活力。

十香园（图5-3-5）是清末岭南著名画家居廉、居巢的居所，十香园纪念馆的设计在相对狭小的用地内巧于腾挪，利用现状地形的高差关系，开辟了一条环绕在故居与纪念馆之间的景观水系，通过错落有致的园林空间，将纪念馆与故居、游客游览与休憩空间进行了自然的融合与过渡，创

图5-3-2　广州荔枝湾老照片（来源：http://www.topit.me/album975089/item/9447902）

图5-3-3　改造后的广州荔枝湾（来源：陈思翰 摄）

图5-3-4　佛山岭南天地（来源：向科 摄）

图5-3-5 十香园内庭院（来源：华南理工大学民居研究所 提供）

造出诗情画意的空间意境，体现了纪念馆的文化内涵。十香园的修复，不仅还原当时的建筑与园林庭园风貌，同时改善了该地区的环境，与周边环境协调，形成以十香园原建筑为核心的人居环境。

二、鉴古立新、形神兼备的建筑设计理念

建筑发展的过程本身是一个不断更新、改造、循环更迭的过程，从地方建筑传承和可持续发展的角度审视，应当充分吸收传统文化的精髓，并与现代建筑先进的理念相结合，形成具有传统地域特色的建筑形式，鉴古立新、形神兼备的建筑设计是在当代的文化语境下用现代的建筑语言和手法诠释传统的建筑精粹，在人的视觉感受和心理体验中完成与过去的连接，不但延续地方传统建筑文化，更是推动地方建筑的现代化进程。

鉴古立新、形神兼备的建筑设计核心是要把岭南建筑文化和当代思维、技术有机融合起来，妥善处理好时代文化与岭南地域文化的关系，做到相辅相成，不可分割。广东城市规划和设计都会遇到传统的建筑程式与现代高科技矛盾。解决矛盾的关键是将岭南传统建筑文化与现代文明有机结合，自然得体，并将岭南传统建筑文化占主导地位，融合新思维新方法创新发展。鉴古立新也要处理好原有功能与现实功能的关系，做到雅俗共享，各有侧重，同时也要处理好建筑静态文化与动态文化的关系，做到预见可立、意在笔先，融合传统与现代、固有与舶来的各类文化形态在其中的生存发展。形神兼备的建筑设计必须将原有功能和现实功能有机结合起来，没有传统功能，不能称其为新旧共生，没有现代功能更新改造，就缺失了传统的魅力。另外，形神兼备的设计要正确处理主要矛盾与次要矛盾的关系，做到不平分秋色，重点突出。岭南建筑文化是广东传统建筑能否传承发展的关键问题。

万科土楼公舍将"新土楼"植入当代城市的典型地段，探讨如何用土楼这种建筑类型去弥补城市高速发展过程中遗留下来的"城市空缺"，这也是对都市发展以及社会进步的一项重要贡献。新模式的探索超越了对建筑形式的简单继承模仿，返回形式生成逻辑的源头，重新审视并合理地采用了内聚型布局的圆形平面，既可以抵抗、屏蔽周边复杂的城市环境又提供了一种内敛向心的凝聚力，满足社区内聚性以及交往的需求。①

广州南汉二陵博物馆某竞标方案（图5-3-6）建筑主体由五个体量组成，中央主体统领角部四个围院，平面形式工整对仗，通过建筑的围合，形成尺度丰富、空间流动的多层次院落；以"天圆地方"的中国传统宇宙哲学思想为主题，平面虚实相生，形成极具传统文化的中国结形象。

---

① 刘晓都,孟岩.土楼公舍,南海,广东,中国[J].世界建筑,2011（5）：84-85.

图5-3-6　广州南汉二陵博物馆某竞标方案对传统元素抽象再现（来源：广州瀚华建筑设计有限公司 提供）

图5-3-7　广州广电兰亭御园立面对传统博古架的呼应（来源：广州瀚华建筑设计有限公司 提供）

图5-3-8　客家传统建筑五凤楼（来源：澳大利亚IAPA设计顾问有限公司 提供）

图5-3-9　河源客家文化公园图书馆效果图（来源：澳大利亚IAPA设计顾问有限公司 提供）

广州广电兰亭御园（图5-3-7）总体构思注重传统人文的延续，尝试将现代建筑和传统文化融合，立面形式抽象再现了传统博古架的分隔方式。为回避道路噪声及争取景观资源，住宅及商业均沿道路展开布置，围合出中心景观园林。小区园林由中心园林、架空绿化及空中绿化多层绿化空间构成，叠石、水景等细部景观表现出岭南园林的精髓。

河源客家文化公园图书馆（图5-3-8、图5-3-9）的建筑设计以客家建筑五凤楼为原型，通过对形式的提炼、抽象、转译，并进一步结合场地地形，采用现代的手法重新诠释客家传统建筑文化，既传承了客家文化思想精髓，又体现了对场地的尊重。

广州市国家档案馆新馆一期工程改变传统档案馆封闭的形象特征，建筑设计考虑文化性、开放性和公众性，立面肌理结合传统窗花和广式雕刻元素形成简约的建筑底纹，凸显传统与现代的融合。

三、传统、地方文化艺术与现代审美相结合的建筑文化意向

一切建筑艺术形式均会随时代的发展、科学技术的进步而变化。历史上的形式可供借鉴，但更重要的是在借鉴之后，能够创造出焕发时代气息的新形式。当代建筑设计的时代性和文化性体现在用现代审美视角和现代建筑语言抽象地表达传统地方文化艺术，从传统艺术中汲取独特的文化意象，融入现代审美文化，运用现代建筑空间手段，表达地方

传统建筑的时代文化意象。

建筑发展带动建筑审美与文化意向的变革，建筑艺术作为建筑的重要组成部分，自然有不同特色与意向的呈现。从宏观方面，建筑艺术风格有岭南与现代之别，由于现代建筑元素在人们的生活中频繁出现，导致人们的审美有所疲劳，于是岭南建筑文化悄然重返人们的视野。将岭南建筑元素和文化与现代人的生活方式相结合，是当今较为接受的设计趋向。岭南建筑风格作为众多风格中的一种，延续着中国文化的传承，述说着中国地域建筑艺术的渐进。

现代岭南建筑应继承与发展传统岭南建筑，古不乖时，今不同弊，照搬照抄古人的设计，已无法适应当代的生活方式。可将岭南传统建筑文化融入现代设计之中，一方面可以通过营造意境，发展传统，另一方面将传统岭南建筑元素与工艺，如纹饰、镶嵌与雕刻等，融入现代设计之中。新岭南建筑作为传统与现代之间的桥梁，将现代人的审美、生活方式、文化意识与传统艺术有机结合。在视觉语言上，新岭南建筑设计将现代审美与传统语言相融合；在空间上，强化东方式的礼仪与儒家文化，借用中国传统的空间序列，创造出既有浓浓岭南气息又不失现代感的现代岭南建筑；在材料上，将充满现代感的材料与传统的砖石、瓦面和木材等搭配使用，使现代中渗透着传统文化意味；在工艺上，将传统建筑工艺融入现代设计之中，使现代艺术与岭南建筑之灵魂产生共鸣。

多元化的岭南建筑是广东建筑发展方向，包括建筑设计多元化、思想多元化、文化多元化和审美多元化等，广东建筑应沿着多元化的方向前进，中西文化的交融、现代思想与传统思想的交叉、不同领域的跨界审美，都为当代广东建筑的发展提供了有利的途径。广东建筑以传统文化沉稳的风格为基调，讲究空间流动，适当吸取传统建筑技术和工艺，同时融入现代设计语言，与现代建筑空间的结构与功能紧密结合，为现代空间注入凝练唯美的岭南情愫，于质朴中见灵动，于高雅中显朝气，构造出特色鲜明并凸显当代岭南风格与气派的建筑设计。民族的就是世界的，只有将岭南民族最本质的精神元素融入设计中，方能凸显其与众不同。

广州美术馆某竞标方案（图5-3-10）的设计汲取白云

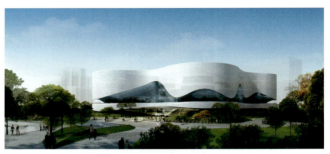

图5-3-10 广州美术馆某竞标方案展现云山珠水的审美意象（来源：华南理工大学建筑设计研究院何镜堂工作室 提供）

图5-3-11 "一馆一园"某竞标方案（来源：澳大利亚IAPA设计顾问有限公司 提供）

山、珠江水、岭南画派等地域文化的神韵，并结合现代审美的理念以抽象洗练的形体、笔法表达山水画卷的水墨意境。设计不拘泥于对传统形式的继承与模仿，而是把握了岭南文化的精髓以及传统山水画的气韵，体现出对于传统的深刻理解与巧妙解读。

位于广州新的城市中轴线南端的"一馆一园"项目设计（图5-3-11）并未将珠江新城国际化大都市中轴线的简单延伸，也不是对传统文化和符号的简单复制。而是运用一种岭南园林建筑的现代语汇，打造了一个具有创意的、体现"百粤精粹，岭南风情"的群众文化活动空间。

第四节 传统建造技术与现代科技相结合的原则

一切建筑艺术形式均会随时代的发展、科学技术的进步而变化。历史上的形式可供借鉴，但更重要的是在借鉴之后，能够创造出焕发时代气息的新形式。当代广东建筑设计的时代性和文化性体现在用现代审美视角和现代建筑语言抽象地表达传统地方文化艺术，从传统艺术中汲取独特的文化意象，融入现代审美文化，运用现代建筑空间手段，表达地方传统建筑的时代文化意象。

广东传统建筑技术和现代技术相结合，强调建筑技术的人文底蕴和技术的中西合璧。岭南建筑风格和技艺凝聚着优秀的传统技术，应当继续在广东现代建筑中传承发展，结合广东本身的地理和热带气候条件，以人为本，让人们感受到现代岭南建筑的舒适、安全和健康。坚持与自然和谐共生的技术理念，追求技术与自然、建筑、人的和谐统一，将岭南建筑的朴实工艺和技术与现代建筑的空间理念相融合，并全面采用环保节能建筑新技术，形成独具岭南特色的建筑技术形式。

根据广东的自然环境，运用建筑技术科学的基本原理和现代科学技术手段，发展岭南传统建筑技艺，合理安排并组织建筑技术与功能、空间等相关因素之间的关系，使建筑技术和建筑环境之间成为一个有机的结合体，同时具有良好的技术适宜条件和较强的调节能力，以满足人们居住生活的环境舒适，使人、建筑、自然与技术环境之间形成一个良性循环系统。建筑技术归根到底是为人的生活需求而存在,因此不仅要有人本内涵,还要有高科技材料支撑。

一、地方材料与新材料相结合

广东传统建筑体现了丰富多彩的地方建筑文化，也体现建筑工匠为适应广东地理气候，就地选用地方建筑材料，创造出千姿百态的建筑形式，技艺高超。现代建筑设计应该从传统民居中吸取营养，在适应气候方面采用基于传统技术经验，融合最新的建筑技术，就地取材，将花岗石、红砂石、贝壳灰、三砂土、卵石、蚝壳、青砖等传统地方材料与混凝土、钢材、玻璃等现代材料相结合，共同营造建筑的整体形象，创造出基于地方材料和技术的新地域建筑。

随着科技与建筑技术不断进步，新型建筑材料层出不穷，建筑设计有了更广阔的天地，既为艺术形象上的突破和创新提供了更为坚实的物质基础外，也为充分结合地方材料、节约能源提供了可能。新建筑技术和建筑材料总要运用于建筑空间之中，应与传统建筑材料相融合。随着人们对新技术和新材料性能熟悉与接纳，就会逐渐更新旧有的技术、形式和风格，创造出与之相适应的新的形式和风格。因而，要充分挖掘出新材料和新技术的潜力，合理搭配新材料和广东地方材料，推动传统岭南建筑更新发展。

北园酒家（图5-4-1）外观设计参考岭南传统民居的建筑形成并使用传统的建筑材料，包括青砖、麻石、灰瓦、木材、套色玻璃等。建筑采用砖木混合结构，麻石墙裙，清水砖墙墙身上承木构梁架、灰瓦坡屋面。

广州发展中心大厦（图5-4-2）外立面采用干挂砂岩幕墙，是这种材料在超高层建筑上的应用。在对砂石板的样品进行力学性能的详细测试，得出数据后再对照花岗石的规范进行结构计算，从而确定了砂石板的厚度及构造方式。这种浅灰色的砂石是一种细腻的、富有质感的材料，和光亮、平滑的铝板、玻璃板形成了对比，丰富了外立面的近观效果。砂石的应用还延伸到室内核心筒周边的墙面上，将广东地方建筑材料与构造推广运用到当代高层建筑之中。

南越王墓博物馆（图5-4-3）在外形、装饰及用材方面独具匠心，因陵墓的石室所用石材主要是红色砂石，同时红砂石又是广东地区传统地方建筑材料。因此展馆的三个组成部分的外墙均就地取材选用红砂石作为衬面，其上饰以浮雕展现南越文化。

图5-4-1　广州北园酒家对于传统材料的运用（来源：《莫伯治集》）

南昆山十字水度假村（图5-4-4、图5-4-5）的建筑材料主要来源于当地及周边的绿色建材。从竹桥、竹屋顶到夯土墙和陶土瓦，这些元素的应用使度假村和周围环境融为一体。南昆山的竹资源为设计提供了得天独厚的建造材料，从建筑到装修，竹子不仅是建筑的构造元素，也是室内的装饰元素。设计从当地的民居中吸取灵感，在当地请来了会制作夯土墙的工匠，为建筑后院垒砌土墙，一种近乎失传的民间建筑的构造方式。竹子、土墙，它们与屋瓦、河石和竹林一同建构出起低调而独具地方特色的建筑景观。

二、传统建造技术传承与更新

在源远流长的广东建筑历史中，传统建筑是民族特色最精彩、最直观的传承载体和表现形式，而广东传统建筑技术与文化又常常深藏于乡村、民居聚落之中，建设岭南特色的城市离不开对传统建造技术的继承、保护与发扬。广东广府建筑、潮汕建筑、客家建筑都有各自的技术特色，虽历经岁月跌宕，各具风格的古建筑建造技术传承下来。如潮州幸运地保存了自唐代以来各个时期的古建筑与技术，"下山虎"、"四点金"、"驷马拖车"等建筑技术浸润了礼制传统，木雕、石刻、漆画艺术则蔚为大观，成为潮州古建技术"三绝"。广东传统建筑的博大精深不能止于保护，而理应在当代也找到新的生命力，让建造技术也能够承继传统建筑的精髓而能穿透历史，留予后世。

广东建筑应思考如何传承岭南传统技术，建设属于信息时代的岭南建筑技术，能够在历史上留下传统建造技术与工艺印痕，能够给后代留下物化了的技术文明。用传统技术更新与发展的策略来帮助广东复兴岭南建筑技术，也在技术的更新与发展过程中学习到更多岭南传统建造思想与技术，使中华建筑文明生生不息。

广东现代建筑根据具体功能要求与空间场所精神，合理、巧妙地在现代新建建筑上展现嵌瓷、灰塑、陶塑、砖雕、木雕和石雕等广东地区传统建筑工艺，并融入现代材料与当代科技，推动传统建造工艺和建构技术的发展。

万科第五园（图5-4-6）试图用白话文写就传统，采用现代材料，现代技术和现代手法，创造一种崭新的现代生活模式，但不失传统的韵味。因此单一地描摹、因承某一地域的传统民居以及建造方法不是设计的初衷，因时因地从众多传统居住建筑组群和单体中汲取要素、经验再加以重构，才是第五园设计采取的基本方法。

图5-4-2　广州发展中心大厦立面灰砂石（来源：《广州发展中心大厦》）

图5-4-3　广州南越王墓博物馆（来源：《何镜堂建筑创作》）

图5-4-4 南昆山十字水生态度假村竹建筑a（来源：《南昆山十字水生态度假村》）

图5-4-5 南昆山十字水生态度假村竹建筑b（来源：《南昆山十字水生态度假村》）

图5-4-6 万科第五园（来源：万科企业股份有限公司 提供）

三、现代建筑科技的地方化适用

一些现代技术和生产方式带来了居者对传统建筑归属感的背离，究其原因是现代技术的地方特色衰微；标准化和商品化的城市和建筑营造技术致使建筑特色隐退，城市与建筑趋同。应倡导尊重自然和延续地方传统建筑技术，现代技术地域化，地域技术现代化。

现代建筑科技的地方化整合可以从两个方面得以实现。首先地方技术融入现代技术有机更新，或者面向现代化的地方技术创新；其次是现代技术地域化创造，或者现代技术的地域化显现。现代技术地域化强调技术的适宜性运用和对传统地方化技术经验的借鉴，遵循开放、朴实、地域和适宜原则，尽可能节约不可再生能源，并积极开发可再生的新技术，充分考虑气候因素和场地因素，尽可能利用适宜技术来实现建筑空间采暖与降温，利用自然通风来改善室内空气质量、降温或除湿。

此外，现代建筑科技的地方化强调建筑技术无害化，利用可降解、可再生的建造和结构技术，做到建材的无害化，使用本土材料、降低由于材料运输而造成的能耗和环境污染。

（一）结构技术

建筑空间以结构构件为支撑骨架，并受到结构形态的制约，要充分发挥结构技术的表现力，创造出新美的建筑。技术整体设计要开拓性地利用新技术，或者根据建筑空间形态结合受力特征，从受力构件的雕琢、动感的营造等方面，增强结构表现力，寻求建筑空间与力学科学的完美统一体。结构整体设计方法是根据房屋空间特点和结构受力规律，用全新的眼光研究各种结构形态，探索它们自身所蕴含的力学逻辑与形式美的创造，综合分析，演绎创新，设计出高效综合、极具美感的一体化建筑。

广州塔（图5-4-7～图5-4-9）曲线轻盈，空间和楼层平面的尺度多样丰富，造型柔和细腻，其设计灵感来源于旋转橡皮筋。把一些弹性橡皮绳绑在两个椭圆形的木盘之间，一个在底部一个在顶部。橡皮绳模拟力线简单地表达出三维的概念。顶部椭圆开始旋转，橡皮绳受扭转力形成复杂的形体。偏心扭转造型在不同的方向看都会形成有不同的形态绝无重复极富动感，镂空、开放的结构形式，既可减少塔身的体量感和承受的风荷载，使塔体更纤秀、挺拔，展现广东地区建筑的轻巧、通透的神韵，也创造了更加丰富、有趣的空间体验和光影效果。

佛山世纪莲体育场（图5-4-10、图5-4-11）轻型屋顶为世界上最大的膜结构之一，因其看台和屋顶结构是莲花瓣状，被命名为"世纪莲花"。世纪莲的屋盖为膜结构屋盖，屋盖呈圆环形，外径310米，内径125米。内环是由10根直径8厘米的钢索组成的受拉环。外环是受压环，分上下两层，上层直径310米，由直径1米的钢管混凝土组成；下层直径275米，由直径1.4米的钢管混凝土组成，两层钢环间隔20米，中间由钢管混凝土斜柱连接起来，形成倒圆台形。

图5-4-7 广州塔轻盈的结构体系a（来源：《广州塔》）

图5-4-8 广州塔轻盈的结构体系b（来源：《广州塔》）

图5-4-9 广州塔轻盈的结构体系c（来源：《广州塔》）

图5-4-10 佛山世纪莲体育中心a（来源：佛山世纪莲体育中心体育场及游泳馆 提供）

图5-4-11 佛山世纪莲体育中心b（来源：佛山世纪莲体育中心体育场及游泳馆 提供）

（二）绿色节能技术

绿色节能从地区的经济条件和自然条件出发，强调技术的多层次性以及与地方条件的耦合性。不同地区的建设条件不同，技术发展参差不齐，文化背景也千变万化，导致技术的多层次并存。经济发达地区，高技术能解决建筑可持续发展中的棘手问题，并且高效节能前程无量，此时的高技术是一种绿色适宜技术；而在经济条件相对落后地区，低技术仍然广泛应用，这时的低技术也就成为了一种适宜技术。因此，适宜技术是一个相对概念，它结合地域环境、经济条件和建筑功能要求，生态优先，保护自然环境，节约资源，绿色建筑创作要因时因地制宜，重视技术的集约利用，发展节能、低碳环保新技术，更多地挖掘和应用乡土技术。

深圳建科大楼（图5-4-12）总建筑面积1.82万平方米，地上12层，地下两层，建筑设计采用功能立体叠加的方式，将各功能块根据性质、空间需求和流线组织，分别安排在不同的竖向空间体块中，附以针对不同需求的建筑外围护构造，从而形成由内而外自然生成的独特建筑形态。大楼从设计到建设采用40多项绿色建筑方法和技术，包括被动式节能设计、自然采光通风、人工湿地、立体绿化、风光互补节能、光电幕墙、屋顶菜园、温湿度独立控制空调、桌面新风系统等，均属于结合广东气候条件、绿

图5-4-12 深圳建科大楼（来源：深圳市建筑科学研究院股份有限公司提供）

图5-4-13 珠江城广场a（来源：《珠江城项目绿色、节能技术的应用》）

图5-4-14 珠江城广场b（来源：《珠江城项目绿色、节能技术的应用》）

图5-4-15 珠江城广场c（来源：《珠江城项目绿色、节能技术的应用》）

色节能的适宜高技术。

广州珠江城大厦（图5-4-13~图5-4-15）设计高度309米，71层，被国外媒体誉为"世界最节能环保的摩天大厦"。该建筑综合采用风力自发电、太阳能自发电、冷辐射天花带置换通风、双层玻璃幕墙连遮阳百叶、日光控制、无流水或低流水式末端设备、热回收高性能设备等11项高效节能、环保技术。

第五节　多元文化综合创新的原则

广东传统建筑文化自古以来多元融合，经世致用，以开放兼容的态度鉴古立新、古为今用、洋为中用，以包容创新的理念创造出丰富的建筑文化。敢于并善于吸收先进的科技为我所用、为今所用，彰显出广东地区敢为人先的创新精神。广东传统建筑立足本土地域文化，辩证对待外来文化，在全球化文化的影响下，积极研究异域先进建筑文化，以开放的心态吸纳外来文化的先进成分，并与广东地方建筑文化、技术进行优化组合，创造新的广东建筑文化形式，多元文化的优化性整合提供了广阔的建筑创作途径。

在外来文化不断侵蚀岭南建筑文化的形势下，具有岭南建筑文化特色的建筑无疑成为当代岭南建筑发展方向，传承是基础，创新是出路。继承和传播岭南建筑文化一方面要加快实现岭南文化的现代化，实现岭南建筑文化的伟大复兴；另一方面吸收融入世界先进建筑文化，包括西方当代建筑思想，提升岭南建筑自身素养。由于近代岭南建筑文化的转型是与远渡重洋的西方建筑文化经由规模空前的大冲撞大交流的必然结果，与异质建筑文化的碰撞和融合，不但有内心情感的痛楚，也存在着诸多客观困难，但对岭南建筑文化的发展则是一次质的飞跃。

广东省博物馆（图5-5-1）的空间组织概念取材于传统文化的象牙球工艺技术，展示出多样的空间及通透感，带领着访客从内至外层层而进。因此，建筑采用巨型钢桁架悬吊结构来实现这种空间文化概念，在宽23米的展厅中间是无柱空间，能最大限度地满足不同类型展览功能的需求。博物馆的外立面设计与象牙球的概念同出一辙，手法上融合了现代几何构图审美，结合不同图案的窗户体现传统文化和现代文化的交融。

广州市图书馆（图5-5-2、图5-5-3）建筑以"美

图5-5-1　广东省博物馆（来源：许李严建筑工程师有限公司及广东省建筑设计研究院 提供）

图5-5-2　广州市图书馆a（来源：《广州图书馆》）

图5-5-3　广州市图书馆b（来源：《广州图书馆》）

丽书籍"为设计理念，平面和立面相互以汉字"之"形契合，形成特有的优雅造型，外立面突出层叠的建筑肌理，给人用书本堆砌起来的感觉。空间同时融入骑楼等文化元素，体现了岭南建筑艺术特色。

深圳证券交易中心（图5-5-4、图5-5-5）建筑的裙房被抬升至36米形成一个巨大的"漂浮平台"，顶部建立一个"屋顶花园"，这种有别于通常的高层的裙房处理手法，能为城市地面空间带来更多的开放公共空间，是对现代建筑设计以及城市空间设计的一种反思，建筑概念恰如其分地表达了追求创新突破的城市文化特质，表达了广东"敢为人先"的建筑文化创新思想。

广晟国际大厦（图5-5-6～图5-5-8）建筑造型简洁明快，采用现代新古典风格。立面以竖向线条为造型母题，同时通过顶部退台变化以及石材、玻璃、金属的对比设计手法来丰富造型层次，建筑造型挺拔而富有韵律感，自稳重中散发新锐气息，诠释高贵的新古典主义建筑风格。

深圳欢乐海岸水滴创意展示中心（图5-5-9）建筑概念来自于象征海洋的水滴和卵石，自然圆润的外形、流动的空

图5-5-4 深圳证券交易中心a（来源：深圳证券交易所 提供）

图5-5-5 深圳证券交易中心b（来源：深圳证券交易所 提供）

图5-5-6 广晟国际大厦a（来源：广州瀚华建筑设计有限公司 提供）

图5-5-7 广晟国际大厦b（来源：广州瀚华建筑设计有限公司 提供）

图5-5-8 广晟国际大厦c（来源：广州瀚华建筑设计有限公司 提供）

图5-5-9 oct设计博物馆（来源：朱锫建筑设计事务所 提供）

间设计和有机可变的肌理，整体散发出简约现代和自然流动的气质，充分传达绿色建筑概念和低碳生活的全新理念。

通过对广东地区传统建筑的梳理以及对于传承要素即生态性、和谐性、文化性、技术性等特性的抽象继承与发展，本章归纳总结出因应广东地区独特的自然、社会、人文环境的传统建筑传承与创新的五个原则，即简朴自然的绿色生态原则、以人为本的和谐统一原则、尊重传统的地方建筑文脉传承原则、传统建造技术与现代科技相结合的原则、多元文化融合创新原则，并进一步在五大原则的指导下形成了对应的具体的设计策略，详见图5-5-10。

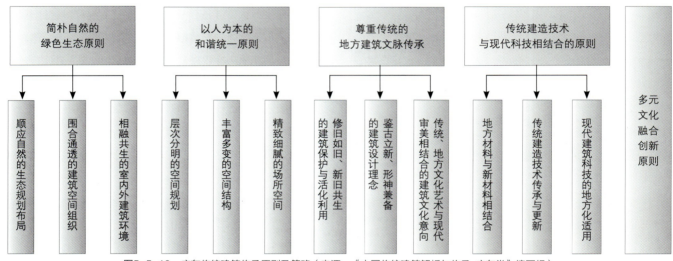

图5-5-10 广东传统建筑传承原则及策略（来源：《中国传统建筑解析与传承 广东卷》编写组）

第六章 建筑传承探索与实践

传统是人类应对自然和社会严峻考验过程中积累的宝贵文化财富，面对广东地区丰富而深厚的传统建筑文化尤其是对于其中的精髓需要我们去学习、去领会，进一步结合现代建筑创作实践在传承的过程中不断地去突破、创新并发扬光大。以环境适应、人文应答、功能技术创新三个角度作为切入点，综合应用广东传统建筑传承的原则以及策略深入阐述、分析研究广东地区近现代及当代在某些方面具有典型性、代表性的建筑创作实践，探寻其中对于传统继承与发展的探索与思考，为今后的建筑创作提供有益的借鉴。

第一节　建筑传承的思考与探索

传统是人类应对自然和社会严峻考验过程中积累的宝贵文化财富，任何一个国家和民族文化的传承和发展都在原有文化基础上进行，如果离开传统、断绝血脉，就会迷失方向、丧失根本。传统作为稳定社会发展和生存的前提条件，只有不断创新，才显示其巨大的生命力。没有传统的文化是没有根基的文化。不善于继承，就没有创新的基础，而离开创新，就缺乏继承的动力，就会陷入保守和复古。因此面对广东地区丰富而深厚的传统建筑文化尤其是对于其中的精髓需要我们去学习、去领会，进一步结合现代建筑创作实践在传承的过程中不断地去突破、创新并发扬光大。

广东建筑扎根本土文化，吸收了中原文化和西洋文化的特点，融合本地的自然、气候、地理和民俗等因素，经过历代建筑匠师的劳动和悠久历史的沉淀，造就了一批具有岭南地域和文化特色的村落、街区、建筑、园林和装饰艺术，形成独具特色的建筑风格。不同时期的广东建筑都突出体现了与自然的融合、与环境的适应、与不同文化的交融，在生态性、和谐性、文化性、技术性等方面体现出一种务实、求新的创作方向以及适应、兼容、务实、求新的特点。

建筑创作要能够反映自身的规律性、反映其地域特点和文化特征，又能够与时代相结合，充分适应当今时代的特点和要求，采用现代的技术手段和建筑语言将其表现出来，在发展中不断开拓创新。广东地域新建筑的探索一直坚持了理性的基本原则，一直关注建筑的"形"、"意"、"韵"三个层次的综合表达。新的地域建筑风格不局限于形式上的地域性，而更多关注空间、场所、环境的地域性，以及人们内心的地域认同。通过对广东传统建筑的总结和认知，抓住其生态性、和谐性、文化性、技术性、综合性的核心，现代广东新建筑也逐渐归纳形成了简朴自然的绿色生态观、以人为本的和谐统一观、尊重传统的地方建筑文脉传承、传统建造技术与现代科技相结合以及多元文化综合创新等一系列原则及方法。这些理念所形成的体系与策略关注了建筑与环境的关系、建筑与使用者的关系以及建筑与建造的关系，基本涵盖了建筑创作中自然、人文、技术的核心内容，成为新时期广东建筑创作的共同财富和精神指引。具体到广东地区的现代建筑创作中，包涵以下几个层面的设计传承与创新。

一、城市规划与设计的传承创新

城市规划与设计层面的传承创新首先表现在注重区域整体环境，讲究科学风水观。分析山水格局与特征，规划布局顺应地形地貌，综合考虑建筑、交通、竖向、景观、通风、防灾等因素，营造宜居环境。其次，规划功能分区明确，空间结构清晰，主从次序井然，整体和谐统一。第三，既讲求各分区之间的功能、空间、形态的独立性，又强调各分区之间的交通联系与空间链接，突出规划整体理念，各功能区的并置与叠加产生韵律美、层次感，形成整体空间序列。第四，竖向规划因循自然，因势利导，保护自然生态，节能环保。场地规划基于自然地形地貌走向与特点，尽可能减少土方量与场地植被的改变。第五，从生态节能角度综合分析基地夏季遮阳与通风组织，减少太阳辐射热，降低能耗，优先选择被动技术的节能规划。第六，充分保留规划场地生态植被、山体景观和滨水空间，以此为基础营造开放公共空间，自然环境与规划水景、绿化、山石交融共生，营建自然与人工景观的和谐，赋予规划和建筑环境以大自然的情趣。

二、建筑设计的传承创新

建筑设计传承创新首先体现了建筑布局自然流畅、不拘一格，方整与自由合一，空间与文化协调。第二，结合广东湿热气候，强调开敞的平面、流动的空间；反映广东传统礼仪文化，塑造中轴对称、居中为尊的秩序空间。建筑布局的规整与自由因时因势而定，但均凸显广东炎热潮湿的气候，表达广东自然丘陵水乡特色，弘扬广东海纳百川的人文精神。第三，建筑空间上露台、敞廊、院落、敞厅、庭园绿化等广东建筑空间形态得到充分展现，室内外相融共生。第四，功能上注重精致适用以及房屋的通风、遮阳、隔热、防潮。第五，风格上体现朴素、通透、淡雅、明快的特色，多用轻质、通透的材料。第六，建造工艺上，因地制宜，因陋就简，就地取材，强调经济适用。

三、室内设计与空间景观的传承与创新

广东建筑室内设计与空间景观设计首先讲求室内环境与广东湿热气候、生活习俗相适应，开敞和半开敞空间应用普遍，天井、院落和冷巷等通风、热缓冲空间丰富。其次，广东建筑非常强调内外部空间的结合，宅院相生，内外空间渗透，相互借景。第三，室内空间求真务实，注重功能，倾向于选用质朴的材料，质地统一。第四，建筑、景观、室内成为一个整体，景观设计注重因地制宜，选用岭南特色的植物，形成丰富的层次和多样的形态，茂盛的植物也呈现出岭南特色。第五，室内设计层级丰富，精致点缀空间琳琅满目、精美装饰、色彩鲜艳，如彩色玻璃、灰塑、陶塑、砖雕、木雕、洞门景窗、空花博古、贴地铺地、镶拼壁画、盆景几架、特色家具、匾名对联等，美不胜收。

面对建筑创作纷繁复杂的影响因素，综合运用广东传统建筑传承原则与策略以环境适应、人文应答、功能技术创新三个角度为切入点，解析了广东地区近现代建筑创作探索实践，试图剖析其中对于传统建筑精粹的继承与发展的本质特征与内在逻辑。但建筑是作为一个有机的整体，它涉及社会、政治、经济、文化和科技的方方面面，建筑创作的过程也不可能只是对某一个因素或切入点的简单回应，往往需要从整体上把握，并对相关影响因素不断地进行融汇和整合，需要将具体的建筑创作原则融会贯通、综合应用，面对具体的设计条件与创作环境因地制宜、因势利导，抓住设计的主要特征加以提升并创造性的表达。一个优秀的建筑设计，从本质上讲就是要处理好设计对象中各影响因素的对立统一关系。因此，除了对广东地区传统以及现代建筑创作庖丁解牛的特征解析梳理出传承实践的原则与策略，还需要将其综合地运用在设计创作的实践之中，归纳总结其中的经验与启示，以期为今后的建筑创作提供一些有益的借鉴。

第二节　环境适应的因循创新

建筑在受到环境包容和制约的同时，又成为其不可分割的部分，形成新的环境景观。广东现代建筑创作中的环境适应性具体表现在映射广东自然气候环境、因应场地周边的地形环境、融入整体的建成环境等几个维度，无一不受岭南地区气候条件、地形地貌特征、聚居与生活习惯、人际交往方式以及政治、经济等背景的影响。

一、适应广东自然气候环境的建筑创作

气候环境是地球上某一地区多年时段大气的一般状态，是该时段各种天气过程的综合表现。与人类的生产活动相比气候具有稳定的特性。一个地区的建筑创作必然受到来自这一区域地理气候的影响，不同的气候条件形成不同的气候环境，进而形成不同于其他地区的建筑特点。广东地区炎热的自然气候环境与北方寒冷地区建筑存在着巨大的差异。位于五岭之南的广东，日照时间长，高温、多雨、潮湿，四季树木常青，人们喜爱室外活动，崇尚自然，因而建筑处理注重通风、遮阳、隔热、防潮和园林绿化配置，逐渐形成轻巧通透、淡雅明快、朴实自然的岭南建筑风格。气候因素是决定建筑最为本质、最为重要的因素，它包括某一特定区域范围内的气温、降水、风向及风速、日照等。

位于广州市番禺区大石街的广州市气象监测预警中心（图6-2-1、图6-2-2）将应对地域气候的空间策略与场地条件利用结合起来，以现代的方式诠释岭南建筑的空间形态，适应地域气候、满足舒适和健康的环境要求。建筑因地制宜，学习、借鉴并重新诠释冷巷、天井、敞厅和庭院等传统岭南建筑的空间元素，结合不同类型的开敞空间，形成空间序列，有效组织通风调节微气候。利用带状庭院和露天直

图6-2-1 广州市气象监测预警中心a（来源：广州珠江外资建筑设计院 提供）

图 6-2-2 广州市气象监测预警中心 b（来源：广州珠江外资建筑设计院 提供）

跑楼梯等功能空间形成冷巷，学习传统岭南建筑的做法，通过冷巷冷却空气并诱导通风；中庭借鉴传统岭南建筑的天井手法，达到拔风、自然采光等节能目的；入口门厅、新闻中心的休息厅、办公部分的休息空间、卫生间均采用与庭院相结合的敞厅形式。冷巷、天井、敞厅和庭院等传统岭南建筑空间元素的现代表达不仅巧妙地适应了广东地区湿热的气候环境，表达了简朴自然绿色生态的设计原则又进一步延续了传统岭南建筑空间意向以及建筑文脉。

气象预警中心规划用地面积5.4万平方米，建筑面积9597.7平方米。设计利用拆除旧厂房的瓦砾、开挖地下室以及平整山顶观测场的土方，将台地恢复成坡地，修复用地环境并与建筑联系起来，既实现土方平衡，又减少永久性挡土设施的投入和建设，以积极的生态设计观念，为建筑设计设定了基调。

在气象中心内，冷巷担当着联系通风体系中其他元素（天井、庭院、敞厅）的作用，类似于暖通设计中的风道，盛夏时节经冷巷冷却的空气通过天井等拔风设施，形成风速放大，渗透到与冷巷相连的各个公共开敞空间，并最终从天井处流出。设计还利用挡墙这一山地建筑设计中不可避免的技术措施，结合地域文化，使其以片墙的形式，通过与建筑的适当分离、延伸、围合，构成内外渗透的多重院落，这些院落尺寸大小不一，窄长的院落容纳了露天直跑楼梯和通风采光带的功能，并由此形成冷巷空间。以冷巷作为空间联系的媒介，各功能用房顺势排列，按需要设置天井，向西一面以一系列敞厅相连，最终形成了冷巷、天井和庭院等多种空间形态，结合其间的楼梯和坡地绿化，带来通风、光影、景色和丰富的空间体验。冷巷与庭院的结合应用，为办公空间提供自然通风所带来的"凉风习习"的清凉感受；同时将室外环境与内部的敞厅联系起来，达到室内外的交融，营造出可供休憩交流的公共空间。

建筑并不能改变气候，但可以借助气候条件形成内部气候环境——即"建筑微气候"——来达到一定的舒适要求。在强调绿色、生态、低碳、环保的今天，形成适宜的微气候有特别实际的意义。优秀的传统建筑文化是历经岁月形成的，具有强大的生命力，不仅是哲学思想、空间观念，环境意识，甚至是面对绿色建筑这样"新潮"的课题，依然是充满智慧的。[1]

二、嵌入自然地形的建筑

建筑创作总是基于某一具体的物质环境，建筑所处的场地往往对建筑有着直接的影响。这种场地的特异性决定了建筑与环境的关系，始终占据建筑设计的重要位置。在创作的过程中，一些看似是不利条件的场地制约性因素，若能加以科学分析和巧妙利用，反而会成为建筑创新的"触发点"。比如一些打破常规的建筑布局或空间形式，似乎是毫无来由的生搬硬套，但如果能结合复杂的场地环境制约所形成的自身个性特点，这种创新便有了深刻的逻辑基础。

由广东现代建筑先驱莫伯治先生创作的白云山庄旅舍（图6-2-3、图6-2-4），从把握建筑与周边自然环境的和谐关系入手，营造了室内外交融、以人为本的怡人环境，充分利用广东地区传统的地方建筑材料、工艺并现代技术相结合，体现了广东传统建筑简朴自然的设计理念与审美需求。白云山庄旅舍设计遵循"巧于因借、精在体宜、简朴自然、融入山林"的理念。在庭园格局的布置上力图营造融入自然山林的整体形象。白云山庄在广狭变化的基础上，又按地势起伏，设定院落高低，分级建筑，形成了与坡地协调的台阶式建筑群体的基调。在每一段台阶上，又按着溪谷地形的特点，向旁延伸上升，与溪谷地势贴切吻合。此外在某些局部地方，对地势环境有时作适当的改造，使之与设计构图更为协调。山庄旅舍延续了莫老在北园、泮溪酒家的功能植入思路，将不同功能布置于不同大小的建筑体量之中，用以表达不同功能空间的性格。建筑从属于庭园空间，功能按照个性特点被置入相适应的庭园建筑类型中。

---

[1] 根据广州珠江外资建筑设计有限公司提供图文资料整理。

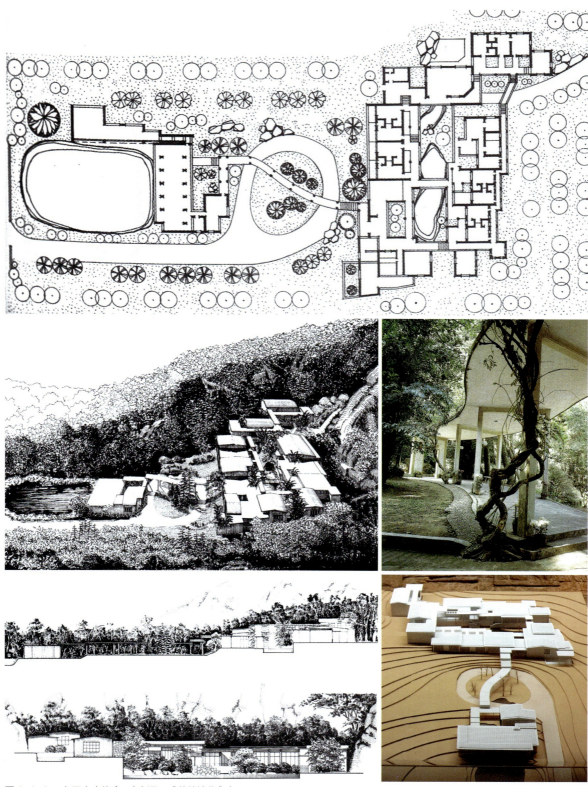

图 6-2-3 白云山庄旅舍a（来源：《莫伯治集》）

图6-2-4 白云山庄旅舍b（来源：《莫伯治集》）

山庄旅舍总建筑面积为1930平方米，设计结合溪谷狭长地形的特点，在院落和建筑的布置上，贯穿着一连串的多种空间，形成前庭、中庭、内庭和后庭四个递进的庭园，突出有韵律的变化，形成渐进式的序列变化：前庭开阔、中庭平静、过厅晦暗、内庭雅致、后庭幽深。不同右转经晦暗的过厅进入内庭，豁然开朗，沿空廊溯水而走，渡小桥，拾级而上，经尽端转角的空间形态和尺度，营造出不同的空间意境和情调，是山庄庭园空间激发游者共鸣的重要因素。莫老将山庄旅舍内庭作为整个序列变化的高潮来处理，宾客拾级进入门厅，内庭景色隐约可见，登高至会议厅，于高处回眸内庭，别有一番情趣。园中运用山池树木，按照"诗情画意"组景，建筑与庭园空间相互渗透，在会客室、会议厅以及更为私密的客房入口和内部，嵌入天井、小院，模糊室内空间与山林、庭园的界限，自然气息渗透到公共—半公共—半私密—私密四个空间层次中，使客人感受到无处不在的自然，在绿意盎然的大自然山林中，营造出世外桃源般的庭园意境。

山庄的设计不仅传承了广东传统建筑的许多处理方法与审美特征，同时也采用了许多明显的现代主义的建筑元素和"语法"，力图营造简朴自然的现代格调。根据钢筋混凝土的材料特性，山庄旅舍采用平顶屋面，部分用小坡顶，上覆阶砖隔热层，形成小坡平顶组合，建筑檐口挑出，板厚轻薄，游廊采用细而直的柱子支撑顶板，没有任何过渡的东西，表达新材料的力学性能，又以其轻巧与庭园清雅恬静的气氛取得协调；门窗简洁，有许多大玻璃面，有不少玻璃屋面，型钢直接裸露出来，栏杆处理简洁等。在表达新材料新技术的特点之外，建筑着重突出山居的粗犷、简朴和清雅，墙体采用冰纹砌石和白色粉墙，顶棚采用原色水泥，木丝板石加油饰等做法。灰色石材使建筑融入大地，白色墙身则显示材料与技术的精巧，色彩与质感的对比与赖特在流水别墅中的材料运用如出一辙。局部上应用了灰雕、潮州插瓷、满洲窗、落地明屏门、套色玻璃等传统民居装修材料及做法，

局部装饰和色彩的运用，使朴实的建筑具有活泼明快的特点，静中有动，洋溢出浓厚的地方风味。[1]

位于深圳市蛇口区南山东面别墅区脚下的美伦公寓（图6-2-5、图6-2-6）用地复杂，地势西高东低，南北两边高，中间低，东西方向地形高差有12米，有着鲜明的山地特色。因此建筑师在设计的时候充分把握山地的特征以及中国人通常使用"山-水"和"园-林"图示所表达的一种对生活的理解和对自然的向往塑造全新的居住空间，将传统的居住模式和现代生活结合，依地势和空间的围合要求，盘旋而出一段山形般波折起伏的建筑形体把基地环抱其中，巧妙地将建筑与山水融为一体。

美伦公寓总用地面积13198平方米，总建筑面积约21540平方米。总体上用建筑围合成了一个大园子，园子中凿咫尺小池为镜，以桥为舟，一个个房子从"建筑山"生长出来，临水而居，一幅水乡景色。平面上采用了一种直截了当的住宅模式，依山就势拼合成复杂多变的空间组织模式，而正是在这一点上重新找回了一种中国式的破解难题的方法，并由此试图把中国传统相对内敛的园林文化带入其中，探索一种更为诗意的居住形态。一座建筑能够因时、因势、因地制宜，如能尊重自然的一山、一石、一木，胸中熟记古人房子与自然关系的有益教诲，并不需要采用任何符号化或图解式的"中式"形式语言，一点一滴地传承沉浸在表面之下的传统的血脉。

建造一座与自然巧妙结合，对山形、地貌、树木、时节敏感呼应的房子会让人们重新拾起与生俱来但已被埋藏日久的对自然的依恋。或者说它至少可以让居住在这里的人们静下心来，也让早上出门和晚上回家的过程多添一些情趣和一层含义。房子无论大小在占据自然的同时也与之形成和谐的共存关系并为自然添色。原本荒野的自然更因建筑的介入被重塑为可游可居的理想生活环境：山上建房，房子便会为山所抱，避风向阳，高低有致自成态势；房子与山、与树、与石、与泉相伴成景，而人居其间便有了伴山而居，枕石而

---

[1] 根据《莫伯治集》及《莫伯治文集》图文资料整理。

图 6-2-5 美伦公寓a（来源：URBANUS 都市实践 提供）

图6-2-6 美伦公寓b（来源：URBANUS 都市实践 提供）

卧，松下读书，溪畔抚琴那种优雅和缓的生活方式。建筑既相对围合又能因借山景，决定顺着现有的地貌沿基地周边设置高低起伏的连续建筑体量，一方面避免遮挡山上的别墅，也使沿山路一线形成连续的街道空间。在大园中五个标高不同但彼此相互连通的小庭院也各具不同特色，底层架空的部分由景墙相隔，与旁边的庭院相连成为观景纳凉之所。闲暇之时人可在园内各处围敞、明暗、开合不断变化的园林空间漫步穿行，移步易景之间，古典园林的意境悄然地渗入到现代城市的生活当中。一个小型主题酒店坐落在基地西南静静的一角，山岩般坚实的建筑形体既相对独立又与连绵的公寓屋顶相呼应。正面如石壁般凹凸的阳台为每个客房框入了各自略有不同的景致，而背面大块石墙面里偶然开敞的大景窗给原本封闭的走廊嵌入了俯瞰下的庭院或不远处大南山的风景。[①]

三、呼应建成环境的建筑创作

场地周边建成环境对建筑创作有着具体而直接的影响。新建建筑必须要尊重城市和地段已形成的整体布局和肌理，在体型、尺度、空间布局、建筑形式乃至材料和色彩等方面下功夫，共同构建城市的和谐、整体美。和谐观念认同世间万物在保持其独特性、多样性的基础上建立协调共生的良性互补关系，以达到"和谐"境界，这是中华文明各个层面的共同文化理想和价值取向，也是城市和建筑整体美的前提和基本原则。

位于深圳龙岗区著名的油画产业村——大芬村内的大芬美术馆（图6-2-7、图6-2-8）以梳理、延续周边城市肌理及空间结构、融入城市整体环境作为切入点从而构建整个设计的逻辑，这种和而不同，不同而又协调的设计手法正是我们传统建筑中最为重要的特质——和谐的当代表述。大芬美术馆建于2007年，占地面积1.1万平方米，建筑面积1.6万平方米。大芬村既有城市空间结构与街巷空间体验的再现，把美术馆、画廊、商业、可租用的工作室等等不同功能混合成一个整体，让几条步道穿越整座建筑物，使人们从周边的不同区域聚集于此，从而提供最大限度的交流机会。美术馆在垂直方向上被夹在商业和各种公共功能之间，并且允许在不同的使用功能之间有视觉和空间上的渗透，其结果是展览、交易、绘画和居住等多种活动可以同时在这座建筑的不同部位发生，各种不同的使用方式可以通过不断的渗透和交叠诱发出新的使用方式，并以此编织成崭新的城市聚落形式。

基地四周是大芬村、高层住宅小区、商铺、幼儿园、小学，将这五点联系起来正好是美术馆基地的边界。由于长期以来片区处于无明确规划下的自我发展，基地周边的建筑凌乱分散，自成一体，混乱无序的场景需要一个强有力的回应。对应四周复杂的环境，建筑设计以一个完整和多向性的体块出现，用以削弱片区内的游离混乱感，并能以引领者的姿态在这一片区形成一个城市空间与社区文化的中心地带。此外，基地四周的建筑无论是学校还是住宅楼都处于相对孤立状态，与大芬村之间缺乏直接有效的联系。在这里美术馆可承担起连接周边各地块的责任。建筑是从多个方向可以被穿越的，同时它也能增加人们聚集和各种活动的向心性，并借此发掘周边环境潜在的可能性。

展厅内由屋顶垂下的盒子提供了大小不等的采光天井。倾斜的屋顶和悬挂的盒子几乎呈现了一个倒置的城中村格式，这样的空间构成方式与展厅内不断变化的艺术展示活动形成了新一层充满矛盾和混淆的复杂关系；三层屋顶庭院具有一定的公共性，围绕它的咖啡室和艺术家工作室既服务于美术馆内部也方便到此游玩的市民；庭院通过南、北、东三面的过"桥"与外部街道联系，周围市民可以借此抄近路或者散步休息。立面的肌理实际上就是一张大芬村图底关系的重释。运用"浇铸"的方法，将大芬村的空间形态延伸到了立面上，原本的建筑化成凹凸深浅不一的"盒子"，但"盒子"虚实交叠，虚的为立面的开窗采光需要，实的可作为大尺度画板出现。这些预留的画框为大芬村的画家们提供了一

---

① 根据URBANUS都市实践提供图文资料整理。

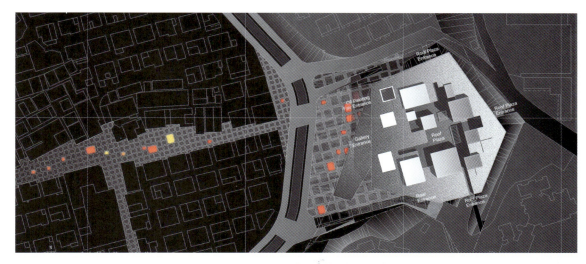

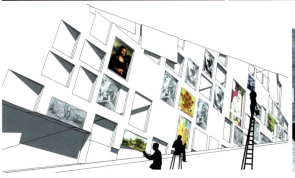

图 6-2-7 大芬美术馆a
(来源：URBANUS 都市实践 提供)

图 6-2-8 大芬美术馆b（来源：URBAN 都市实践）

个特别的创作舞台，如此，随着时间的推移，美术馆的立面便成为了一张与大芬村共同成长不断改变的表皮。

在聚落的空地上通过美术馆将周边的城市肌理进行调整，形成村落新的可穿越的中心，强化了城市空间的凝聚力。将美术馆与村落结合，既是一种形式上的调和，也是从本质上让自发的生活形态能在被设计的环境中得以延续和发展的策略。内部空间强化了格网化的城中村格式。具有公共性的屋顶庭院的布局及体块构成关系顺应城市肌理的格局并反映出内部空间的逻辑。[①]

华南理工大学逸夫人文馆（图6-2-9、图6-2-10）原址为教工活动中心，地处华工大人流交叉点，本为师生交流及休闲的场所，留有新老华工人许多回忆。人文馆总体布局及空间秩序的形成，来源于对其所处的宏观环境的理性分析。沿南北纵向，人文馆置身于校园总体规划南北中轴线关系的控制之下；沿东西横向，它又处于东、西湖校园生态走廊的中心节点，两套系统的叠合，衍生出人文馆总体有机布局。东湖为一个矩形水体，是华工大校园规划中轴线的景观中心之一，其水面开阔，气势不凡。校园2号楼、27号楼、逸夫科学馆、建筑学院等沿东湖形成工整布局，围合出规整、理性的内向型教学科研中心区。西湖则为一个自然风景湖：水面自由，湖岸曲折，配以湖心岛、白桥、水亭及堆山，构成层次丰富的岭南园林景致。岸线四周，西湖厅、专家楼、西湖苑自成体系，高低错落地散落其间，显得格外自然亲切。

设计凸显了"轻、巧、通、透"这一广东地区传统建筑的特性，以实现这一特殊场所中人、自然与建筑的共生，人文馆以其自己的方式表达出对华工大校园文化的认知，营造出具岭南建筑特质的人文空间。

从东湖到西湖，是从几何形向自然形，由内向到外向，自有序到混沌，从教学向生活的转换，空间形态与过渡为建筑构思本身提供了一个参照点。为了配合上述空间的节奏，设计在东湖边一侧以规整的平面形式应对历史形成的教学文脉中轴线。西侧则采用较为自由的平面构成，以较小的体量结合园林处理及亲水设计，做到建筑与自然环境的和谐与共鸣。同时为减小对南北两侧道路的压迫感，在建筑南北两侧均退让较多空白做绿化休闲场地。

水池自然转折，并利用地势的变化产生跌水。韵律柱廊、静止实墙与流动水体相互掩映，相互分割，使室外环境产生片断重叠的效果。退让的空间也使东、西湖湖滨路的视线相交，让校园生态走廊在此得以贯通。建筑主入口处通过12米的退缩让出方整的叠级水池，延伸了东湖水的诗意，拓宽并加深了入口处的视觉空间。沿入口台阶攀升并跨过水池，穿过景框式的围墙，进入宽敞的中庭灰色空间，透过西侧内院的白玉兰树阵，远处波光粼粼的西湖使视线豁然开朗。视觉走廊的建立，使空间节奏得以自然转换。东西湖景区借助视觉走廊产生的空间对比作用，亦使各自的特点得以升华。

对原有空间及树木的延续与保留，既是对这一怀旧情结的人文关怀，也是新的建筑形式对公众空间的另一项关注。因此在实现必要的使用功能的同时，设计中强调以尽可能多的开放空间实现多元化的人文交流。在人文馆内，一个开放的交通体系贯穿全局。人们可以通过廊道、桥梁，从东、南、北三个方向进行穿行，实现教育与生活区域的转换。而引人驻足的内向庭院、眺望平台、叠级水池散落左右。在这里光是体量表现的重要特质，它引导出建筑空间上的穿透性与流动性。间断性的开口，时隐时现的景致在此相互交织，场景伴随着"穿行"而切换，每个片断既似曾相识又充满新意。人们在此或信步徐行，或倚栏眺望，或驻足长谈。多样的空间形式生成多样的行为模式，在不同的区域建立起人与自然及建筑间的视觉对话关系。

逸夫人文馆按功能分成三个组成部分：展厅、阅览室和报告厅，分别布置在场地的东、南、北三个方位，并通过开敞式的连廊融合在一起。为了突出建筑平面的理性特质，洗手间、钟塔辅助空间与主要使用空间适当分离，使三大空间类型各成体系。这一布局形式，既延续了原教工俱乐部的院落空间，又很好地解决了各功能区的采光通风问题，表现出

---

① 根据URBANUS 都市实践 提供图文资料整理，其中图6-2-7中的手绘草图为孟岩绘制。

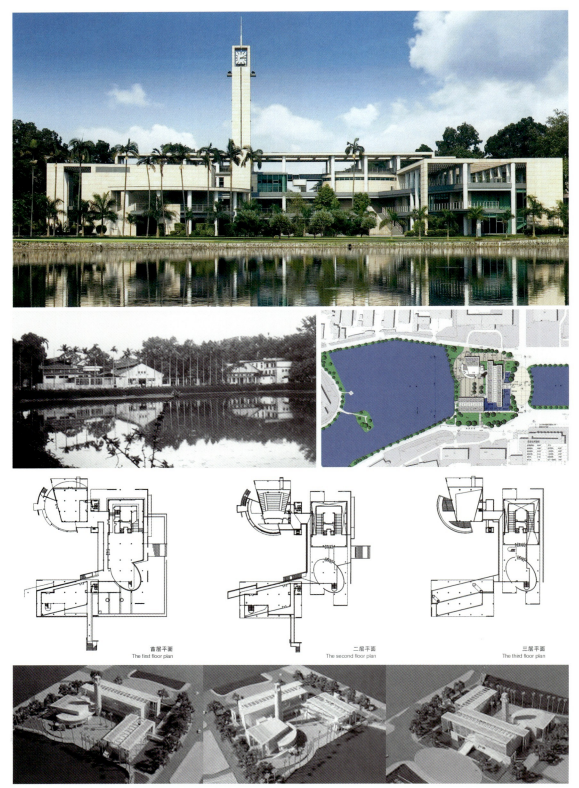

图6-2-9 华南理工大学逸夫人文馆a（来源：华南理工大学建筑设计研究院何镜堂工作室 提供）

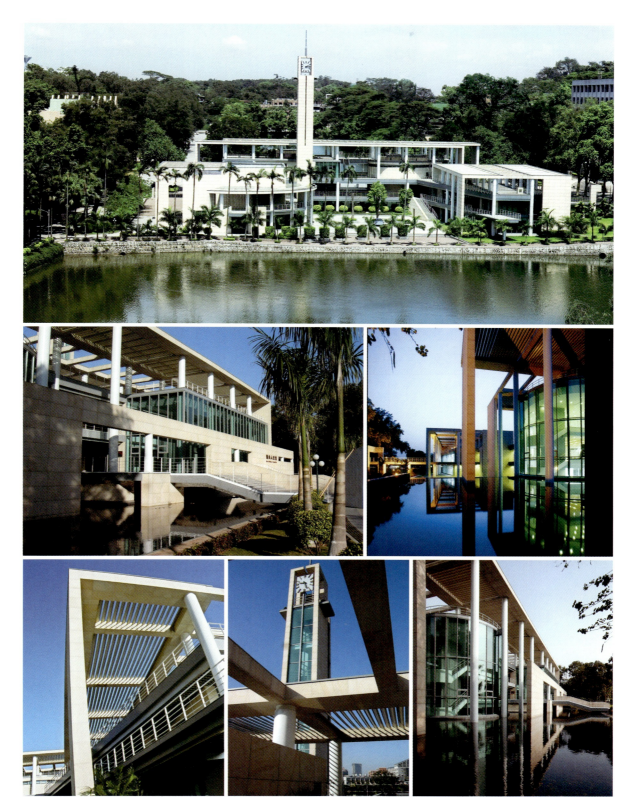

图 6-2-10 华南理工大学逸夫人文馆b（来源：华南理工大学建筑设计研究院何镜堂工作室 提供）

通透明快的岭南建筑地域特色。三层高的展厅由一个立方体和一个椭圆柱体构成，两个纯粹的玻璃体统一在四层高的混凝土门形框架之下，其中方形展厅是连续而动态的展区。参观者沿台阶式展廊拾级而上，透过玻璃，人们能领略东西湖诗一般的风景，展品与校园融为一体。椭圆形展厅以静态、平面展览为主。展厅内除展墙外，多采用大面积透明玻璃，实现室内外空间的相互渗透。南侧的学生阅览室为一个南北向的二层空间。为了拓宽白玉兰内庭并活跃西湖的开口空间，特把阅览室与展厅成斜角布局，延续了西湖南岸线的走势。人文馆西北侧一层是咖啡厅，二层是学术报告厅。为了弱化实体感，在其西南角设计出一弧形休息廊，借此将人们的视线从内院延伸至开阔的西湖。弧线尽端是40米高的钟塔。钟塔的设计为宽广的校园生态走廊提供了限定空间的视觉制高点，更为人文馆增加了时间的维度。这些几何性的平面形式具有非任意性。也许正是因为其非任意性，恰恰浓缩了多种潜在意义，并且具有独特的价值。几何性不仅为整体提供框架，也构成了风景的框架。它可以同时支持画面与背景，使人文馆不仅作为华工的景致，也作为欣赏华工风貌的多维平台而存在。[1]

四、内外交融的空间环境设计

广东地区气候温和，传统建筑空间开敞通透，尤其是室内外空间联系紧密，而现当代的建筑创作不仅仅传承传统建筑这一空间特色，更不断尝试将自然引入室内，让空间在环境中渗透，营造室内外交融共生的环境。

作为现代岭南庭园代表之作的何镜堂工作室（图6-2-11、图6-2-12）由我国当代著名建筑师何镜堂院士领衔，在一组旧建筑基础上逐步分阶段进行更新、改造而成。何镜堂工作室的更新改造既延续了余荫山房、东莞可园等广东传统园林精巧细腻、灵活通透的空间组织特点，反映了广东地区人们亲水喜绿的生活习惯，延续了周边城市肌理以及场地原有建筑的文脉，同时又很好地满足了现代创意设计工作的功能需求以及改善周边整体社区公共环境的社会需求，形成了一个充满活力的可观、可游、可工作、可生活、可交流的现代岭南庭园。

这组旧建筑位于华南理工大学校内，原为老中山大学时期教授的居住区。在完整街块内，北面一列是6栋20世纪30年代建成的单层坡顶别墅，南面一列是4栋20世纪70年代末建成的两层双拼别墅。由于年久失修，这些建筑破败，更有部分坍塌成为危房。经过四次渐进式的更新改建，形成建筑面积为4200平方米的岭南庭院式工作室，为校园创造了一个富有文化气息的创新基地，为社区创造了一个自然、人性化的公共活动场所。设计中并未将旧建筑仅仅视为保存历史遗存的标本，而将其作为一个有机的生命体，从历史、文化、场地、功能空间中去寻找改造的依据和策略，在更新改建中维系和重建了建筑与人、社会的互动关系。通过整体把握并借鉴于庭园在传统岭南建筑中的应用，结合地形的高低错落以"园林化"的方式构建了场地的秩序，从中体现了尊重岭南地域环境、气候、文化的"地域性"，注重激发旧建筑新活力、历史与现代生活相融合的"时代性"，吸收、融汇传统岭南庭园精神、营造新时代岭南庭园的"文化性"。

在总体布局中设计因势利导，尊重场地的历史空间架构，进行空间精致化设计，通过梳理街块的脉络肌理，将过去一些无序加建的临时构筑物去除，再适度加建，在各独立建筑之间建立必要的空间联系；在外部空间的关键位置嵌入新的建筑体量，划分和围合庭园空间。

其次，以并置、和谐共存处理新旧建筑的关系。旧建筑部分，保留外观，内部空间按新的功能需求重组，并增加构造柱、圈梁等构造措施加固防震，修旧如旧。新加建部分，采用钢结构，衔接处与旧建筑脱离以连接体过渡，风格上采用以钢和玻璃为主的现代式，与旧建筑相区分又和谐一体。

同时以适应现代的工作生活需要进行内部空间改造。在建筑功能更新中，将原来厅房式的居住空间转变为以创新设

---

[1] 根据华南理工大学建筑设计研究院何镜堂工作室提供图文资料整理。

图 6-2-11 何镜堂工作室a（来源：华南理工大学建筑设计研究院何镜堂工作室 提供）

图 6-2-12 何镜堂工作室b（来源：华南理工大学建筑设计研究院何镜堂工作室 提供）

计为主的办公空间。为了使空间的改造更贴合使用需求，将建筑师工作室的功能组成分为三种基本功能模块，分别是以办公功能空间为主的基本模块，以交流讨论、资源共享功能为主的共享模块，以辅助服务功能为主的辅助模块，通过功能模块的组合来组织使用空间。为满足讨论室和会议室对大空间的需求，在建筑的内部改造中通过局部打掉承重砖墙，增加框架柱和梁，合并空间的方式来实现，而更大的会议空间则通过在庭园端部加建的方式实现。有效利用各种屋顶平台、连廊、庭园空间，形成一些非正式的、自由交流场所，促发随机的、非正式的交流、交往。通过以上的功能改造，使原来的居住空间转变为满足现代创作功能需求的、能够激发创新活力的实用空间。

在庭园景观的处理中通过"园林化"建立场地秩序，将原场地中央被各户分割的绿地整合改造，将过去一些无序加建的临时构筑物去除，再适度加建；保留了原有高大的乔木，精心布置了廊桥亭舍、果树花卉，成为整个建筑群的核心共享空间。以"园"为底将原来孤立的各单体建筑整合为完整园林空间。建筑布置与庭园景观紧密结合，相互映衬。外围建筑成为庭园的基本围合界面，限定空间；在庭园内部加建的小体量建筑点缀其间，分隔庭园，增加空间层次；通透的连廊成为庭园空间隔而不断的空间过渡。由于整合后的庭园比例过于狭长，在近中部位置精心布置了一个通透的讨论室，将庭园分隔为前院后院，前后院在讨论室和接待室之间结合鱼池布置形成空间转折，成为前后院的自然过渡。同时，以中心大庭院为核心，因地制宜地形成一些小尺度空间，既作为人停留休憩的地方，又可增加园林的层次和趣味，从而形成通透流动、收放有序的庭园空间。在庭园设计中，借鉴传统岭南庭园的做法，在庭院的驻足处布置了四组大小不一的锦鲤鱼池，池子不大，却与通透的门厅、会议室、接待室等空间紧密结合，室内外空间共融。池中锦鲤嬉戏，静中有动，使庭园焕发勃勃生机，从而营造了一个极具生活气息的新岭南庭园。①

广东建筑历来宅院结合，因地理环境和气候因素，辟有庭园，种植花草，叠山置石，兴建亭榭，形成小巧空灵，清新淡逸的建筑风格。室内空间与庭园、庭院空间相互渗透、交融、对话，模糊室内外空间的界限，自然巧妙地渗透进入室内，而生活的气息也在院中流淌。广州博物馆某竞标方案（图6-2-13、图6-2-14）继承了广东传统建筑的特色，以院为题，通过建筑的围合，形成尺度丰富、空间流动的处于不同高度平面的多层次院落空间，屋中见院，院中藏屋。设计采用"院立方"的设计概念。"院，坚也"，"有垣墙者曰院"。

项目坐落于白云山脚下，作为广州新型文化标志的白云新城文化中心一部分的广州博物馆，高度尊重城市周边环境，高度上控制为30米，与周边的白云国际会议中心及白云山形成了由低到高的城市天际线，达到和谐共生的建筑理念。建筑设计上，围绕着南北入口庭园和二层中央庭园及各楼层不同标高的庭园，广州博物馆形成了以位于一、二层的基本陈列厅和位于三、四层的专题陈列厅和临时陈列厅为围合，结合二层中央庭园的公共共享交通空间为中心的极富岭南建筑特色的立体院落组合空间。蜿蜒曲折的建筑体型自身围合成院落空间，上下形成了一个阴阳互补的体量关系，造就了层次丰富的空中庭园群落，与建筑相得益彰。建筑整体高度统一，平面立面虚为院，实为屋；大起大合的虚实关系展现出博物馆独特的文化气质。

主次入口处的空间处理，在延伸了入口广场空间连续性的同时，结合庭园，以独具岭南特色的架空处理手法，符合了广州亚热带气候环境，也达到了改善建筑空间小气候环境的效果。建筑形体结合三维立体空间处理形成富有韵律感的建筑体型，犹如民居中呈"镬耳"状的风火山墙，具有浓郁的岭南地方色彩。整个建筑置于园林环境中，布局曲折迂回，造景与水体相映成趣。建筑立面以经过建筑手法提炼设计的广州博物馆小篆字样为肌理，结合博物馆功能需求，形成以灰色石材作实面的浮雕效果墙和

---

① 根据华南理工大学建筑设计研究院何镜堂工作室提供图文资料整理。

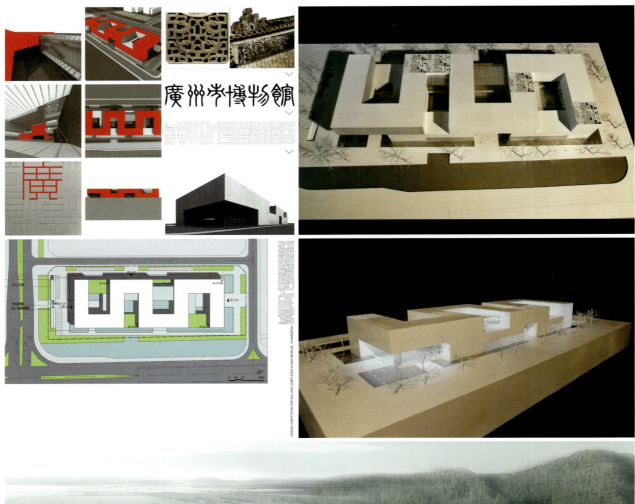

图 6-2-13　广州市博物馆新馆某竞标方案a（来源：广州瀚华建筑设计有限公司 提供）

图 6-2-14 广州市博物馆新馆某竞标方案b（来源：广州瀚华建筑设计有限公司 提供）

以青灰色玻璃作采光面的大实大虚的整体效果，以达到文化上与岭南建筑里的檐墙草龙装饰和窗扇拐子龙格栅相呼应。整栋建筑以现代大气的建筑手法，集中展现了广州的历史文化底蕴和独特的岭南建筑文化，同时体现了广州作为华南中心城市的文化高度，使之成为一座现代化的综合性城市博物馆。①

第三节 人文应答的传承创新

广东地区岭南文化自二千多年前源于土著文化，自秦汉以来，开始传入中原文化，隋唐以来，开辟了海上丝绸之路，并先后融入荆楚和吴越、闽越和沿海海洋文化，共同构成了岭南文化体系的基础。随着广东沿海进一步对外开通和与海外交往，中外文化在这片土地上交融、孕育、发展，各种方式的跨文化交流促进了岭南文化的形成和发展，兼容性是岭南地域文化的一大特色。在这片地区的建筑创作，必然需要吸收岭南传统文化的内涵融会贯通于现代建筑文化之中。好的城市是生长出来的，同样好的建筑也是生长出来的，土生土长的文化，是最具生命力的文化。在建筑创作中，建筑师应自觉地继承地方建筑文化传统，吸收精华、弃其糟粕、推陈出新，就能够创造出有地区文化特色和生命力的优秀作品来。

一、融入广东生活习俗

广东建筑创作弘扬传统居住形态重视自然与人文环境设计思想，尊重各地不同的风俗，反映人们的生活习惯以及传统风尚、礼节、习性等，赋予建筑一种生成的逻辑，使建筑具有了一种不同于其他地域的场所性，有利于人们保存对于历史的认同感、归属感及其独一无二的社会价值。

2007年建成的广州力迅上筑（图6-3-1）从整体环境入手逐渐展开，以对人居生活形态的理解为核心，创造人与空间、人与自然和谐相适的所在。设计从总体布局到单体设计均遵从了广东建筑简朴自然的绿色生态原则，用自然的手法，现代的建筑语言营造出简约大气的新岭南氛围。所有的设计手法均从以人为本的原则作为出发点，尽力实现人与建筑、人与自然的和谐统一。立面造型雅致简约，与功能相统一的肌理形式抽象呼应了岭南建筑花格窗的心理记忆同时却彰显了强烈的现代文化气息。

力迅上筑位于广州市新城市轴线上的珠江新城马场路与海明路交界处，总体规划中西北高、东南低的布置，将东南风自然引入到中心园区。中心园林采用立体园林概念布置，通过架空的露天泳池，悬挑的长廊，打破传统园林布局平板的概念。黑白灰色调的立面在阳台和花园绿化的点缀下显得雅致而大气，充分体现了现代简约主义风格与强烈的文化气息。

高层住宅更拥有2.5米进深的入户花园。这些分布在所有建筑物立面上的空中花园与小区的中心庭园共同形成了多层次的立体绿化园林，不仅大大提高了生活的舒适性，更满足了高密度都市里人们对于岭南生活中绿色生态庭园的向往，使生活在这里的居民身心都达到愉悦舒适的统一。①

二、映射广东地域文化

传承广东本土的建筑文化并非对岭南地区传统建筑形式和图像符号的简单抄袭与模仿，我们的设计创作应当从地域的环境中、从本土的文化和技术中去寻根，挖掘有益的"基因"，形成创新点，"量身定做"，并与现代文明、技术相结合创造出兼具传统特色与时代精神的新建筑。形成建筑的特色，避免城市建设中的"千城一面"与"特色缺失"。

由我国著名建筑师、岭南派先驱夏昌世先生设计创作广州文化公园水产馆（图6-3-2、图6-3-3）作为岭南现代建筑的开山之作很好地诠释了将广东传统建筑的特点、广东地

---

① 根据广州瀚华建筑设计有限公司提供图文资料整理。

图6-3-1 力迅上筑(来源:广州瀚华建筑设计有限公司 提供)

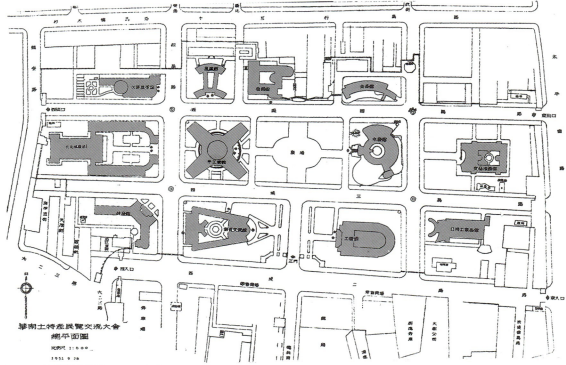
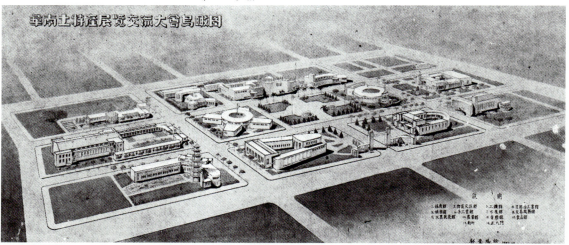

图6-3-2 文化公园水产馆a（来源：建筑历史文化研究中心东方建筑文化研究所 提供）

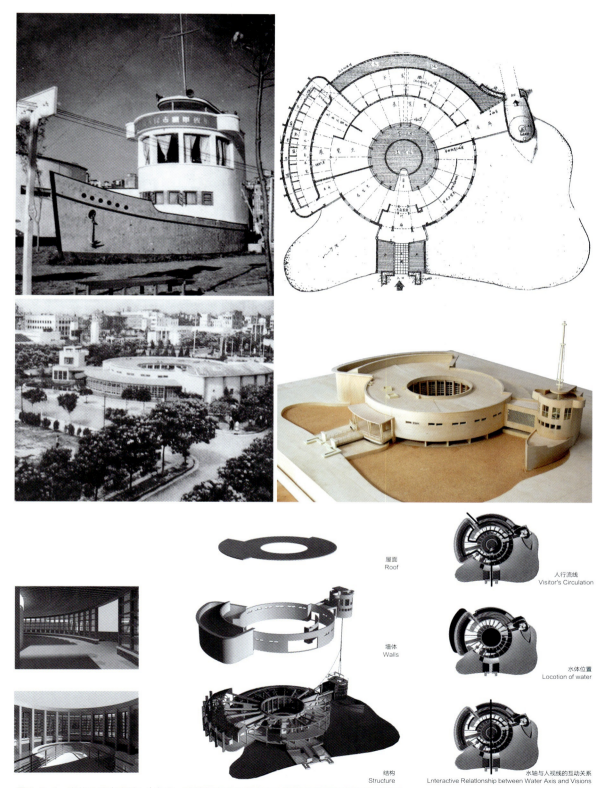

图6-3-3 文化公园水产馆b（来源：建筑历史文化研究中心东方建筑文化研究所 提供）

域文化的特征与现代的理念、技术相融合的创作思路。始建于1951年10月的文化公园水产馆总建筑面积1056平方米，是华南土特产展览交流大会的展馆之一。水产馆一直保留至今历经多次改造，1998年1月重新复馆开放。

文化公园水产馆设计以"水"这一与广东地区人们生活密切相关的元素为主题开展，主入口设有水池，水池外侧是形态自由的沙池暗喻更广阔的水面，南侧岸边部分以船为造型。"水"贯彻的主题在设计水产馆过程中始终如一。水产馆在时间与空间上对展览路线的组织均紧扣"水"的主题。参观者沿着这条曲折但流畅的参观路线，水、桥、鱼、船、沙等元素在不同的节点出现，相互呼应：参观者还在馆外等候，便能看到停泊于沙洲之上的巨轮，暗示展馆与"水"相关；穿过架于水面的木桥步入西侧的门厅，便能看到正对主入口的鱼箱，鱼群徜徉在天窗投下的波光之中；绕过隔墙，展厅围绕中心水庭布置，天光、水色透过池边的22根清水砖柱渗入展厅室内；北侧的淡水鱼展示区由14个盛放着各式鱼类的玻璃水箱组成了一堵特殊的展墙，以"水"为介质点明展馆主题；绕水庭之东来到零售展厅，围绕外墙的带状水面指向位于船楼的出口通廊，与船楼南侧寓意水面的沙池遥相呼应；出口门厅以"船"为造型，以明喻的手法再次点出"水"的主题。夏教授创造性地将展馆入口两边设计成长方形水池及曲线沙池，使圆形的建筑似船非船般悬浮于水上，十分轻巧。进口处为两个水池，水池边是沙池，架桥渡水就可进入门厅。水产馆立面处理活泼明快，细小的圆柱，低薄的檐口，朴素无华的水泥石灰本色。没有使用贵价建筑材料，没有多余装饰，它注重实用功能，尽量节省投资，是那个年代有创意的作品。文化公园水产馆用简单的圆形构筑展厅，弯曲的流线创造了丰富的层次体验，中庭富有岭南园林的神韵。这个富有表现力和个性的建筑，以现代建筑形式与功能流线布局、传统园林空间融入现代建筑空间及表现主义建筑的象征手法。[1]

广东省博物馆（图6-3-4、图6-3-5）伫立在高楼林立的珠江边，犹如恢宏城市背景下伫立的一个写意而灵动的生命体，它贴切而生动地反映岭南文化的精髓、折射出特有的人文气息和时代风貌。它的设计构思巧妙，从广东传统文化和工艺构成中汲取灵感，融汇了广东人精神中所包涵开拓、包容的气质，喻形于意，隐意于形，塑造出极具特色的建筑形象。中国传统与广东地区岭南风格，是广东省博物馆设计时所寻找的时代交接点。用现代的手法体现中国建筑内在的空间、层次、色彩、虚白、呼应与和谐等神韵，以刻意而为的手段，表达随意写情的心法。

广东省博物馆建筑规模66280平方米，建筑总高度44.5米，是广东省内最大型的综合性博物馆。古有老子云"埏埴以为器，当其无，有器之用"，建筑从古至今都是空间的载体，空间承载着功能。岭南地大物博，众多的历史宝藏、自然资源和人文珍品，用一个容器来装载自然是最合适不过的了。广东省博物馆就是这样一个充满神秘魅力的容器，盛满珍宝，向世人娓娓道来。这是一个从中国传统的漆器和广东传统象牙雕的意念中抽象出来的"宝盒"，它被轻轻放置在柔软的绿色绸缎上，盛情而由矜持地迎接每一个访客的到来。它的空间构成是由内而外的，就像广东传统工艺品——象牙球，其空间组织层层相扣，展厅、回廊、中庭与结构体系紧密结合、层次逐层展开；或虚或实的隔断吸引着观众层层进入，功能流线自然形成。

为与城市公共绿地呼应，给予公众充足的活动和观赏空间，达到人、建筑、环境的自然融合，广东省博物馆建筑主体向东做了较大的红线退让，与城市环境做出了有机的结合，同时也与广州歌剧院在空间关系上互相配合，营造出完整的、有较好延续性和连贯性的绿化公共活动场所。经过对环境空间、人流安排的仔细分析和推敲，结合建筑的设计理念，将建筑主体放置在一个缓缓升起的草坡台座上，使建筑如一个轻置于绿色绸缎的珍贵器皿，又像天外飘来的神秘宝

---

[1] 根据建筑历史文化研究中心东方建筑文化研究所冯江老师提供图文资料整理。

图6-3-4 广东省博物馆a（来源：许李严建筑工程师有限公司及广东省建筑设计研究院 提供）

图6-3-5 广东省博物馆b（来源：许李严建筑工程师有限公司及广东省建筑设计研究院 提供）

盒。入口层上方建筑的四面悬挑深度达23米，草坡台座延伸其中，形成城市公共空间与建筑本体的交流区域，内外空间在此实现了沟通与融合。博物馆建筑以稳重端庄、工整理性的形象构图，与广州歌剧院的灵动、圆润形成对比，而波浪似缓缓升起的草坡却与广州歌剧院互相协调，为珠江新城中轴线上的文化艺术广场围合出亲切、完整的环境空间，塑造出城市新中轴线的尽端高潮节点。建筑舒展、开敞的环境场所也成功达到了与周边城市景观互为对景的设计目的。

广东省博物馆的空间设计，从中国传统空间艺术理念上吸取适用的成分，以层层渐进、逐次展开的手法，宛如逐层掀开珠帘、面纱，向公众展示建筑艺术的魅力。让建筑与外部城市环境空间产生交流的缓升草坡，自然地引导公众到达位于2层的主入口。联系主入口的是建筑内部居中布置的中央大厅。处于入口层的中央大厅构成了建筑内部主要的公共空间，是博物馆"宝盒"的核心。围绕中央大厅，是逐层展开的公共回廊和作为建筑主要使用空间的展厅。在公共大厅中，踏步平缓的宽阔楼梯盘绕连通各层公共回廊，形成公共空间的主要沟通脉络中央大厅与盘绕楼梯、盘绕楼梯与各层回廊之间，均设置了通高的穿孔金属帷幕，如传统建筑的珠帘、纱帐般，空间层次若隐若现，表现出岭南文化特有的含蓄和婉约。①

南汉二陵博物馆中标方案（图6-3-6、图6-3-7）及康陵原址用地位于广州大学城西四路、南五路和中环西路之间的公共绿化区，其中康陵文物本体保护建筑位于康陵遗址上，南汉二陵博物馆的建筑本体位于康陵保护范围以西。康陵及其周围的丘陵坡地和水面等，现为周边新建道路围合，成为独立地段。用地面积为101135平方米，建筑面积为17307平方米，建筑物屋顶的最大高度为15米。古代帝王陵墓，其建设目的不仅希望先人能"安枕万年"，而且能够纪念先人其在位时的丰功伟绩。现今对古墓发掘考古的意义在于对历史缺失的补完，同时承载着对传统文化的传承、弘扬。设计构思立足于对岭南传统文化的传承，以"南韵·和庭"为主题，结合岭南地域特征，打造出一个整体和谐的岭南地域气息浓厚的纪念性建筑。建筑构思以"天圆地方"的中国传统宇宙哲学思想为主题，平面虚实相生，形成极具传统文化的中国结。用地周围是一环形水面把建筑围绕，平面由五个体量组成，中央主体统领角部四个围院，平面形式工整对仗。以"宁古勿时，宁朴勿巧，宁俭勿俗"的建构思想，达到"令居之者忘忧，寓之者忘归，游之者忘倦"。

设计综合考虑南汉二陵博物馆与城市空间及陵墓历史遗留的相互关系，以对称的规划布局获得均衡、稳定的建筑形象；通过建筑的围合，形成尺度丰富、空间流动的多层次院落。新建建筑体轴线正交于康陵原有空间轴线，形成有秩序的统一整体。用地西面使用较大面积的静态水体烘托建筑形象，结合原有星罗棋布的现状水系形成富有岭南韵味的水乡印象。康陵以西用地，保留现有地形及植被，同时恢复康陵的历史风貌，适当调整周边地面坡度及规划高程以避免陵墓本体所在山体成为雨水主要冲刷地。通过调整陵墓本体西侧的坡度，并利用植被遮挡用地西侧建筑物，以达到维护康陵所在地段的历史风貌的目的。

在康陵南面水塘上架设木栈道，恢复其原有的神道空间格局，并作为进入陵区的主入口。主入口平行于康陵陵园主轴线，形成入口广场并连接康陵陵园及博物馆主体。在康陵保护范围内，保持植被的自然状态，采用当地植物品种；在康陵保护范围内种植树冠高大的乔木以遮挡周围新建建筑物和构筑物，尽可能减少周边建筑物和构筑物对康陵景观的影响。从历史的角度上，合院式建筑及坡屋顶是中国建筑的典型特征，是长期历史传承和文化趣味所形成的结果。博物馆主要展示空间围绕中心庭院布置，各辅助功能居于四角，并围合形成庭院空间。通过借聚隐透，曲幽疏露的方法，利用有限的空间表现隐逸的岭南文化趣味。

"编新不如述旧，刻古终胜雕今。"建筑的立面和装饰也不是富贵的张扬，而是内敛的自尊，演绎现代中式风格的文致典雅和信画如意，其粉墙黛瓦，碧树绿池，装饰色彩、

---

① 根据许李严建筑工程师有限公司及广东省建筑设计研究院提供图文资料整理。

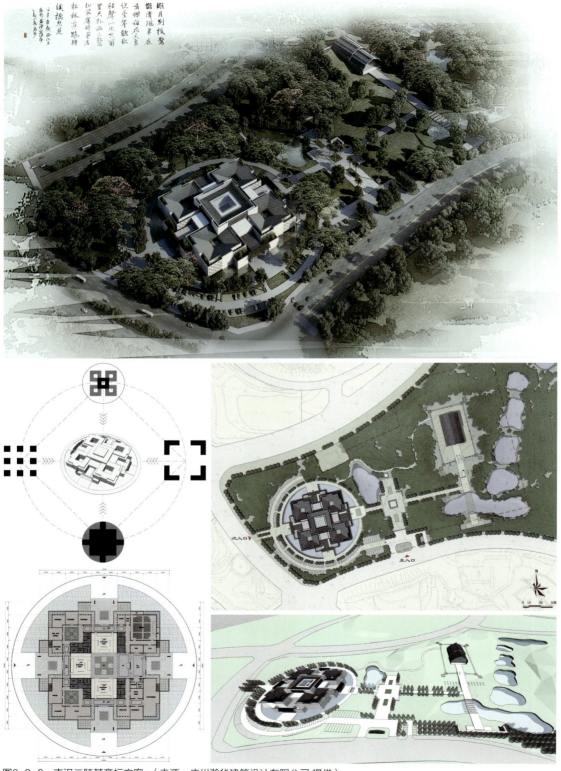

图6-3-6 南汉二陵某竞标方案a（来源：广州瀚华建筑设计有限公司 提供）

图 6-3-7　南汉二陵某竞标方案b（来源：广州瀚华建筑设计有限公司 提供）

纹饰、图案体现了岭南建筑古朴淡雅的观念。①

广州文化设施"四大馆"设计"一馆一园"国际竞赛某方案（图6-3-8、图6-3-9）并非将传统岭南建筑的表征仅仅保留在外观的辨识性或者装饰的功能性层面，而是把这些表征的元素运用到内部空间去，使得外部的特征功能化，形成新的岭南建筑的现代语汇，使岭南建筑文化得到更加诗意的传承。设计从岭南传统建筑中的骑楼、庭院、厅堂、敞廊、门楼等元素进行片段的抽取，然后根据不同的功能和体量重新进行组合，并与建筑内外的绿植相映成趣，给人们提供了丰富的室内外活动空间。

基地位于海珠湖湿地公园北侧，总用地面积约34.5公顷，包括广州文化馆和岭南大观园。广州文化馆建筑群占地面积约14公顷，总建筑面积为30000平方米，基地东邻万亩果园，生态环境良好，是广州市新城市中轴线南段的重要节点。设计并非是在海珠湖公园里构筑壮阔雄伟的文化馆建筑，而是希望采用"筑景"的手法，极其谦逊地将建筑消隐在景观环境当中。公共文化中心的设计，无论是其内部的空间营造还是外部的立面塑造，植物与建筑的关系都是融合为一体的，绿化渗透在建筑的表皮之下，建筑又仿佛被绿化穿透包裹。与其说在设计一个建筑，倒不如说在塑造一个具有功能的景观更为贴切，八大园的设计同样也将体量打散，将建筑与微地形绿化景观相融，将建筑景观化。为了最大限度地为市民提供生态化的绿色活动场地，设计中把不需要直接采光并且体量较大的剧场空间放置在半下沉的地下，通过两侧的下沉庭院与地面相连。剧场的上部形成了与群众活动广场相连的坡地景观，为市民提供可进行多功能户外的活动场地创造了条件。公共文化中心的平面由三组庭院空间组成，采用了岭南园林的布局，每一层的功能空间都富于变化，围合出来的庭院空间也是逐层转变，再以敞廊的方式把高低错落的空间串联起来，丰富了游园的趣味性，也形成了多层岭南园林特有的复合关系。八大园作为汇聚了众多岭南文化的园林建筑群，建筑设计理应尊重并提炼岭南文化特质，并结合现状环境要素、园林景观设计、建筑的创新性和溯源性进行逐一回应。

设计抽取了岭南建筑文化中最为突出的镬耳墙元素进行抽象的演变，并将其引入到内部的展览空间，屋顶的高低变化能适应不同类型的展览需要。在这种语境下，这些岭南建筑的元素不仅是建筑外观的一个特征，还能使人们在内部功能使用的时候感受到不一样的空间特点。开敞的连廊串联着由镬耳墙这一岭南表征组合而成的建筑体块，它们大部分通过土坡抬起，底层架空，一方面适应了岭南地区潮湿炎热的气候，达到通风遮阳的效果；另一方面，底层架空有利于营造公共空间，通过景观在建筑底部的介入渗透，为市民创造出一个绿色的共享空间。

设计中榕树装置的规划与设计是超越公园尺度、结合广州的城市发展形象考虑的。力求打造一组专属于广州的文化地标，它既能根植广州的民俗传统、又能体现广州独特的地域文化和气候特点，还能展示广州包容开放的城市性格和绿色低碳的城市目标。以岭南大榕树为灵感的艺术装置，不仅是集生态节能、空中观景、休闲聚会、步行游览、科普教育以及灯光艺术等多重体验于一体的多功能城市艺术装置，还将为广州树立一个展示绿色生态、低碳节能技术的城市建设新范本！榕树装置是整个园区绿色生态节能系统的核心载体。它不仅是传统岭南村落的地标，也是一种地域性的文化图腾和象征。整个榕树装置是一个立体岭南植物园。②

河源市图书馆新馆中标方案（图6-3-10、图6-3-11）是河源市的文献信息服务中心和公共图书馆网络中心，也是河源市文化建设的标志性建筑。设计通过对河源地处偏僻的乡村以及客家建筑中围龙屋、四角楼、五凤楼等当地典型建筑形式的研究，从空间布局、建筑形式、建筑体量、建筑色彩、建筑材料、环境协调及聚居性、防御性、艺术性等方面呼应、再现。图书馆的建筑设计以客家五凤楼为原型，结合场地地形，并与周边环境高度融合，采用现代的手法重新诠释客家建筑文化，既体现了客家文化思想精髓，又体现了对

---

① 根据广州瀚华建筑设计有限公司提供图文资料整理。
② 根据澳大利亚IAPA设计顾问有限公司提供图文资料整理。

图 6-3-8　广州文化设施"四大馆"设计"一馆一园"项目a（来源：澳大利亚IAPA设计顾问有限公司 提供）

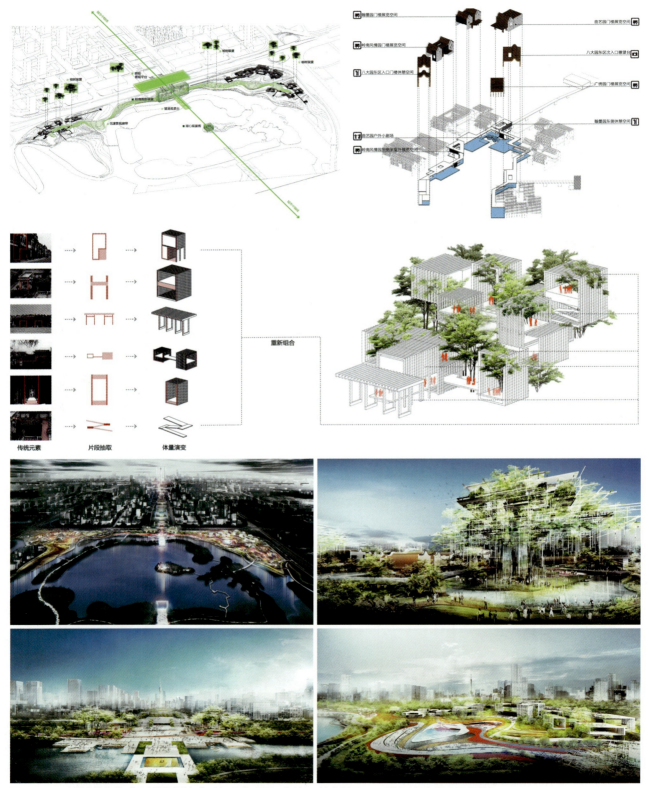

图 6-3-9 广州文化设施"四大馆"设计"一馆一园"项目b（来源：澳大利亚IAPA设计顾问有限公司 提供）

图6-3-10 河源客家文化公园——图书馆建筑设计a(来源:澳大利亚IAPA设计顾问有限公司 提供)

图6-3-11 河源客家文化公园——图书馆建筑设计b（来源：澳大利亚IAPA设计顾问有限公司 提供）

场地的尊重。具有强烈的时代感和浓郁的文化氛围。

图书馆建筑用地面积约为30000平方米，建筑总面积约为20606平方米。项目地处河源客家文化公园中轴线中北部，用地景观条件得天独厚，北侧为山体景观，南侧紧邻公园中心湖，后山高峻，前湖开阔，背山面水的地形特征显著，通过亲水广场和平台过渡到湖面，与公园湖心亲水休闲平台隔水相望。图书馆建筑采用富有现代感的设计，灵活多样化的开放空间格局，布局紧凑，流线清晰，空间灵活，富于变化，实现藏、阅、借、休、培训合一体。

河源图书馆建筑遵照客家建筑选址讲究与自然山水的契合、坐北朝南、背山面水的设计原则，选址于河源客家文化公园之中，建筑大环境极其优越，背山面湖，视野开阔，环境优美宁静。五凤楼的平面布局与客家建筑典型的门堂屋一致，不同的是两侧的横屋随厅堂从前往后步步升高，全宅屋宇参差有致，层层跌落。图书馆建筑延续了这一特点，总体呈台地式布局，开放的内庭院和廊道将单一的体量切开，形成了错落的层次，并与南北两侧的外部空间完全连通，使图书馆巨大的建筑体量得到溶解，层进式的空间特点使得图书馆犹如镶嵌在山体之中，体现了典型的客家建筑风水文化。建筑充分利用山地地形，主入口与内庭院高差较大，通过坡道连接，产生强烈的进深感。检索大厅室内结合地形设置大台阶，形成丰富大气的室内空间层次。客家建筑外墙材料设计同时对客家建筑的大面积的厚实墙、小窗洞进行抽象提取，作为建筑立面语汇，使建筑既有现代简约的表皮，又有深厚的传统内涵。[①]

三、彰显广东人文精神

广东现代建筑创作以地域文化为基础，以开放的心态海纳异域文化，凸显建筑的人文精神与文化气质。设计通过建筑空间、造型表现、文化符号、材料肌理等各个设计要素及其构筑的建筑整体来反映，同时，强调人对建筑空间的体验与感受，表现出"场所精神"的建筑空间形态。

位于深圳市罗湖区翠竹街道翠竹文化公园（图6-3-12、图6-3-13）是一个具有延续性的，多样化的甚至于给人带来具神秘感的空间体验的现代中国园林。公园总用地面积6871平方米。基地是城市中心为数不多的仍部分保留原始地形植被的地方，45公顷的基地坐落于人口密集的深圳早期城市中心——罗湖区。由于与周边街道缺乏联系性，这地方在飞速发展变化的城市里有如一颗暗藏的明珠至今仍不广为人知。基地形状不规则，由北至南坡度高差有13米，实际上是山体经由开发商在两边进行开发，粗暴开挖后残留的部分。公园以北一片6000平方米的空地，东邻安静的高尚住宅区，西边是一个卷烟厂，有利于新建一个公园入口连接到安静的居住区北部街道。由于区域规划控制，地块不能做商业或居住用途，只能做绿地，经市政当局与开发商协商后，后者同意将空地用作开放的公共空间连接到计划新建的翠竹公园入口，他们相信这样有益于开发商的新住宅项目，同时也有利于周边的大众。一条折线形开放长廊连接下方的广场和山顶的公园新入口，在山地与原始挡土墙间修建一系列梯状种植台地。

从繁闹的街区生活到宁静的田园实践，再到竹林田地间的空间活动，同时也是从城市到乡村，从开放空间到隐秘空间的自然过渡，正符合人们内心深处回归山野，远离尘嚣的渴望。公园设计的即是一段精神的回归之旅以及对"自然居"这一中国传统文人雅士所追求的理想生活方式的一种空间阐释。

翠竹公园建立了一条连接大自然与一个充满活力的年轻的现代城市的纽带。经历了25年城市建设以后，深圳极为有限的土地上修建了大量的道路和高楼，如今的深圳不再推进城市化进程，为改善城市生态环境使之更适宜居住，深圳正致力于建设一个更为合理的公共空间体系。在全市范围里创

[①] 根据澳大利亚IAPA设计顾问有限公司提供图文资料整理。

图6-3-12 深圳翠竹文化广场a（来源：URBANUS都市实践提供，其中手绘草图为孟岩先生 绘制）

图 6-3-13　深圳翠竹文化广场b（来源：URBANUS 都市实践 提供）

建各式大大小小的社区公园和文化广场，在服务于本地居民的同时也吸引着来深圳观光的旅游者。现在的景观建筑设计比以往更多地渗入社会、文化、政治元素，成为中国城市设计主体。"景观已成为一种反抗的象征，至少是一种回应，面对全球系统性的城市形态的同化，景观是不可能完整的生活片段，也是飘逝的个体独特性最后的避难所。"

翠竹文化公园广场高出街道地面约3米，三面由多孔墙砖包围。墙上这些开孔为下面的停车场提供通风和采光的同时，将人的视线引申到墙外面其他园景之中。南面墙体边沿，一个亭子浮于一片浅浅的水体之上，随白昼时间移动映射出变幻有趣的光影效果。这个半开放的广场采用了传统中式园林典型的庭院形式，遍布的竹岛群为孩子们提供了捉迷藏、做游戏的地方，也为老人们围合出下棋、打太极，以及音乐表演的场所。西墙的开口处，一条对山的开放的廊子伸入墙后寂静的庭院，供人们饮茶冥想。步行道从这里穿过树林延伸到山顶新的公园入口处。

从庭院东北角出发，一条折线形开放长廊蜿蜒于山边，通向山顶。长廊顺原始的挡土墙而建，满足登山者遮阳避雨的需要。既遮掩了从公园里看过去并不雅观的墙体，同时又最大限度保留了长廊以西的景观空间。折线形廊子与墙之间形成一系列三角形空间，重新界定了公园的东侧边界。竹、花和树通过这些空间界定形成一幅幅中国画，行走于廊子中，步移景异，这种系列性的空间体验亦正是中国传统园林精髓所在。长廊沿山体逐级抬升，把狭长的坡体切割成各式形状的种植台地，如同山地农夫在梯形田间种植庄稼蔬菜，这些"田地"也可以栽花种草，甚至于农作物，同时鼓励和引导附近居民和孩子们来参与体验种植的乐趣，最大程度吸引公众来参与社区绿地的创建与维护。沿着台地向上，最后到达一片竹林，在这里，长廊的尽头变作开放的回廊，正是极佳的观景之处，但见竹影婆娑，驻足远眺，风光旖旎。①

位于广州市城市新中轴南段广州塔的南侧的广州美术馆新馆某竞标方案（图6-3-14、图6-3-15）设计灵感源自岭南文化精髓，并赋予现代意义。汲取白云山、珠江水、聚落、岭南画派等地域文化神韵，并运用传统文化元素创造层叠状、可调适的半透明建筑立面，让广州美术馆优雅、庄重地呈现于眼前。

美术馆总用地面积29200平方米，总建筑面积80490平方米。环境设计着力体现岭南地域气息，分别从架空、空中庭院、屋顶绿化、立面遮阳等设计手段对岭南独特的气候条件进行正面回应，组织多样化立体庭院空间。公共和参观者无论在室内或在室外，均身处艺术氛围之中，从容的体验从封闭到开放展厅再到户外展览的多样性和延续性空间。美术馆总体城市设计——生态公园岭南广场既是如诗如画的生态绿洲，又是活力汇聚的花城新心。面积达8公顷的城市森林，作为都市核心的"天然氧吧"，在繁华喧嚣的大都市里，为我们找回泥土的芬芳。适度保留的TIT创意产业园，成为亲切宜人、安闲恬静的别样人家。这些新都市景观融入独具岭南特色的生态节能理念，成为广州新轴线南部最精彩的都市生活舞台。从场地四周逐步升起四个绿色活动平台，形成架空的底层公园。在这里，人们自由行走于园林与展品之间，开始美术馆生态观展的舒适体验。

美术馆的设计借鉴岭南水墨画的艺术意境，让白云山层峦叠嶂的奇景展现在如同宣纸一般卷曲柔化的立面之上，建筑犹如浮现于天地之间。美术馆选型柔和现代，形态高雅现代。既体现美术馆作为艺术殿堂的高雅气质，又传达出艺术体验、开放灵活的空间氛围。美术馆立面飘逸奇妙。借鉴水墨画色彩微妙、意境丰富的艺术效果。将白云山层峦叠嶂，溪涧纵横，白云缭绕的奇观绘制在美术馆画卷之上。同时，在面向广州塔和赤岗塔方向，刻画出可供公众和参观者停留观景的平台，在面向科技馆和城市一侧，勾勒出起伏的观景视窗，仿佛一幅可以随季节更迭、展品内容、庆典活动而不断变化的奇妙水墨画卷。

美术馆空间自由灵动。设计遵循功能适用和人文关怀的原则，注重体现美术馆作为艺术殿堂的高雅气质，传达艺术

---

① 根据URBANUS都市实践提供图文资料整理。

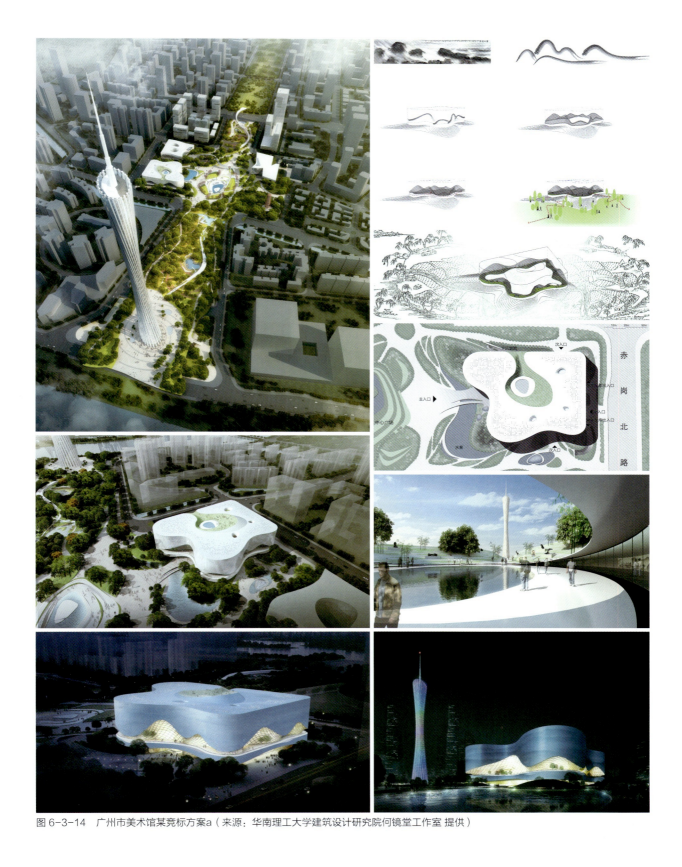

图6-3-14 广州市美术馆某竞标方案a（来源：华南理工大学建筑设计研究院何镜堂工作室 提供）

图6-3-15 广州市美术馆某竞标方案b（来源：华南理工大学建筑设计研究院何镜堂工作室 提供）

图 6-3-16 光大天骄峰景景观设计a（来源：GVL怡境国际设计集团 提供）

图 6-3-17 光大天骄峰景景观设计b（来源：GVL怡境国际设计集团 提供）

体验、开放灵活的空间氛围；同时作为城市公共建筑，传达公共性、交往性和各类型艺术活动适应性的设计理念。在内部空间组织方面，强调展厅、交往空间、活动空间的混合、连贯、交融处理，模糊空间界限，中庭的弧形坡道组织起建筑内部开放流动的公共空间，从屋顶天窗投下随时间运动的阳光与阴影。在这里，人们缓缓步行向上，领悟连贯交融，富有趣味性的空间感受。屋顶庭园采取下沉与对景的手法，为艺术品提供了丰富、多元的室外展览空间。①

位于广东东莞东城区东部的光大天骄峰景景观（图6-3-16、图6-3-17）充分把握"意"与"象"的设计，遵循"天人合一"的思想，顺从自然，并因地制宜做局部改造，注重环境资源的因借，旨在体现历史文化，寓教于景。场地南有黄旗山脉，毗邻虎英水库和峰景高尔夫球场，地理位置和生态环境极为优越。建设基地167046平方米，总建筑面积508372平方米，地形狭长，南北进深小。建筑规划布局最大化地利用地块南面高尔夫景观资源，整体建筑群呈东西横向环抱式排列，使得景观视野开阔不受阻碍。

天骄峰景采用高层别墅建筑形式，具有"会当凌绝顶，一览众山小"的俯瞰景观视野优势。园林景观规划构思时非常重视内外空间的紧密联系和相互渗透，将湖、山、高尔夫球场、良好的植被等已有的自然景观和人工景观资源充分融入，在控制成本的前提下发挥最佳的景观效果，利用地势低洼的区域建造半地下车库，而在地面部分则营建小区内一个包括大型人工湖的面积达100000平方米的天湖园林景观。园林景观设计以"亲山亲水亲自然"为主题，并将材料设计作为创新的主调，通过大湖面景观带给人们视觉上的冲击和尊贵的享受，体现回归自然的设计本意。

园林景观规划设计时，通过内外空间的紧密联系和相互渗透，将建筑按照面向南面的方式一字展开，将东南面的高尔夫球场起伏流畅的草坪地形景观和远处薄氲中的山色借景到居住区的整体景观中，模糊了区内与区外的界线，远眺万米的观景视野亦让人心旷神怡。为呼应区外的壮美景色，更营建了一个由小区入口到小区中心能媲美大自然的生态水景园林，并和外界自然空间完美的融和，形成多层园林的景观效果，而通过山、池、树、石、雕塑及建筑小品的景观营造，使居者感受到环境的优美，从天然的环境和人工塑造的"第二自然"中得到物质和精神的双重享受。

古树名木为有生命的文物，见证着历史文化的发展。庭园中的建筑以轻巧飘逸，色彩明快，开敞洒透为特色，体现了岭南园林包容、与时俱进的精神内涵。山体公园脚下屹立着两棵古榕树，躯干粗壮，树冠舒展，枝繁叶茂。这两棵古榕屹立于此地已200余年，世代庇佑当地村民。设计师将两棵古榕保留，并以其为主题，将种种承载着古榕记忆的元素进行拼贴，创造具有一定文化表征意义的使用空间，体现符合当地文化特质的风土人情，将植被、场地、小品等多种景观元素作为文化的载体，赋予其更多的意义，使其在发挥生态功能和使用功能的同时产生更多的文化价值。景观设计在入口叠山理水里融糅出了禅宗意境，而在植物配置上，则借用了茶道"和敬清寂"的精神内涵。大片与水相接的疏林草坪为人们提供了亲水的交流空间，大乔木以散布的种植方式将完整的草坪处理成了具有领域性、多样的小空间。在局部需要密植的地方，采用乔木、灌木与藤蔓植物相结合，常绿植物和落叶植物，速生植物和慢生植物相结合的配置手法，以形成空间层次丰富、高低大小错落的自然植物群落。湖岸线以垂柳为基调树，水生植物过渡接壤，形成以花叶芦竹、风车草等植物为主的湿地景观区，恣意随性，自然而野趣。①

第四节 基于功能更迭与科技革新的设计创新

人类历史是一部不断创新发展的历史，人类进步所取得的丰硕成果主要得益于科学发现、技术创新和工程技术的

---

① 根据华南理工大学建筑设计研究院何镜堂工作室提供图文资料整理。

进步，得益于科学技术应用形成的先进生产力、得益于人类思想观念的解放与创新。创新是一个国家和民族兴旺发达的不竭动力。当今科学技术日新月异，结构技术、节能技术、材料技术的突破丰富了建筑形式的可能性，信息网络技术改变了人们的空间观念和工作模式，新功能孕育了新的建筑类型。信息时代广东建筑创作领域的审美观和价值观也在发生着深刻的变化。新的设计观念、新的思维方式和技术手段使建筑创作进入了一个崭新的时代。广东建筑要用自己特殊的语言来表现所处时代的特色，体现这个日新月异时代的科技、观念、哲学思想和审美观，新功能、新科学技术、新材料、新工艺的出现为广东传统建筑发展与设计创新提供了不竭的动力和资源。

一、类型功能创新

对于具体建筑功能的分析与创新是建筑创作切入的一个重要方法。对同类型的建筑的功能进行不断的总结、梳理、归纳与分析，从中吸取成功的经验与失败的教训为进一步的创新提供依据，还可以以具体问题为导向，发掘其中的不足之处，提出创造性的见解解决问题，丰富了建筑的内涵，也为建筑的创新提供了深刻的逻辑基础。

2008年7月在广东南海建成的万科土楼公舍（图6-4-1~图6-4-3）旨在探索中国城市低收入人群的住宅模式。客家土楼民居作为一种独有的建筑形式介于城市和乡村之间，以集合住宅的方式将居住、贮藏、商店、集市、祭祀、娱乐等功能集中于一个建筑体量，具有巨大的凝聚力。土楼公舍设计试图以传统建筑土楼原型中小单元的居住形态来解决城市人口密度增长迅速，大量涌入城市的劳工的居住问题，同时对于实现工厂化生产，以降低成本，提高建设效率。

土楼公舍最高处有6层、直径达72米，外圆内方。用地面积约9141平方米，建筑面积13711平方米，含297间出租房（含11间商铺），最多可容纳1800人居住。目前已建成入住，标志着低收入人群的居住状况已开始进入大众的视野。在外部空间安排上，将"新土楼"植入当代城市，让土楼与城市边角、绿地拼贴，与城市立交桥拼贴，与高速公路拼贴，这些尝试都是在探讨如何用土楼这种建筑类型去消化城市高速发展过程中遗留下来的不便使用的闲置土地。开发利用闲置土地有益于城市管理，还可降低项目成本。土楼公舍不仅利用了边角地，更将该建筑与中、高端居住小区比邻。土楼外部的封闭性可将周边恶劣的环境的予以屏蔽，内部的向心性同时又创造出温馨的小环境。

将传统"土楼"形态植入当代城市的典型地段，通过实验，从中遴选出最经济、最贴切的模式，这一过程是对常规意义上城市建设的想象力的额外激发。将土楼作为当前解决低收入住宅问题的方法，不只是形式上的借鉴，而更重要的是通过对土楼社区空间的再创造以适应当代社会的生活意识和节奏。传统土楼将房间沿周边均匀布局，和现代宿舍建筑类似，但较现代板式宿舍更具亲和力，有助于社区中的邻里感。土楼公舍秉承了这一传统优点，并在内部空间布局上添增了新内容：每户室内面积不大但带有独立厨房和浴室，每层楼都有公共活动空间。社区的食堂、商店、旅店、图书室和篮球场为民众提供了便捷的服务。[1]

二、技术理念创新

科学技术发展突飞猛进、日新月异，新材料、新结构、新技术、新工艺的应用，使建筑的跨度、高度具有了更大的灵活性，极大地延展了建筑师的想象力，也丰富了广东建筑领域创新的广度与深度。新理念、新技术的引入为广东地区的建筑创作打开了全新的视野，也给这片建设之中的热土注入了新的活力与内涵。

位于深圳市福田区的深圳市建筑科学研究院股份有限公司办公大楼（图6-4-4、图6-4-5）将岭南建筑的中国

---

[1] 根据URBANUS都市实践提供图文资料整理。

图6-4-1 土楼公舍a（来源：URBANUS 都市实践 提供）

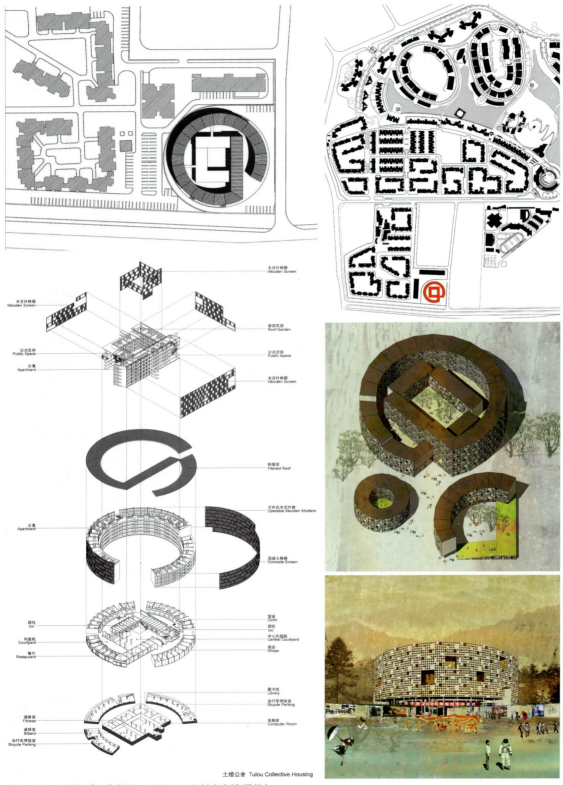

图6-4-2 土楼公舍b（来源：URBANUS 都市实践 提供）

图6-4-3 土楼公舍c（来源：URBANUS 都市实践 提供）

传统智慧与国内外先进的绿色低碳生态技术有机结合，综合运用传统绿色建筑理念与现代绿色技术，充分尊重周边自然环境、区域气候特点，采取诊断调研和实测模拟相结合的技术手段，让建筑植根于所在环境生长发展。设计倡导了本土、低耗、低成本的绿色建筑策略，探索了适应华南地区夏热冬暖气候特色的绿色建筑实现方案，以及被动技术、本土技术、低成本技术优先、适宜技术综合平衡应用的策略。

深圳建科大楼规划设计通过计算机自然通风模拟、自然采光模拟等先进方法，分析各种不同的平面排布模式对自然通风、采光的利用情况，相比较"口"字形的简单矩形平面，"凹"字形布局将一个大矩形分成两个小矩形，营造类似岭南传统建筑的院落空间，每个独立空间的进深尺寸大大减少，避免了进深过大的地方常有的"阳光照不到，风吹不到"的尴尬。将传统院落空间在现代建筑中叠加起来形成立体院落的组合，让生活在高层建筑中的人有机会享有传统院落与自然零距离接触，提升了舒适度同时降低建筑能耗的需求。

岭南建筑的代表性外观特征都是传统智慧应对各种自然需求的产物，是功能与艺术的完美结合。建科大楼建筑外观传承这一理念，呼应内部功能需要和所面对的自然朝向的特点。不同于一般现代建筑各个朝向都用玻璃盒子，建科大楼的外立面造型比较"独特"，不仅东、西、南、北四个立面完全不同，垂直叠加的各个功能采用了不同的外围护结构。开窗的位置和大小也针对内部的功能布局和需求灵活布置，形成自然而有趣的外观。作为人员密集办公区的高区，采用有利于自然采光通风和遮阳的水平带窗加外遮阳。低区内部功能为实验室、展厅等，外观采用深凹窗和条板构造。为实验室营造良好的保温隔热条件。朝向西面应对西晒的问题，采用格栅遮阳、立体绿化遮阳、光电幕墙等多种遮阳措施。将建筑形象、遮阳通风、绿色生态、节能发电有机结合起来。创造适应地方自然、社会发展的新岭南绿色建筑风格。同时建科大楼尝试将高层建筑与自然生态有机结合。在用地紧张的高密度建中，创造条件营造立体的生态花园。在大楼的西面，结合立面遮阳设计花池，形成了立体绿化，就成为大楼厚厚的隔热层，爬藤植物会爬满墙壁，为大楼穿上了一件绿色的外衣，将燥热的城市隔离。建科大楼的"空中花园"位于大楼中部的六层，层高6米，是大楼低区实验和高区办公区域的过渡转换层。它和底层的架空绿化、顶层的屋顶花园一起，成为均匀分布在整栋大楼立体绿化的绿色生态框架。在喧嚣、拥挤的都市中，大楼的屋顶也可以有一块菜地，可尽享陶翁"采菊东篱下，悠然见南山"的农家乐趣。

在细节方面还充分利用自玻璃水池做的光导管把阳光引入原本阴暗潮湿的地下室，让地下空间的使用者都能感受到自然的气息。水是生命的源泉，生态系统使得建筑成为有生命的活体，大楼里的雨水中水收集、处理和循环系统就像大楼的血脉。让水资源在建筑中循环起来，即减少了对市政自来水的依赖，也保障了建筑生态系统用水的需要。屋顶花园和六层空和中花园的雨水基本上都收集到地下室汽车坡道的小型水库。架空层的人工湿地像清洁工一样对这些雨水进行了清洁处理后，可以达到景观水质要求，将用来冲厕和浇洒绿化植物。大楼首层的"人工湿地"中水处理系统，处理污水在达到相应的水质标准后，被送回到各个楼层的卫生间，用来冲厕，实现大楼"零污水排放"和水资源循环利用的环保目标。

建科大楼没有用围墙将用地和周边城市割裂，而是学习岭南建筑骑楼和檐廊冷巷，将首层架空开放，不同于现代办公大楼依赖人工照明和空调的封闭室内大厅，从而融入所在的社区街坊。同时建科大楼营造建筑周边舒适的物理微环境。通过高透水性与高保水性和低日照反射率的路面铺装材料、乔木阴影覆盖、露天水体，连同架空层有效降低热岛效应，创造乘凉场所。[1]

---

[1] 根据深圳建筑科技研究院有限公司提供图文资料整理。

图6-4-4 深圳建科大厦a（来源：深圳市建筑科学研究院有限公司 提供）

图6-4-5 深圳建科大厦b（来源：深圳市建筑科学研究院有限公司 提供）

本章将前章总结的广东传统建筑传承的原则以及策略融会贯通、综合应用。并进一步以环境适应、人文应答、功能技术创新三个角度作为切入点，深入阐述、分析研究广东地区近现代及当代在某些方面具有典型性、代表性的建筑创作实践，试图探寻其中对于传统继承与发展的探索与思考，以便为今后的建筑创作提供有益的借鉴（图6-4-6）。

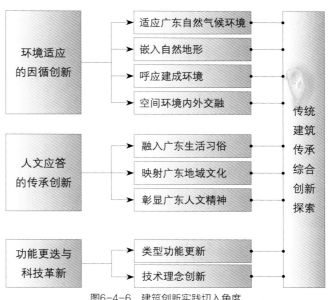

图6-4-6　建筑创新实践切入角度
（来源：《中国传统建筑解析与传承　广东卷》编写组）

第七章　结语

广东位于五岭之南，尽管偏于中国一隅，在其发展历程中却是海上丝绸之路发祥地，岭南文化中心地，近现代革命策源地以及改革开放前沿地，创造了不同于内陆的灿烂文化，从而构成了中华大地悠久文明的一部分。

扎根广东的岭南文化有着与其他地区显著不同的文化特征，在发展过程中又逐渐融合中原文化及海外文化的影响，却始终保持了固有特色，并从外来文化中吸收养分，发展自己。广东气候炎热潮湿、自然条件相对严苛。广东独特的气候环境，为岭南地区提供了丰富的生活资源，使得岭南文化带有"亚热带与热带性"。总体而言，广东在历史文化的发展中，逐步形成了独特的文化特点：三大文化体系——多元文化、海洋文化和商业文化；四大文化特征——兼容性、务实性、世俗性和创新性。这种体系与特征，在近、现代文化发展中仍然存在，并不断增加辐射性。

一方水土养一方人，一方人造就一方建筑，岭南地域自然与人文环境是广东建筑艺术和文化的根植土壤，湿热气候与濒海自然环境演绎了广东传统建筑，而传统建筑反过来又成为岭南湿热气候环境的一个和谐组成部分。

广东建筑扎根本土文化，吸收了中原文化和西洋文化的特点，融合本地的自然、气候、地理和民俗等因素，经过历代建筑匠师的劳动和悠久历史的沉淀，造就了一批具有岭南地域和文化特色的村落、街区、建筑、园林和装饰艺术，形成独具特色的建筑风格。尤以广府、潮汕、客家、雷琼四大民系为其中显著的代表，并分别形成了延续千年的各系民居从规划布局到建筑形体以及材料、构造、装饰各层面完备的建筑体系。

位于广东地区的不同民系在对待自然及气候的适应性具有相通之处，但由于文化基础及生存条件的差异，各民系间也保持着各自的特征。例如广府民系传统建筑具有经世致用、开放务实；规则有序，井然和谐；深池广树、连房博厦；装饰多样、图案几何的特点。而潮汕民系传统建筑则具有恪守礼制，密集聚居；中轴对称，平稳庄重；多元组构，合理构筑；色彩绚丽，华美细腻的特点。客家民系更注重阴阳互补、和谐统一；敬宗守族、向心聚居；坚固安全、厚实庄重；淡雅自然、朴实无华。雷琼民系则突出体现红土文化，热情奔放；开放果敢，兼容并蓄；空间灵动，组合多变；山墙多样，形态丰富的特点。

近现代以来，对外交往使岭南地区在中西文化的碰撞中首当其冲，它成为海外和内地的中转站。因此，从近代开始，岭南地区还担负着吸取外来文化和先进经验，并向大陆内地传播的辐射作用。近代广东出现了中西合璧、洋为中用的新建筑类型；现代的广东建筑则举起了理性务实的大旗，开创了岭南现代建筑的先河，探索"创造中国社会主义建筑新风格"；改革开放后更得风气之先，异军突起，保持旺盛活力，并以其丰富高质的创作作品形成"广派建筑"，与京派与海派建筑共同繁荣了中国的建筑实践。

纵观广东建筑的发展历程，始终围绕着"地域"这个核心，与岭南的自然环境、气候特征、社会人文、经济发展息息相关，不同时期所形成的聚落及建筑均在气候适应、生活空间、地方材料与装饰等方面具有浓郁的特色。都突出体现了与自然的融合、与环境的适应、与不同文化的交融，形成了生态性、和谐性、文化性、技术性的统一，体现出一种务实、求新的创作方向以及适应、兼容、务实、求新的特点。地域与文化共同投影到建筑中，是广东建筑的思想内核和根基，也是其不断发展的动力。

当代的建筑发展一度呈现出纷繁复杂的局面，受到国际主义风格以及当代都市主义的强烈冲击，快速城镇化与建设在不同程度抹杀了城市与乡镇的多样性、割裂了建筑与地域的关联，形成了千城一面、千篇一律的城市和建筑。但是，仍旧有不断坚持理性探索的学人，在寻求建筑作为地方文化、作为艺术产品、作为城市组织构造和城市生活经验场所具有的建筑学意义。

既然我们有如此厚重的地域文化、有如此丰富的地域实践经验，作为生长于斯的每一个建筑学人有天然的责任来传承地域的精神。我们需要清醒地认识到民族的就是世界的，地域文化就是主流文化。对于一度受到外来文化不断侵蚀以及文化自信不足影响的当代广东建筑而言，具有岭南建筑文化特色的建筑无疑是正确的发展方向，传承是基础，创新是出路。继承和传播岭南建筑文化一方面要加快实现岭南文化的现代化，实现岭南建筑文化的伟大复兴；另一方面吸收融入世界先进建筑文化，包括西方当代建筑思想，提升岭南建筑自身素养。

与此同时，我们需要回头全面梳理广东传统建筑的精髓，我们也需要对当前优秀的地域建筑实践进行分析和研判，总结其中的经验与智慧，这些都将成为未来建筑发展的基础。

回顾与总结的目的不是为了简单地"经验复用"和对传统建筑要素的移植，也不是为了让历史未经变化就展现在当前，建筑总是某一文化时刻的产物，我们需要怀着发展的眼光，寻求与时俱进的探索。广东一直具有开放兼容、务实创新的鲜明地域精神，在每一个重要的发展阶段均做出了开拓性的选择，既具有一以贯之的精神延续，也实现了创新。可喜的是，步入21世纪后，广东现代建筑由于经济的持续发展，又获得了新的机遇和挑战，建筑师发挥出充分的智慧和能力，营建了大批的新建筑，其质量达到了国内先进水平，某些建筑达到了国际先进水平。无论是在大型公共建筑、文化建筑、住宅区、高层建筑还是道路桥梁都呈现出越来越多的富有地域精神的作品。

我们认识到广东建筑需要体现简朴自然的绿色生态原则，以自然人性、地方技术与节能省耗为目标，传承与发展传统建筑技术与经验，应用简朴的适宜技术和绿色科技手段，结合传统建筑经验与手法，驾驭自然环境，弘扬传统建筑精粹，推动基于广东地方传统的建筑创作，形成顺应自然的生态规划布局，组织灵活通透的建筑空间，构筑相融共生的室内外建筑环境。

广东建筑要体现以人为本的和谐统一，尊重自然因素和人文环境，赋予建筑浓郁的地域人文色彩。继承和发展传统建筑和谐统一思想，空间规划层次分明，空间布局有机融合岭南地域文化，弘扬场所精神，体现人的中心价值，并满足不同人群不同要求。当代广东建筑空间与形态丰富多变，创新发展了传统人性化和谐建筑思想，由此衍生出精致细腻的场所空间，产生认同感，建筑空间与心理空间和谐统一。

广东建筑要尊重传统的地方建筑文脉传承，基于岭南地域环境和热带气候条件，坚持修旧如旧、新旧共生的建筑保护原则，活化利用，焕发新活力；岭南传统建筑精髓与现代的建筑理念结合，鉴古立新，形成具有岭南传统地域特色的形神兼备的建筑设计思想，构建广东地方建筑文化与现代审美相结合的文化意向。

广东建筑要坚持传统建造技术与现代科技相结合，根据广东的自然环境，运用建筑技术科学的基本原理和现代科学技术手段，发展岭南传统建筑技艺，合理安排并组织建筑技术与功能、空间等相关因素之间的关系，使建筑技术和建筑环境之间成为一个有机的结合体，同时具有良好的技术适宜条件和较强的调节能力，以满足人们居住生活的环境舒适，使人、建筑、自然与技术环境之间形成一个良性循环系统。

当然，更重要的是从多元文化综合创新的角度挖掘建筑的内涵。目前的成果都只是历史进程的一部分，对于中国特色的建筑理论与实践的探索是永无止境的。我们既然已经迈出了坚实的第一步，那么只要扎根地域、精研文化，并适应时代发展的需求，弘扬广东传统建筑空间与文化精粹，必定能为建筑创作提供广阔的思维空间和设计途径。在新的形式要求下，只有人的思想认识和理论实践水平不断提高，岭南建筑才能适应新的历史发展条件，创造出新的特征、价值和成就，作出贡献来满足人们的需要。我们期待着广东建筑能在传承与发展的前提下开创新的局面。

参考文献

Reference

[1] 脱脱,阿鲁图.宋史:卷四十七. 元末.

[2] 司徒尚纪.广东文化地理[M].广州：广东人民出版社,1993.

[3] 广州市文化局.广州秦汉考古三大发现[M].广州：广州出版社,1999.

[4] 陆琦,唐孝祥.岭南建筑文化论丛[M].广州：华南理工大学出版社,2010.

[5] 陆琦.广东民居[M].北京：中国建筑工业出版社，2008.

[6] 燕果. 珠江三角洲建筑二十年[M]. 北京：中国建筑工业出版社, 2005.

[7] 汤国华. 岭南湿热气候与传统建筑[M]. 北京：中国建筑工业出版社,2005.

[8] 陆琦. 广府民居[M]. 广州：华南理工大学出版社,2013.

[9] 夏昌世,莫伯治.岭南庭园[M]. 北京：中国建筑工业出版社,2008.

[10] 岭南建筑经典丛书编委会. 岭南古村落系列——走进古村落[M]. 广州：华南理工大学出版社,2011,8.

[11] 练铭志.试论广东汉族的形成及其与瑶、壮、畲等族的融合关系[J]. 民族研究2000(5)：77-89.

[12] 蔡平. 雷州文化及雷州文化的人本研究[J]. 广东海洋大学学报 2010(30)：20-25.

[13] 罗燚英. 广州五羊传说与五仙观考论——汉晋迄宋岭南道教的微观考察[J]. 扬州大学学报（人文社会科学版）,2012(02).

[14] 王业群. 国恩寺[J]. 广东艺术, 2003(01).

[15] 中国宗教. 建筑语言诠释的宗教文化广州石室圣心大教堂的建筑魅力[J]. 中国宗教, 2014(01).

[16] 胡建,杨勇,温敬伟. 广州市南越国宫署遗址2003年发掘简报[J]. 考古, 2007(03).

[17] 朱岸林,李捷频. 开放兼容创新的岭南建筑文化——读《近代岭南建筑美学研究》[J]. 华中建筑, 2006(08).

[18] 孟岩. 翠竹公园文化广场[J].中国园林,2012,04：14-16.

[19] 王丽英. 道教南传及其影响[D]. 武汉：华中师范大学博士学位论文, 2004.

[20] 李梅. 不同地域文化开放性与兼容性特色的比较研究——以近代巴蜀文化与岭南文化的比较为例[D]. 成都：四川省社会科学院, 2012.

[21] 吴少宇. 多民系交集背景下惠州地区传统聚落和民居的形态研究[D]. 广州：华南理工大学硕士论文, 2010.

[22] 陆琦.岭南造园与审美[M]. 北京：中国建筑工业出版社，2005.

[23] 周霞.广州城市形态演进[M]. 北京：中国建筑工业出版社，2005.

[24] 潘莹. 潮汕民居[M]. 广州：华南理工大学出版社,2013.

[25] 中华人民共和国住房和城乡建设部. 中国传统民居类型全集（中册）[M]. 北京：中国建筑工业出版社, 2014,10.

[26] 吴庆洲.中国客家建筑文化(上.下) [M].长沙：湖南教育出版社，2008.

[27] 梁林.雷州民居[M].广州：华南理工大学出版社, 2013.

[28] 叶彩萍.雷州半岛古民居[M].广州：岭南美术出版社,2006.

[29] 司徒尚纪.岭南历史文化地理：广府、客家、福佬民系比较研究[M].广州：中山大学出版社,2001.

[30] 黄蜀媛. 大旗头村——华南农业聚落的典型[J].华中建筑,1996,14(04)：48-49.

[31] 吴庆洲. 广东佛山祖庙建筑研究[J]. 古建园林技术, 2011(01).

[32] 潘莹,卓晓岚. 广府传统聚落与潮汕传统聚落形态比较研究[J]. 南方建筑, 2014(03)：79-85.

[33] 龚芳颖. 广府文化对广州近现代建筑园林的影响[C]. 南京：中国风景园林学会2011年会论文集(上), 2011.

[34] 邱丽．广府民系聚落与居住建筑的防御性分析[J]. 华中建筑, 2007,25：132-134.

[35] 刘才刚. 广州陈家祠的岭南建筑艺术特色[J]. 南方建筑, 2004(02)：30：31.

[36] 陆琦. 广州光孝寺[J]. 广东园林, 2014(06)：76-79.

[37] 陆琦. 广州五仙观[J]. 广东园林, 2013(05)：79-81.

[38] 程建军. 广州光孝寺大雄宝殿大木结构研究[J]. 华南理工大学学报(自然科学版), 1997,25(01)：102-108.

[39] 吴春明. 华南沿海的先秦文化与早期文明[C]. 广西桂林：铜鼓和青铜文化的再探索——中国南方及东南亚地区古代铜鼓和青铜文化第三次国际学术讨论会论文集, 1997.

[40] 唐孝祥. 近代岭南建筑文化初探[J]. 华南理工大学学报(社会科学版), 2002,04(01)：60-64.

[41] 陆琦. 岭南水乡聚落形态[C]. 云南昆明：族群·聚落·民族建筑——国际人类学与民族学联合会第十六届世界大会专题会议论文集, 2009.

[42] 吴庆洲．龙母祖庙的建筑与装饰艺术[J]．华中建筑, 2006,24：148-158.

[43] 叶显恩. 明清珠江三角洲沙田开发与宗族制[J]. 中国经济史研究, 1998(04)：53-65.

[44] 晋立红. 三元宫今昔[N]. 云南日报：2006-10-16.

[45] 潘莹,施瑛. 湘赣民系、广府民系传统聚落形态比较研究[J]. 南方建筑, 2008(05)：28-31.

[46] 陆琦. 新兴龙山国恩寺[J]. 广东园林 2011(04)：79-80.

[47] 赖瑛. 珠江三角洲广府民系祠堂建筑研究[D]. 广州：华南理工大学建筑学院, 2010.

[48] 施瑛, 潘莹. 江南水乡和岭南水乡传统聚落形态比较[J]. 南方建筑, 2011（3）：70-78.

[49] 梁林，张可男，陆琦. 可持续发展度解构——岭南汉民系乡村聚落生命源动力的探寻[J]. 南方建筑, 2013（02）：24-27.

[50] 陆琦，潘莹. 珠江三角洲水乡聚落形态[J]. 南方建筑, 2009(6)：61-67.

[51] 潘莹,卓晓岚. 两个村庄的100年——潮汕乡村聚落近现代演化研究[J]. 南方建筑,2015（3）：71-78.

[52] 林皎皎.客家聚居建筑的室内特征[J].美与时代（下半月），2008(10).

[53] 梁嘉.古朴丰富的生活画册——浅析客家民居壁画艺术[J].家具与室内装饰.2007(07).

[54] 梁林.基于可持续发展观的雷州半岛乡村传统聚落人居环境研究[D].广州：华南理工大学,2015.

[55] 林琳.潮溪村历史聚落空间特征与可持续发展研究[D]. 广州：华南理工大学,2012.

[56] 赖奕堆.传统聚落东林村地域性空间研究及其发展策略[D]. 广州：华南理工大学,2012.

[57] 赵映.基于文化地理学的雷州传统村落及民居研究[D]. 广州：华南理工大学,2015.

[58] 陈世俊.广东省雷州半岛水文特性[J].水文,1995(S1).

[59] 刘俊杰.雷州半岛自然灾害类型特征及减灾对策[J].广东史志，2000(03): 14-19.

[60] 吴尚时,曾昭璇.雷州半岛地形研究(节略)[J].地理学报,1944(00)：45.

[61] 王静,周楚雄.浅析明清时期雷州民居建筑的文化传承[J].湖北美术学院学报,2010(02)：106-109.

[62] 王冰, 迟艳雪. 雷州闽海系原始生态型传统民居[J]. 城市建设理论研究：电子版, 2011, (33).

[63] 汪晓东. 山墙与五行象征的质疑[J]. 集美大学学报：哲学社会科学版, 2012, 第4期:49-54.

[64] 司徒尚纪.雷州文化历史渊源、特质及其历史地位初探[EB/OL].2014-02-18.

[65] 解锰.基于文化地理学的河源客家传统村落及民居研究[D]. 广州：华南理工大学，2014.

[66] 杨建军.客家聚居建筑环境艺术的研究[D].苏州：苏州大学，2008.

[67] 朱艳芳.客家围屋建筑装饰艺术研究[D].杭州：浙江农林大学，2010.

[68] 公晓莺.广府地区传统建筑色彩研究[D].广州：华南理工大学建筑学院，2013.

[69] 梁敏言.广府祠堂建筑装饰研究[D].广州：华南理工大学建筑学院，2014.

[70] 冯志丰.基于文化地理学的广州地区传统村落与民居研究[D].广州：华南理工大学建筑学院，2014.

[71] 冯江.明清广州府的开垦——聚族而居与宗族祠堂的衍变研究[D].广州：华南理工大学建筑学院，2010.

[72] 杨宏烈.岭南骑楼建筑的文化复兴[M].北京：中国建筑工业出版社，2010,12.

[73] 董黎.岭南近代教会建筑[M].北京：中国建筑工业出版社，2015.

[74] 彭长歆.岭南近代著名建筑师[M].广州：广东人民出版社，2005.

[75] 孙中山. 建国方略[M].孙中山. 孙中山文粹（上卷）. 广州：广东人民出版社，1996.

[76] 卢杰峰. 广州中山纪念堂钩沉[M]. 广州：广东人民出版社，2003.

[77] 开平市地方志办公室,司徒星,余玉晃.开平县志[M].北京：中华书局，2002.

[78] 江门五邑百科全书编委会,中国大百科全书出版社编辑部编.江门五邑百科全书[M]. 北京：中国大百科全书出版社，1997.

[79]《中国近代城市与建筑》编著组编著,杨秉德主编.中国近代城市与建筑[M].北京：中国建筑工业出版社，1993.

[80] 张复合主编.中国近代建筑研究与保护[M]. 北京：清华大学出版社，1999.

[81] 谭金花.赤坎古镇600多座骑楼建筑 华侨经济百年兴衰[J].中国文化遗产. 2007(03).

[82] 陆琦. 开平立园[J]. 广东园林. 2008(01).

[83] 彭长歆.广州东山洋楼考[J]. 华中建筑. 2010(06).

[84] 彭长歆.一个现代中国建筑的创建——广州中山纪念堂的建筑与城市空间意义[J].南方建筑. 2010(06).

[85] 郭焕宇.近代广东侨乡民居文化研究的回顾与反思[J].南方建筑. 2014(01).

[86] 郭焕宇.近代广东侨乡民居的文化融合模式比较[J]. 华中建筑. 2014(05).

[87] 彭长歆. 岭南建筑的近代化历程研究[D]. 广州：华南理工大学，1999.

[88] 孙蕾.近代台山庐居的建筑文化研究[D]. 广州：华南理工大学 2012.

[89] 陆元鼎. 岭南人文.性格.建筑[M]. 北京：中国建筑工业出版社，2005.

[90] 李权时，李明华，韩强.岭南文化[M]. 广州：广东人民出版社，2010.

[91] 程建军. 岭南古代殿堂建筑构架研究[M]. 北京：中国建筑工业出版社，2002.

[92] 潘莹."重商"思想与岭南派建筑[J]. 华中建筑，2009(01).

[93] 罗瑜斌. 陈家祠的岭南建筑庭院特征[J]. 广东园林，2007(01).

[94] 王娟. 陈家祠建筑装饰艺术的岭南文化意蕴[J]. 艺术百家，2008(02).

[95] 叶显恩. 徽州和珠三角宗法制比较研究[J], 徽州与粤海论稿，2004(12).

[96] 王瑜，肖大威，倪红. 岭南居住文化之生态精神[J].新建筑，2009 (05).

[97] 魏筠.广州地区古建筑装饰语言研究[D].长沙：湖南大学硕士学位论文，2008.

[98] 夏桂平.基于现代性理念的岭南建筑适应性研究[D].广州：华南理工大学博士学位论文，2010.

[99] 于欣婷.广府地区传统民居自然通风技术研究[D].广州：华南理工大学硕士学位论文，2011.

[100] 赖德邵. 岭南传统建筑中的防水技术——中国文物保护技术协会第五次学术年会论文集[C].北京：科学出版社，

2008.

[101] 曾昭奋. 莫伯治集[M]. 广州：华南理工大学出版社, 1994.

[102] 赖德邵. 岭南传统建筑中的防水技术——中国文物保护技术协会第五次学术年会论文集[C].北京：科学出版社, 2008.

[103] 夏昌世. 园林述要[M]. 广州：华南理工大学出版社, 1995.

[104] 莫伯治. 莫伯治文集[M]. 广州：广东科技出版社, 2003.

[105] 华南理工大学建筑设计研究院. 何镜堂建筑创作[M]. 广州：华南理工大学出版社, 2010.

[106] 何镜堂. 当代大学校园规划与设计[M]. 北京：中国建筑工业出版社, 2006.

[107] 邵松. 广东省优秀建筑创作奖作品集[M]. 广州：华南理工大学出版社, 2009.

[108] (美)阿摩斯·拉普卜特(Amos, Rapoport)等. 文化特性与建筑设计[M]. 北京：中国建筑工业出版社, 2004.

[109] (美)阿摩斯·拉普卜特. 建成环境的意义[M]. 北京：中国建筑工业出版社, 2003.

[110] (挪)诺伯舒兹(Christian, Norberg-Schulz)等. 场所精神[M]. 武汉：华中科技大学出版社, 2010.

[111] 汪芳. 查尔斯·柯里亚[M]. 北京：中国建筑工业出版社, 2003.

[112] 吴向阳. 杨经文[M]. 北京：中国建筑工业出版社, 2007.

[113] (日)黑川纪章等. 新共生思想[M]. 北京：中国建筑工业出版社, 2009.

[114] 鲍世行. 钱学森论山水城市[M]. 北京：中国建筑工业出版社, 2010.

[115] 杜汝俭等. 园林建筑设计[M]. 北京：中国建筑工业出版社, 1986.

[116] 隈研吾等. 负建筑[M]. 济南：山东人民出版社, 2008.

[117] 隈研吾等. 自然的建筑[M]. 济南：山东人民出版社, 2010.

[118] 夏昌世. 亚热带建筑的降温问题——遮阳·隔热·通风[J]. 建筑学报,1958(10):36-39,42.

[119] 夏昌世. 鼎湖山教工休养所建筑纪要[J]. 建筑学报, 1956(09)：45-50.

[120] 夏昌世, 钟锦文, 林铁. 中山医学院第一附属医院[J]. 建筑学报, 1957(05)：24-35.

[121] 莫伯治. 建筑创作的实践与思维[J]. 建筑学报, 2000(05):44-51.

[122] 夏昌世, 莫伯治. 漫谈岭南庭园[J]. 建筑学报,1963(03):11-14.

[123] 莫伯治. 环境、空间与格调[J]. 建筑学报,1983(09):45-55.

[124] 何镜堂. 岭南建筑创作思想——60年回顾与展望[J]. 建筑学报, 2009(10):39-41.

[125] 何镜堂. 基于"两观三性"的建筑创作理论与实践[J]. 华南理工大学学报(自然科学版),2012(10):12-19.

[126] 何镜堂. 现代建筑创作理念、思维与素养[J]. 南方建筑, 2008(01): 6-11.

[127] 冒亚龙,何镜堂. 适应地方生态气候的建筑设计[J]. 工业建筑, 2010(08): 49-53+77.

[128] 何镜堂,王扬. 当代岭南建筑创作探索[J]. 华南理工大学学报(自然科学版), 2003(07):65-69.

[129] 何镜堂. 建筑创作与建筑师素养[J]. 建筑学报, 2002(09):16-18.

[130] 何镜堂,海佳,郭卫宏. 从选择到表达——当代文化建筑文化性塑造模式研究[J]. 建筑学报,2012(12):100-103.

[131] 王戈,朱建平. 用白话文写就的传统:万科第五园[J]. 建筑创作, 2005(10):116-137.

[132]王戈, 赵晓东. 万科第五园,深圳,中国[J]. 世界建筑, 2006(03):50-61.

[133] 孟岩. 山外山,园中园 深圳美伦公寓及酒店[J]. 时代建筑, 2012(02): 91-97+90.

[134] 冼剑雄. 艺术村落 文化山脉——广东画院方案设计[J]. 南方建筑, 2008(01):90-91.

[135] 冼剑雄,何菁. 论人性化住宅设计[J]. 南方建筑, 2004(02):26-28.

[136] 钟乔. 不再"行政"的行政办公楼——深圳南方科技大学行政办公楼设计回顾[J]. 城市建筑,2013(21):84-89.

[137] 陈奥彦. 广州大学城赛时管理中心[J]. 建筑学报, 2010

(12):86-89.

[138] 朱文一. 广州大学城(小谷围岛)组团三——广东工业大学和广州美术学院[J]. 城市环境设计,2004(02):103-108.

[139] 艾侠. 破立之间 深圳中国版画博物馆设计[J]. 时代建筑,2015(03):152-157.

[140] 覃力. 深圳大学师范学院教学实验综合楼[J]. 建筑学报,2008(08): 68-72.

[141] 宋刚,钟冠球. 微观激活、集合景观、多样建造 广州TIT设计师工作室群设计[J]. 时代建筑,2013(02):102-109.

[142] 庞伟. 美的总部大楼景观设计[J]. 城市环境设计,2010(10):176-179.

[143] 梁隽,吴树甜,陈卫群,傅兴,刘锦标. 广州塔[J]. 建筑创作,2010(12): 40-55.

[144] 南昆山十字水生态度假村[J]. 建筑学报,2009(01):30-35.

[145] GMP. 佛山世纪莲体育中心体育场及游泳馆[J]. 城市建筑,2009(11): 82-88.

[146] 黄惠菁,马震聪. 珠江城项目绿色、节能技术的应用[J]. 建筑创作,2010(12):164-169.

[147] Nikken Sekkei. 广州图书馆,广州,中国[J]. 世界建筑,2012(04): 77-79.

[148] 赵丹. 深圳证券交易所新总部大楼[J]. 城市建筑,2014(19):66-73.

[149] 吴良镛. 人居环境科学导论[M]. 北京：中国建筑工业出版社,2001.

[150] 何镜堂. 何镜堂文集[M]. 武汉：华中科技大学出版社,2012.

[151] 石安海. 岭南近现代优秀建筑1949-1990卷[M]. 北京：中国建筑工业出版社,2010.

[152] 邵松等. 岭南当代建筑[M]. 广州：华南理工大学出版社,2013.

[153] 邵松等. 岭南近现代建筑-1949-1979[M]. 广州：华南理工大学出版社,2013.

[154] URBANUS都市实践. URBANUS都市实践[M]. 北京：中国建筑工业出版社,2007.

[155] (美)麦克哈格(Mcharg, Ian, L,)等. 设计结合自然[M]. 北京：中国建筑工业出版社,2006.

[156] 顾孟潮. 钱学森论建筑科学[M]. 北京：中国建筑工业出版社,2010.

[157] 何镜堂,郭卫宏,郑少鹏,黄沛宁. 一组岭南历史建筑的更新改造——何镜堂建筑创作工作室设计思考[J]. 建筑学报,2012(08):56-57.

[158] 倪阳,何镜堂. 环境·人文·建筑——华南理工大学逸夫人文馆设计[J]. 建筑学报,2004(05):46-51.

[159] 陈杰. 广州市气象监测预警中心[J]. 建筑学报,2015(04):50-55.

[160] 刘晓都,孟岩. 土楼公舍[J]. 时代建筑,2008(06):48-57.

[161] 孟岩. "城中村"中的美术馆 深圳大芬美术馆[J]. 时代建筑,2007(05): 100-107.

[162] 夏桂平. 基于现代性理念的岭南建筑适应性研究[D].广州：华南理工大学博士学位论文,2010.

[163] 于欣婷. 广府地区传统民居自然通风技术研究[D].广州：华南理工大学硕士学位论文,2011.

[164] 湛江市博物馆.雷州半岛石狗文化[M].广州：岭南美术出版社,2003.

[165] 《岭南古建筑》编辑委员会.岭南古建筑[M]. 广州：广东省房地产科技情报网,1991.

[166] (清)顾光著、仇江点校.光孝寺志[M]. 北京.中华书局,2000.

[167] 杨扬.广府祠堂建筑形制演变研究[D].华南理工大学,2013.

[168] 蔡海松.潮汕乡土建筑[M]. 北京：文化艺术出版社,2010.

[169] 林梴.汕头建筑[M]. 汕头：汕头大学出版社,2009.

[170] 李穗梅.广州旧影[M].北京：人民美术出版社,1998.

[171] 广东省文物局.全国重点文物保护单位——广东文化遗产文物.[M]广州：广东省文物局,2010.

[172] 广东省博物馆.广州百年沧桑[M].广州：花城出版社,2003.

[173] 张研、孙燕京.民国史料丛刊 广州市市政报告会刊（1928年）[M].郑州：大象出版社,2009.

[174] 董大西. 广州中山纪念堂设计经过[J]. 中国建筑, 1卷1期,1933.7.

[175] 汤国华.岭南历史建筑图集选[M].广州：华南理工大学出版社,2004.

[176] 《走进古村落》编写组.走进古村落（粤北卷）[M].广州：华南理工大学出版社,2011.

[177] 李哲扬.潮州开元寺天王殿大木构架建构特点分析之一[J].四川建筑科学研究,2010,2.

[178] 彭长歆.现代性·地方性——岭南城市与建筑的近代转型[M].上海：同济大学出版社,2012.

[179] 陈海津.广州白云国际会议中心[J].建筑创作,2007(01):12-13.

[180] 贺业钜.中国古代城市规划史：[M].北京：中国建筑工业出版社,1996.

[181] GMP. 广州发展中心大厦[J]. 城市建筑,2007(10):32-35.

[182] 李传义,邓新勇.广州大学城规划的新理念与城市建设新技术[J].建筑学报,2005(03):54-59.

[183] 石安海.岭南近现代优秀建筑1949-1990卷[M].北京：中国建筑工业出版社,2010.

后 记

Postscript

《中国传统建筑解析与传承 广东卷》作为《中国传统建筑解析与传承》分册之一的编写工作已取得初步成果。本书的编写与研究团队由华南理工大学民居研究所、广州瀚华建筑设计有限公司和北京建筑大学徐怡芳工作室协作组成，由华南理工大学民居研究所所长陆琦教授担纲编写团队的组长。

本项目启动之始，在住房和城乡建设部村镇建设司"中国传统建筑解析与传承"工作的总体策略指引下，北京建筑大学徐怡芳副教授及其研究团队在其多年对广东建筑演进研究的积累上，经过反复探讨与梳理，初步拟定了广东卷的传承逻辑表述框架和写作大纲，探索并尝试提出了广东建筑传承的基本原则。

在编写过程中，华南理工大学民居建筑研究所陆琦教授及其研究团队，细化和完善了本书上篇部分的写作大纲，通过大量收集和梳理资料、实地调研拍照并结合其多年的测绘与研究成果，对于古代和近代时期的广东传统建筑进行了细致的分类研究、明确的特征解析、正文撰写与广东传统建筑历史演进的详细呈现。

广州瀚华建筑设计有限公司冼剑雄总建筑师及其团队，发挥其前瞻性的设计实践与探索的丰富经验，深化和充实了本书下篇部分的写作大纲，通过对在广东具有实践项目的设计机构发放调查表、研究归纳在现代建筑实践中传承广东建筑传统空间精神与文化的途径，用实际项目逐一呈现广东建筑传承的基本原则。

华南理工大学何镜堂院士对本书的撰写以及定位修订提出了宝贵意见，特别是关于现代传承部分的建议和对我们提炼出的传承原则的肯定，给予了整个编写团队巨大的学术支持。华南理工大学陆元鼎教授、魏彦钧教授等对广东传统民居建筑数十年的研究积累为本项目的研究提供了坚实的支撑。

关于传统建筑的解析和如何传承这一问题，其实是极其复杂的。我们目前所呈现的内容也仅仅是探索过程中的阶段认识，并未能解决该命题下的所有问题，还有待下一步继续研究、探讨和深化。广东，因其特殊的地理环境、人文传承，形成了独特的地域建筑文化特质——既极致传统，又充满创新。这种建筑文化特质造就了广东地域建筑思想意识上崇尚务实顺生，在建筑形态构成、建构技艺方式、建造材料运用等多方面表现出因地制宜、物尽其用、共融共生的智慧。广东从古代到近现代、到现代、再到当代，存在着较完整的建筑演进实例线索，为我们的研究提供了有效支撑，助我们透过历史长河的浪花望见她的绚烂，感受到她每临变迁时敢为天下先地演进、吸纳、交融新意识、新技艺的勇气，特别是当代广东活跃的建筑创作、积极的中国建筑现代方式探索，呈现出中国传统建筑智慧与空间精神传承理性探索的曙光。

为了尽可能全面表述对广东传统建筑解析与传承的研究与实践，我们在编写团队的组合上，将研究传统建筑专家学者与设计现代建筑的建筑师协同在一起，全面审视广东建筑传统的传承与发展本质逻辑，希望找寻到建筑表象下的内在演化之道。但是，我们还没能清晰地揭示它，尽管我们依稀看见了曙光，尽管我们一直在尽最大努力完善本书的内容。

从《中国传统建筑解析与传承》的策划开始到广东分卷完成编写，住房和城乡建设部村镇建设司、广东省住房和城乡建设厅村镇建设处，给予了高度重视和精准指导，并协同工作组多次组织专家对全书写作思路、逻辑构架、传承原则与案例选择等提出决策性的意见，使本书得以不断完善。

感谢广东省建筑设计研究院陈雄总建筑师、江刚副总建筑师给予的支持和设计项目资料的提供，以及对书稿的宝贵意见。感谢北京建筑大学建大安邦城市研究院王健副院长为本书提供的建议与帮助。感谢华南理工大学郭卫宏教授、刘宇波教授、唐孝祥教授和广东工业大学朱雪梅教授给本书撰写修改的宝贵建议。感谢华南理工大学彭长歆副教授提供的关于广东近现代建筑研究成果和历史资料的分享。感谢广州瀚华建筑设计有限公司许迪副总建筑师、澳大利亚IAPA设计顾问有限公司的彭勃总建筑师和华南理工大学郭谦教授所分享的建筑传承实践的探索与思考。感谢广州市政府副秘书长潘安博士、广东省文物考古研究所所长曹劲研究员的帮助与支持。

中国建筑传统是有生命的，每个时代的社会文化和技术变革都会在其生命中被体现。当代建筑师，如何将源远流长的历史与日新月异的现实呈现在建筑空间设计中，是必须面对的课题。广东人文积淀中务实顺生的思想为建筑师解答这一课题提供了很舒服的切入点，从生活出发的路径成就了广东现代建筑中骨子里的中国情。感谢华南理工大学建筑设计研究院何镜堂工作室、都市实践、深圳建筑科技研究院、GVL怡境国际设计集团、澳大利亚IAPA设计顾问有限公司、许李严建筑师事务有限公司、广东省建筑设计研究院、建筑历史文化研究中心东方建筑文化研究所、广州珠江外资建筑设计院有限公司、广东省文物局、万科企业股份有限公司、招商集团以及毕路德建筑顾问有限公司等为本书提供设计案例图文资料和设计思考。同时，感谢所有为本书提供了内容、图片及案例的个人和机构。

当今的建筑创作如何向传统学习、如何继承传统并使传统智慧生生不息地源远流长至未来？是几代中国建筑人需要解答的共同问题。令人欣慰的是，部分在校博士生、硕士生以及本科生积极参与到传统建筑调查、建筑实践案例收集等基础工作中，给我们的研究带来了时代朝气和年轻思维。感谢华南理工大学蔡宜君、黄博聪、颜婷婷、涂文、肖江辉、陈梦君、陈亚洁、王人玉、郑常波、马辰龙等同学所付出的努力劳动与贡献的智慧。

感谢住房和城乡建设部村镇建设司工作组对本书编写工作的付出。他们在各方之间起到了沟通桥梁作用，同时，在编写方向及框架的探索上，担当先锋，用他们的摸索提供了可行的路径参考。感谢负责对接广东卷的工作组团队，感谢其成员香港大学王天薏同学在国外相关研究观点与文献分析、实践案例收集方面贡献的有效建议、努力与智慧，感谢北京建筑大学孙培真、张秋艳、王妍、杨思宇等同学的有效协助、积极建议和全程付出。

中国建筑传承与发展之路的探索，是充满挑战的，我们呈现我们的思考与实践，以期得到更多有识之士的指引与批评，以利我们不断努力去呈现时代生活空间需求，去探索中国传统建筑的未来。

路漫漫其修远兮，吾将上下而求索。